鄱阳湖流域
灰水足迹与生境质量评价

傅 春 刘业忠 等著

南京大学出版社

图书在版编目(CIP)数据

鄱阳湖流域灰水足迹与生境质量评价/傅春等著.
—南京：南京大学出版社，2023.12
ISBN 978 - 7 - 305 - 26254 - 8

Ⅰ.①鄱… Ⅱ.①傅… Ⅲ.①鄱阳湖—流域—水环境
—研究 Ⅳ.①X143

中国版本图书馆 CIP 数据核字(2022)第 213381 号

出版发行　南京大学出版社
社　　址　南京市汉口路 22 号　　　　邮　　编　210093
书　　名　**鄱阳湖流域灰水足迹与生境质量评价**
　　　　　POYANGHU LIUYU HUISHUI ZUJI YU SHENGJING ZHILIANG PINGJIA
著　　者　傅　春　刘业忠　等
责任编辑　田　甜　　　　　　　　　编辑热线　025 - 83593947
照　　排　南京开卷文化传媒有限公司
印　　刷　南京玉河印刷厂
开　　本　718 mm×1000 mm　1/16　印张 18.25　字数 333 千
版　　次　2023 年 12 月第 1 版　2023 年 12 月第 1 次印刷
ISBN　978 - 7 - 305 - 26254 - 8
定　　价　78.00 元

网　　址:http://www.njupco.com
官方微博:http://weibo.com/njupco
微信服务号:njuyuexue
销售咨询热线:(025)83594756

目 录

第 1 章 鄱阳湖流域灰水足迹的变化与驱动因素[①]

水,是生命之源,是人类日常生活和生产活动的基础和保障。由于人口众多、城镇化发展迅速、人口及产业的高度聚集、水资源时空分布不均等因素,我国成为面临水资源短缺巨大挑战的国家之一。在社会经济发展过程中,农业生产化肥的过量施用、居民生活污水的随意排放、工业废水未经处理的偷排,导致水体污染,加剧了由于水环境污染引发的水质性缺水问题。水环境污染因素众多,如何有效地区分各个因素对水环境污染的影响,并针对性开展相关治理工作对保障我国水环境质量、减少水污染危害、降低水质性缺水问题有着重要意义。

1.1 鄱阳湖流域水环境概况

1.1.1 鄱阳湖流域水资源现状

江西地处长江中下游南岸,全省土地面积 166 947 km²,地貌以山地、丘陵为主,其中,山地面积占 36%、丘陵占 42%、平原岗地占 12%、水域占 10%。省境周边三面环山,峰岭交错,中部丘陵、盆地相间,北部开阔,整体地势走向为南高北低,周边高中间低,构成一个以鄱阳湖平原为底部的不对称盆地。境内水系发达,河流纵横,湖泊水库星罗棋布。全省共有大小河流 3 700 多条(流域面积 10 km² 以上),其中,100 km² 以上的河流 451 条。主要河流有赣江、抚河、信江、饶河、修水等五大河流,均汇入鄱阳

---

① 改编自罗勇.赣江流域灰水足迹时空演变特征研究[D].南昌:南昌大学,2021:1-75。

湖,经湖口注入长江,形成完整的鄱阳湖水系。湖口站以上集雨面积为 162 225 km²,其中,位于江西省境内面积 156 977 km²,约占全省总面积的 94%。境内除鄱阳湖水系外,还有北部直接汇入长江的长河、沙河等河流,西部有汇入洞庭湖水系的渌水、栗水、渌水等,以及南部汇入东江水系的寻乌、定南水等河流。

《江西省水资源公报(2010—2019)》指出,全省多年平均降水量约 1 640 mm,但在全省境内时空分布不均匀。空间分布上:北部大于南部,东边区域大于西边区域;时间分布上:降水主要集中于上半年的 4—7 月,为丰水期;在下半年的 8—12 月降水相对较少,为枯水期。

全省已建成各类水利工程 40 万座,其中,水库 9 700 多座,山塘 24 万多座,蓄水能力 293 亿立方米。全省有效灌溉面积已达 2 865 万亩,旱涝保收面积 2 340 万亩,分别占耕地面积的 82% 和 67%。直到 2019 年年末,全省共蓄水总量 101.99 亿 m³,地表水资源量 2 032.67 亿 m³,地下水资源量 482.42 亿 m³。全省年供水总量为 253.34 亿 m³,仅仅占全年水资源总量的 12.3%。全省人均用水量 543 m³,人均水资源量 2 200 m³,人均可利用水资源量高于全国平均水平。

相较于其他省来说,江西省水资源较为丰富,为经济社会发展提供了巨大的支撑,但同时经济社会的快速发展也带来了巨大的水污染风险。

1.1.2 鄱阳湖流域水污染及来源

尽管江西省拥有巨大的水资源,但是在早期经济发展过程中人们缺乏环境保护意识,导致水环境受到巨大的破坏。鄱阳湖流域近年来水质状况有所下降,化学需氧量(COD)、总氮(TN)、总磷(TP)的含量有上升趋势。《江西省水资源公报(2019)》和《江西省生态环境状况公报(2019)》指出,鄱阳湖水质依旧是以污染严重的Ⅳ、Ⅴ类水为主。在江西五河中,抚河上游地区水质检测中显示汞、砷等重金属含量偏高,入湖口处钾、可溶性二氧化硅、铅、镉和溶解氧等项的含量较高;信江流域处,上游地区由于矿上废水的随意排放,信江水域出现重金属污染;饶河上游地区主要是硝酸、亚硝酸和铜污染。在饶河入湖口处,水质检测报告显示该处绝大部分化学成分含量高于其他河水含量,硫酸根、铜、锌、钼、汞、溴和锶的含量更为明显。各地河流、湖泊等区域水源地时常会出现水源污染的恶性事件。例如在 2007 年赣州南康市段河流内大量鱼虾死亡,水质监测结果为严重污染的超Ⅴ类水;2008 年瑞昌市发生的自来水污染事件,导致百人中毒送医;2016 年宜春上高、宜丰两县企业偷排,导致居民自来水严重污染无法使用;同年,新余仙女湖流域由于相关肇事企业随意偷排工业废水,造成仙女湖水质中铬严重超标,对周边地区居民用水造成严重影响。

尽管江西拥有丰富的水资源,却由于环保意识较为薄弱导致水资源受到污染无法使用,进而导致水质性缺水问题时有发生,使得丰富的水资源被白白浪费。

（1）农业

江西省由于温和的气候和丰富的水资源,成为我国九大产粮基地之一。然而,伴随着传统种植业快速发展,农药与化肥的施用量也在不断地增加。目前江西省平均每亩农田的氮肥施用量已达 11.94 kg,分别是美国、法国、德国等国家的 3.1 倍、1.41 倍、1.5 倍。但是化肥的实际利用率却只有 30% 左右,比发达国家低 20%～30%。大量未经植物吸收的化肥被雨水溶解带入周边水体,造成严重污染。同时,全省各地养殖场的绝大多数动物排泄物缺乏正规处理而被直接排放到外界,畜禽养殖水污染直接对当地的环境造成了严重破坏。

（2）工业

为强化基础设施建设,江西省经济建设早期的大量投资集中于高污染重工业,同时由于环保意识薄弱,污水处理技术欠佳,众多高污染企业污水排放不达标,更有甚者钻监管漏洞进行污水偷排。工业废水中含有的大量有机物和重金属对周边水环境造成了大面积严重污染,严重威胁人民群众的生命安全。

（3）生活

生活污染主要来源于日常生活污水的随意排放;日常生活垃圾的随意丢弃导致降水淋溶,即便在有较好管理措施的村镇,农村生活垃圾的处理也仅限于简易的堆存或填埋,没有防渗衬垫及垃圾渗滤液污水处理设施,垃圾的直接危害及其渗滤液的污染不可避免;随着人口迅速增长、化肥的大量使用以及农村耕地的减少,原本用于施肥的人粪尿肥使用率大大降低,危害越来越突出,特别是在乡镇居民集中的地方,问题更加严重。未得到妥善处理的人类粪尿随意堆积,在降雨的作用下对地表及地下水造成严重威胁,尤其是氮、磷污染所致的水体富营养化,导致周边水体发黑发臭,严重破坏周边水生态自然景观。

1.1.3 水污染治理面临的困境

近几年来太湖、滇池的水质不断恶化,国家投入大量精力治理却难以得到有效成效,水体富营养化严重,夏季经常有蓝藻滋生,严重影响湖泊水质,对周边居民生活、生产用水造成严重影响,对当地本来就水资源非常紧张的局面"火上浇油"。可见,一旦水质受到影响,再利用相关的补救措施去进行水治理,将是非常困难的事情。因此,防范是保护水环境的第一步也是最为重要的一步。

就目前水环境污染来看,主要是以面源污染为主。面源污染,具有广域性、间歇性等特点,污染源及污染途径也具有不确定性。相比点源污染,面源污染受到的影响因素更多,防范控制难度也更大。而现有的水资源管理、研究更多的是集中于水资源保护,缺乏对水环境污染来源的科学认识。如何将水质和水量概念的结合并有效地识别影响水环境污染的关键因素,进而科学评估水环境污染对地区水资源开发利用产生的危害,为治理水环境、水污染等问题提供借鉴思路。有效降低经济社会生产过程中污废水排放对生态带来的负面效应,将对利用和管理好有限的水资源起到关键的作用,并且能够为提高经济产出、用水效率提供一定的指导意见。

1.2 水足迹理论和计算方法

农业生产过程用水量占全球用水量的70%,如果以水足迹衡量,这一比例将增加到90%。目前,造成区域水资源紧张最直接和最重要的原因,是为了满足人类粮食等农业生产所需的水资源数量和质量。提高农业生产中的用水效率有助于区域粮食安全和水资源的可持续利用。因此,农业生产行业的水资源占用量化及其效率评价构成了食品安全和水资源科学管理的前提,同时也是世界各国学者关注的研究课题。Hoekstra等于2003年提出的水足迹被认为是衡量人类活动占用水资源最全面的方法。水足迹是指用于生产(消费)该产品的整个供应链中的用水量之和,包括用于生产(消费)的直接和间接用水量,是衡量人类活动消耗淡水总量的可持续性评价指标,被评价的对象可以是个人、产品、区域或国家。具体而言,水足迹(WF)的定义为生产过程中的淡水占有量,分为蓝水、绿水和灰水三个分量。

1.2.1   水足迹概念

水足迹概念指的是"在一定的物质生产标准下,生产一定人群消费的产品和服务所需要的水资源的数量"。水足迹通常分为蓝水足迹、绿水足迹、灰水足迹,其中蓝水和绿水足迹都属于水足迹消耗指标,而灰水足迹则表示人类行为对水环境造成的影响程度。水足迹概念的提出,将人类生活消费活动与水资源消耗和污染情况相互联系起来,对区域的经济、社会发展和生态环境之间相互协调、健康发展具有借鉴和引导作用。

（1）蓝水足迹

蓝水足迹表示的意思主要为某一产品在生产以及销售等各个环节中,整个供应链中所消耗的蓝水（地表水和地下水）资源总量。蓝水来源于含水层和地表水源,所有用于灌溉的水,在农业生产过程中以蒸、散、发等形式消失。

（2）绿水足迹

绿水足迹所表达的意思为某一过程所消耗的绿水（不会成为径流的雨水）资源总量。土壤以及地球表面某一地区所覆盖的植物群落表面所储藏的自然界降水,即绿水,在这一过程中还没有形成地表径流或者补充地下水,这里所谓的绿水足迹所指代的是现实社会中我们的一切行为所消耗的大部分是植物生命周期运动中生产活动所消耗的包括地面蒸发和植物散发在内的土壤水分损失。

（3）灰水足迹

灰水足迹定义为以自然界本底浓度和现有的环境水质标准为基准,能够把农业生产活动中、工业生产活动中以及人类生活等社会生产生活中所产生的一切污染物稀释,使其浓度变小,能够被自然界水质标准所允许的污染物浓度范围可接纳的淡水水资源量的多少。

灰水足迹所表达的意思为在原有污染物溶液中再加入一定量的溶剂,即水资源使原有污染物溶液浓度降低到环境所允许的含有污染物的水质浓度所要用到的淡水水资源量。但是,众所周知,人类现实社会所产生的污水量不可能多于自然界中所有水资源的总量,所以可以运用灰水足迹这个指标来间接地表示自然界中水环境所受到的已经造成水体污染的污染程度,并不能直接将其描述为"污水量"。

结合灰水足迹的实际意义可知,水环境中水在未受到污染的情况下,其灰水足迹值为零,因此灰水足迹的值必须大于零,所代表的意思为已经消耗了一部分水体的污染物吸收同化能力。

灰水足迹按照其来源主要包括农业生产、工业生产以及人类生活等三个方面的灰水足迹,综合考虑研究的科学性以及数据的可获得性等客观性条件,选取 COD、TN 和氨氮(NH_3-N)等三个污染物指标用来衡量灰水足迹的变化情况。

1.2.2 水足迹与灰水足迹的区别

水足迹是指某一产品在其生产以及销售等各个环节中,整个供应链中所消耗的水资源总量,主要由三大部分构成,分别为蓝水足迹、绿水足迹和灰水足迹。由此可知,水足迹的概念和内涵更深更广,而灰水足迹是表征水污染程度的指标,是水足迹一个非常重要的组成成分,可以用来反映水环境中水质与水量二者之间相互关系的一种重要模型。

为了便于计算,我们把水足迹按照其来源划分为四个部分,分别为农畜产品水足迹、工业产品水足迹、种植业水足迹和生活及生态水足迹,水足迹相较于灰水足迹具有涵盖范围广、内容要素多、要点丰富、概念内涵相当全面系统的特征。我们要想研究灰水足迹,一般都离不开一个大前提,那就是水足迹,因为水足迹相关理论是研究灰水足迹的理论基石,也经常被用作水资源研究、水文研究的重要组成部分。

利用水足迹、灰水足迹相关理论模型测算出将污染物稀释到环境所允许的水质浓度所需的淡水水资源量,基于此我们能够更好反映出人类社会生产生活等经济活动过程中对水资源、水环境所造成的压力大小,评估水环境污染对地区水资源开发利用产生的危害,探究水污染防治策略。

水足迹与灰水足迹的内容具有一定的相关关系,然而其实质以及内涵却截然不同,有本质的区别。具体如表 1.1 所示。

表 1.1　水足迹相关概念鉴别表

对比项目	水足迹	蓝水足迹	绿水足迹	灰水足迹
基本概念	水足迹是指用于生产(消费)该产品的整个供应链中的用水量之和,包括用于生产(消费)的直接和间接用水量	蓝水足迹表示的意思主要是某一产品在其生产以及销售等各环节整个供应链中所消耗的蓝水(地表水和地下水)资源总量	绿水足迹所表达的意思为某一过程所消耗的绿水(不会成为径流的雨水)资源总量	灰水足迹是指以自然本底浓度和现有的环境水质标准为基准,将一定的污染负荷吸收同化所需的淡水的体积

对比项目	水足迹	蓝水足迹	绿水足迹	灰水足迹
基本原理	1. 水是人类生产生活的重要资源 2. 水消纳社会经济系统产生的污染和废弃物 3. 人类对各种产品和服务的消费可换算为相应的水资源体积(质量)	蓝水是指来源于含水层和地表水源所有用于灌溉的水,在农业生产过程中以蒸、散、发等形式消失	土壤以及地球表面某一地区所覆盖的植物群落表面所储藏的自然界降水,即绿水,但其未形成地表径流或者补充地下水	灰水足迹所表达的意思为在原有污染物溶液中再加入一定量的溶剂,即水资源使原有污染物溶液浓度降低到环境所允许的含有污染物的水质浓度所要用到的淡水水资源量的多少,是反映在整个供应链中产品生产所造成的淡水污染的指标
足迹耗水构成	1. 实体水、虚拟水足迹 2. 蓝水、绿水、灰水足迹	1. 未回到原流域的水、蒸发水 2. 未在同一时间段返回的水 3. 产品内的水	1. 来自田地或农场等场所的雨水总蒸散量水资源量 2. 贮藏在植物表面的水分	农业灰水足迹、工业灰水足迹、生活灰水足迹

利用基于水文过程的水足迹量化方法来研究用水总量,该方法考虑了生产过程中灌溉水的渠系及田间损失、灌溉水田间蒸散发、绿水消耗、地下水消耗等环节的水分消耗,结合灰水足迹理论以及统计学相关理论,核算人类活动对水环境所产生的影响,即人类活动所排放的污废水对赣江流域乃至鄱阳湖流域所产生的水环境负荷,把水的稀缺性即水的多少与水质的好坏程度紧密联系起来,这是一个水资源分析的新维度。这个分析维度具有非常重大的意义,就像一座桥梁一样,将水量与水质有机结合起来,可以更加直观地表现出人类活动所产生的水污染对现有水资源所造成的压力大小。

1.2.3　灰水足迹测算方法

由水足迹相关理论可知,水足迹主要由农业水足迹、工业水足迹、生活水足迹、生态水足迹等四大部分组成。水足迹是计算灰水足迹的基础,因此,可以分别从农业、工业和生活这三个方面,综合考虑节水效率、污水产出率、水资源利用率等因素,从而确定赣江流域水资源消耗的特点,对赣江流域灰水足迹进行核算和分析。

1.2.3.1　农业灰水足迹

农业灰水足迹是指农业生产、畜牧以及水产养殖过程中污废水排放造成的灰水足迹。从种植业、畜牧养殖业以及水产养殖业三个方面计算赣江流域农业灰水足迹。

（1）种植业灰水足迹

农作物产量的提高绝大程度上取决于人为施用氮肥量的增加，但我国氮肥有效利用率较低，导致氮肥在除被植物利用外，大部分都是在灌溉和降水作用下流入周边的河流以及湖泊，造成水资源污染。由于种植业造成的污染主要是以水体携带、扩散的方式进入周边水体，故属于面源污染，在计算时需要确定污染物进入水体的比例值，即污染物淋失率。综合考虑农业生产种植过程中的各类污染物，选定 TN 作为主要指标，用来衡量水污染物情况。计算公式采用由 Hoekstra 等编著的《水足迹评价手册》中的相关计算模型，氮肥淋溶率取全国平均水平 $\alpha = 7\%$，自然本底浓度 C_{nat} 取为零。具体测算恒等表达式如下式所示：

$$GWF_{pla(i)} = \frac{L_{(i)}}{C_{max} - C_{nat}} = \frac{\alpha \times Appl_{(i)}}{C_{max} - C_{nat}} \tag{1.1}$$

其表达式中各变量的含义分别为：GWF_{pla} 所代表的是种植业灰水足迹（m^3/a）；α 为氮肥淋溶率，其含义即氮肥进入水体的质量百分数（%）；变量 $Appl$ 所代表的是本年度氮肥施用量（kg/a）；$L_{(i)}$ 为第 i（i 为 TN）种污染物的排放负荷（kg/a）；C_{nat} 为收纳水体的自然本底浓度（kg/m^3）；C_{max} 为污染物水质标准浓度（kg/m^3）。

（2）畜牧养殖业灰水足迹

随着社会的大发展，居民消费水平和生活指数得到了极大的提升，居民对肉类产品的需求以及品质有了更高的需求。同时，江西省境内属典型亚热带季风湿润气候，气温温润，地形地貌复杂，为江西家禽饲养提供了良好的气候和地理条件。在过去的十年间，江西省牧业经济总产值实现翻倍，成为江西省农业经济重要支柱。但同时水质污染也是畜禽养殖业严重的问题之一，相关的环保意识无法及时跟上养殖业的快速发展，在养殖过程中动物排泄物得不到妥善处理被随意堆砌，降水使淋溶出来的各类污染进入周边水体，引发环境污染问题。结合《江西省统计年鉴》数据统计分析，选取具有代表性畜禽作为研究对象：饲养周期大于等于一年的牛、羊养殖数量按年末存栏量记；饲养周期小于一年的家禽、猪的养殖数量按年末出栏量记。

$$GWF_{bre} = max(GWF_{bre(COD)}, GWF_{bre(TN)}) \tag{1.2}$$

$$GWF_{bre(i)} = \frac{L_{bre(i)}}{C_{max} - C_{nat}} \tag{1.3}$$

第 1 章　鄱阳湖流域灰水足迹的变化与驱动因素

$$L_{\text{bre}(i)} = 畜禽数量 \times 饲养周期 \times (日排粪量 \times 粪污染物含量 \times$$

$$流失率 + 日排尿量 \times 尿污染物含量 \times 流失率) \qquad (1.4)$$

上述表达式中各变量的含义分别如下: GWF_{bre} 所代表的是畜牧养殖业所造成的灰水足迹即畜牧养殖业灰水足迹(m^3/a); $GWF_{\text{bre}(i)}$ 的含义为畜牧养殖业所造成的某种污染物的灰水足迹,即第 i 类污染物的畜牧养殖业灰水足迹(m^3/a); $L_{\text{bre}(i)}$ 为第 i (i 为 COD 或 TN)种污染物排放负荷(kg/a)。

(3)水产养殖业灰水足迹

赣江流域地理位置处于亚热带季风湿润气候,同时作为江西省境内长度排名第一的河流,支流众多,丰富的水资源为流域内渔业的快速发展提供有力保障。赣江流域内鱼的种类丰富,鱼类主要为草鱼、鲢鱼、鳙鱼、鲤鱼、鲫鱼等;贝类以河蚌、螺为主;虾类以青虾、克氏原螯虾为主。水产养殖的方式主要有湖泊、水库、水田、鱼池等方式。

水产品不仅味美肉鲜,而且还具有高蛋白、低脂肪的特点,因此,人们对于水产品的消费极为热衷,水产品消费量逐年上升。水产品在饲养养殖过程中需要投喂非常多的动物饲料,利用率特别低,投入的大部分动物饲料都残留在水域中,而且水中大量的水产品所产生的排泄物直接排入水域,导致流域水体面源污染等水环境污染问题极其严重。

为了计算方便,选取典型的具有代表性的进行研究,结合江西省水产养殖的实际情况,此处选定鱼类、贝类以及甲壳类水产品作为研究对象,结合单位粪便水污染物含量,选取 COD、TN 为评价指标。测算公式如下:

$$GWF_{\text{fis}} = \max(GWF_{\text{fis(COD)}}, GWF_{\text{fis(TN)}}) \qquad (1.5)$$

$$GWF_{\text{fis}(i)} = \frac{L_{\text{fis}(i)}}{C_{\max} - C_{\text{nat}}} \qquad (1.6)$$

$$L_{\text{fis}(i)} = \sum_{j=1}^{3} M_{(j)} \times k_{(j)} \qquad (1.7)$$

式中, GWF_{fis} 为水产养殖业灰水足迹(m^3/a); $GWF_{\text{fis}(i)}$ 表示第 i (i 为 COD 或 TN) 类水产养殖污染物的养殖业灰水足迹(m^3/a); $L_{\text{fis}(i)}$ 为第 i 类污染物排放负荷(kg/a); $M_{(j)}$ 为第 j 类水产品的养殖产量(t); $k_{(j)}$ 为第 j 类污染物排污系数。

9

（4）农业灰水足迹

综上，由农业灰水足迹的计算过程可知，农业灰水足迹主要由种植业灰水足迹、畜牧养殖业灰水足迹、水产养殖业灰水足迹三部分构成，选取其中某种污染物的组和最大值作为农业总灰水足迹。测算表达式如公式1.8所示：

$$GWF_{agr} = \max\big[(GWF_{bre(COD)} + GWF_{fis(COD)}), (GWF_{pla(TN)} + GWF_{bre(TN)} + GWF_{fis(TN)})\big]$$

$$(1.8)$$

1.2.3.2 工业灰水足迹

工业污染通常是通过排污口排污，属于点源污染，要核算工业灰水足迹，可以通过污水排放量乘以排污系数，进而得到污水中主要污染物的排放情况及其排放量，而通过计算可知 COD 和 NH_3-N 是赣江流域的主要污染物物质。因此，本章在核算工业灰水足迹时，采用 COD 和 NH_3-N 作为计算指标。其计算公式为：

$$GWF_{ind} = \max[GWF_{ind(COD)}, GWF_{ind(NH_3-N)}] \qquad (1.9)$$

$$GWF_{ind(i)} = \frac{L_{ind(i)}}{C_{max} - C_{nat}} \qquad (1.10)$$

表达式中各变量所代表的含义分别为：GWF_{ind} 为工业灰水足迹（m^3/a）；$GWF_{ind(i)}$ 表示第 i 类污染物的工业灰水足迹（m^3/a）；$L_{ind(i)}$ 为第 i（i 为 COD 或 TN）种污染物排放负荷（kg/a）。

1.2.3.3 生活灰水足迹

农村生活水平近几年不断提升，导致农村生活垃圾从数量、种类上成倍增长。相较于城市人口生活垃圾回收处理，广大农村地区缺乏相关的监管和环保意识，将日常生活垃圾随意地堆放处理，其中的污染物在雨季期间被雨水携带进入周边水体，造成污染；同时农村居民生活建设也存在一定的问题，不少农村居民图方便会直接把排污管道通向周边水体，将生活污水直接向水体进行排放；流域内至今仍有部分农村居民使用旱厕，将产生的粪便用于田地，但这存在着降雨淋失的风险。

就目前来看，生活污染主要来源是生活污水和人体粪尿排放，故这里选择污染物贡献量较大的总氮和总磷作为主要污染物进行计算。

$$GWF_{lif} = \max\{GWF_{lif(COD)}, GWF_{lif(NH_3-N)}\} \qquad (1.11)$$

$$GWF_{\text{lif}(i)} = \frac{L_{\text{lif}(i)}}{C_{\max} - C_{\text{nat}}} \tag{1.12}$$

表达式中各变量所代表的含义分别为：GWF_{lif} 为生活灰水足迹（m³/a）；$GWF_{\text{lif}(i)}$ 表示第 i 类污染物的生活灰水足迹（m³/a）；$L_{\text{lif}(i)}$ 为第 i（i 为 TP 或 TN）种污染物排放负荷（kg/a）。

1.2.3.4　区域总灰水足迹

综上，由灰水足迹的相关理论可知，区域总灰水足迹由三部分组成，分别为农业灰水足迹、工业灰水足迹、生活灰水足迹，因此，区域总灰水足迹为农业灰水足迹、工业灰水足迹、生活灰水足迹的综合。

$$GWF = GWF_{\text{agr}} + GWF_{\text{ind}} + GWF_{\text{lif}} \tag{1.13}$$

表达式中，GWF 为区域总灰水足迹（m³/a）。

1.3　赣江流域灰水足迹测算

1.3.1　研究区域介绍

赣江作为鄱阳湖流域五大河流之首，自南向北贯穿全省，河流全长 766 km。地理位置位于长江中游及下游南岸，流域范围覆盖赣州、吉安、萍乡、抚州、新余、宜春、南昌等市所辖的 44 个县（市/区），流域面积达 83 500 km²，占鄱阳湖流域面积的 51.5%，如图 1.1 所示。流域内全年平均气温 18 ℃，气候温和，流域全年降雨充沛，年降雨量为 1 400～1 800 mm，水资源丰富，多年平均径流量为 702.89×10⁸ m³，水资源总量为 484.89×10⁸ m³，占全省水资源总量的一半以上。

赣江流域地形复杂、地貌格局多样，其地质地貌大多以山地丘陵为主，低丘岗地为辅。山地丘陵占流域面积的 64.7%，低丘岗地占 31.4%，平原、水域等仅占 3.9%。海拔从南向北递减，形成以吉泰盆地和赣抚平原为底部的簸箕形地势。流域内以林地（57%）和农业用地（25%）为主，森林覆盖率较高，耕地主要分布在吉泰盆地与赣抚平原。土壤类型以山地黄壤、黄棕壤、红壤、紫色土和水稻土为主。

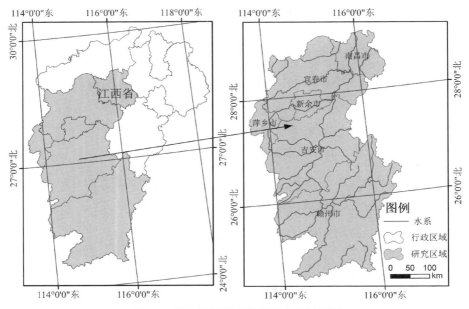

图 1.1 赣江流域地理位置及水系概况图

1.3.2 数据来源

赣江流域涉及吉安、萍乡、南昌、宜春、新余、抚州(乐安县)、赣州等市。由于抚州市只涉及乐安县一个县,数据对结果的影响不大,基于数据的可获得性以及计算的方便,本章不计算乐安县数据,只计算宜春、赣州、南昌、萍乡、吉安、新余等六个市的数据。选取 2008—2018 年共 11 年的相关数据,数据来源于国家统计局网站、国家统计年鉴、江西省水资源公报、江西省统计年鉴以及江西各市统计年鉴等。其中农畜产品虚拟水含量、畜禽养殖污染物排放系数及流失系数参考文献①,水产品养殖污染物排污系数参考已有研究②。参考相关科研报告确定氮肥淋溶率选取全国平均水平 $\alpha =$ 7%;根据实地调研、入户走访调查和梳理已有研究资料,确定赣江流域主要畜禽的饲养周期和排泄系数;自然本底浓度 C_{nat} 取为零;COD、TN、NH₃ - N 排放达标浓度,采

---

① 白天骄,孙才志.中国人均灰水足迹区域差异及因素分解[J].生态学报,2018,38(17):6314 - 6325;孙才志,张蕾.中国农产品虚拟—耕地资源区域时空差异演变[J].资源科学,2009,31(01):84 - 93.

② 张郁,张峥,苏明涛.基于化肥污染的黑龙江垦区粮食生产灰水足迹研究[J].干旱区资源与环境,2013,27(07):28 - 32.

用《污水综合排放标准》(GB 8979—1996)中的一级排放标准,COD 取 60 mg/L,TN 以及 NH_3-N 均取 15 mg/L。中国国土面积(陆地面积)960 万 km^2,幅员辽阔,地形复杂,形成了多样的气候。地形地貌以及气候的差异,导致中国各地区主要农产品单位质量虚拟水含量差异非常大,单位产品虚拟水含量是指农作物单位面积上的需水量与农作物单位面积上的产量之比。

1.3.3　赣江流域灰水足迹测算结果

1.3.3.1　农业

根据相关计算公式估算得出 2008—2018 年赣江流域及赣江流域所流经各市的农业灰水足迹(见表 1.2)。结果显示,研究期内赣江流域农业灰水足迹总体上呈"下降—上升—下降"趋势,但是变化幅度比较小,2018 年出现了研究期内的最小值,最小值为 42.59×10^8 m^3。其整体变化趋势见图 1.2。

表 1.2　2008—2018 年赣江流域农业灰水足迹($\times 10^8$ m^3)

年份	南昌市	赣州市	萍乡市	新余市	吉安市	宜春市	赣江流域
2008	7.52	18.97	3.11	2.25	6.64	12.98	51.47
2009	7.59	18.25	3.13	2.23	6.64	13.02	50.86
2010	7.66	18.35	3.14	2.20	6.64	12.58	50.57
2011	7.71	17.63	3.13	2.34	6.63	12.51	49.95
2012	7.75	17.58	3.12	2.34	6.92	13.31	51.02
2013	7.66	17.89	3.15	2.32	6.85	13.79	51.66
2014	7.62	17.56	3.16	2.36	6.87	13.72	51.29
2015	7.30	17.67	3.18	2.37	6.74	14.34	51.60
2016	7.09	16.97	3.18	2.31	6.72	14.31	50.58
2017	6.82	16.34	3.10	2.28	6.72	14.27	49.53
2018	6.12	13.10	2.76	2.07	5.89	12.65	42.59

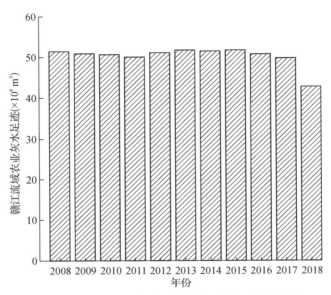

图 1.2　2008—2018 年赣江流域农业灰水足迹变化图

1.3.3.2　工业

根据工业灰水足迹计算公式估算得出 2008—2018 年赣江流域及赣江流域所流经各市的工业灰水足迹（见表 1.3）。结果显示，研究期内赣江流域工业灰水足迹总体上呈波动下降趋势。特别是从 2014 年开始，工业灰水足迹有了较明显的减小，这主要得益于社会科技的进步以及人们节水意识的增强。其变化趋势如图 1.3 所示。

表 1.3　2008—2018 年赣江流域工业灰水足迹表（×10⁸ m³）

年份	南昌市	赣州市	萍乡市	新余市	吉安市	宜春市	赣江流域
2008	0.99	3.63	0.86	0.39	0.00	1.24	7.11
2009	0.98	3.75	0.87	0.40	0.01	1.14	7.15
2010	0.95	3.83	0.82	0.27	0.05	1.07	6.99
2011	1.06	4.17	1.00	0.16	0.57	0.62	7.58
2012	0.71	4.21	0.75	0.26	0.68	0.78	7.39
2013	0.94	3.73	0.60	0.21	0.77	0.34	6.59
2014	0.13	2.55	0.31	0.19	0.26	0.29	3.73
2015	0.27	2.86	0.18	0.10	0.63	0.59	4.63

续　表

年份	南昌市	赣州市	萍乡市	新余市	吉安市	宜春市	赣江流域
2016	0.23	0.40	0.03	0.17	0.48	0.07	1.38
2017	0.28	0.64	0.02	0.23	0.41	0.15	1.73
2018	0.20	0.55	0.03	0.27	0.36	0.48	1.89

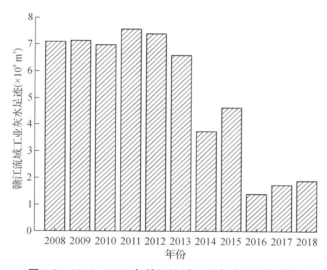

图 1.3　2008—2018 年赣江流域工业灰水足迹变化图

1.3.3.3　生活

根据生活灰水足迹计算公式估算得出 2008—2018 年赣江流域及赣江流域所流经各市的生活灰水足迹(见表 1.4)。结果显示,研究期内赣江流域生活灰水足迹总体上呈先下降后上升趋势。主要原因是随着社会经济的发展,人们生活水平普遍提高,用水不再像以前农村那样,用桶提、用肩挑,现在自来水的普及,用水只需要水龙头轻轻一拧就可以了,所以水资源浪费比较严重。2010 年与 2018 年分别达到了研究期内的最小值和最大值,最小值为 25.31×10^8 m^3,最大值为 36.93×10^8 m^3。2008—2018 年赣江流域及赣江流域所流经各市的生活灰水足迹变化趋势如图 1.4 所示。

表 1.4　2008—2018 年赣江流域生活灰水足迹表（×10⁸ m³）

年份	南昌市	赣州市	萍乡市	新余市	吉安市	宜春市	赣江流域
2008	5.44	9.22	2.64	1.56	4.83	5.93	29.62
2009	4.63	9.18	2.63	1.54	4.82	5.91	28.71
2010	2.57	8.44	2.55	1.47	4.87	5.41	25.31
2011	4.83	9.67	3.39	1.63	5.99	5.51	31.02
2012	4.60	10.03	3.14	1.64	6.00	5.83	31.24
2013	4.23	10.36	3.26	1.59	6.03	5.92	31.39
2014	4.41	10.42	3.17	1.44	5.85	5.93	31.22
2015	3.98	10.33	3.24	1.37	5.15	5.65	29.72
2016	6.31	11.39	3.20	1.39	6.57	5.68	34.54
2017	5.69	11.64	2.33	1.95	7.26	6.76	35.63
2018	6.63	12.14	2.29	1.68	7.22	6.97	36.93

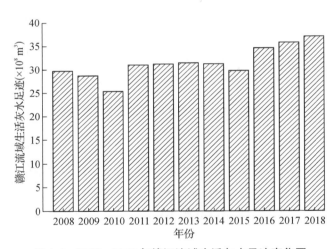

图 1.4　2008—2018 年赣江流域生活灰水足迹变化图

1.3.3.4　赣江流域人均灰水足迹

人均灰水足迹计算结果见表 1.5，其整体呈下降趋势。人均灰水足迹分别在 2012 年和 2018 年出现研究期内的最大值和最小值，分别为 331 m³/人和 277 m³/人。赣江流域人均灰水足迹变化情况如图 1.5 所示，赣江流域人均灰水足迹空间变化情况基本保持同步，其空间变化如图 1.6 所示，总体来说都在向着良性方向发展。

表 1.5　2008—2018 年赣江流域人均灰水足迹(m³/人)

年份	南昌市	赣州市	萍乡市	新余市	吉安市	宜春市	赣江流域
2008	282	358	355	372	236	370	329
2009	265	348	355	368	237	366	323
2010	222	338	346	345	240	351	307
2011	270	343	395	360	273	342	330
2012	257	343	374	368	280	365	331
2013	252	344	372	356	280	366	329
2014	235	320	335	344	266	363	310
2015	222	321	347	329	255	373	308
2016	261	296	335	330	280	363	311
2017	244	294	273	358	268	352	298
2018	243	263	254	321	250	332	277
平均	250	324	340	350	261	358	314

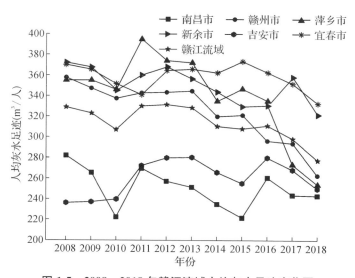

图 1.5　2008—2018 年赣江流域人均灰水足迹变化图

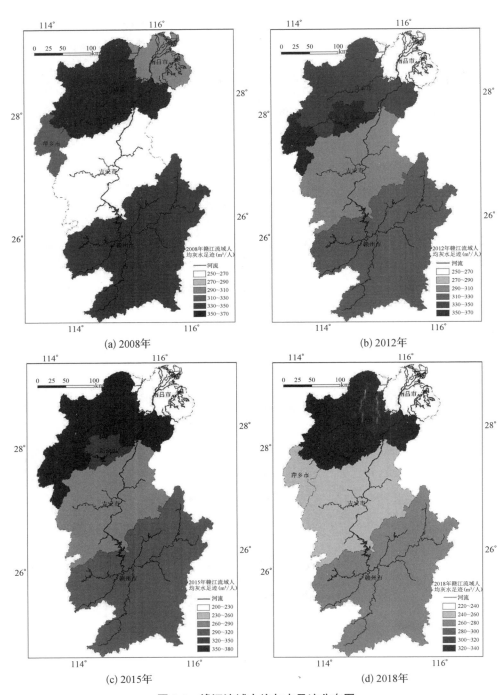

(a) 2008年

(b) 2012年

(c) 2015年

(d) 2018年

图 1.6　赣江流域人均灰水足迹分布图

1.4　赣江流域灰水足迹时空分析与驱动因素

1.4.1　时空变化分析

1.4.1.1　时序变化分析

2008 年至 2018 年研究期内赣江流域灰水足迹和人均灰水足迹的变化趋势大致呈波动状态,呈现出先下降后上升又下降的趋势,如图 1.7 所示。随着社会发展水平的不断提升,人们对人居环境有了更高的要求,环保意识不断加强,再加上环保部门的日益重视,各类污染物排放负荷有所下降,尤其是生活类污染物排放下降对降低赣江流域整体灰水足迹大有裨益。2008—2010 年赣江流域灰水足迹和人均灰水足迹呈下降趋势,2010—2013 年呈增长的趋势,2013—2018 年整体呈波动下降趋势,其中 2010 年陡降的原因主要是 2010 年降雨量特别丰沛。灰水足迹由 2008 年的 88.17×10^8 m³ 降至 2010 年的 82.85×10^8 m³,然后上升到 2013 年的 89.63×10^8 m³,自 2013 年起开始逐渐下降,到 2018 年已降至 81.42×10^8 m³,如图 1.8 所示。2008—2018 年赣江流域灰水足迹结构变化情况具体参见图 1.9。

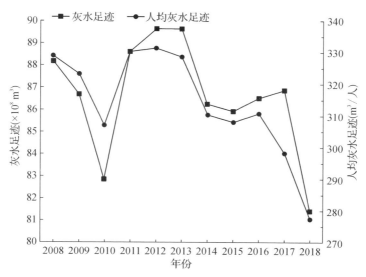

图 1.7　2008—2018 年赣江流域灰水足迹与人均灰水足迹变化图

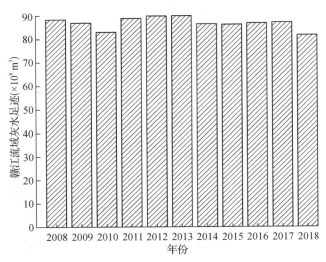

图 1.8   2008—2018 年赣江流域灰水足迹变化图

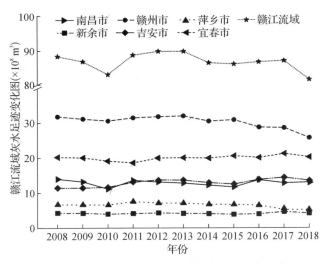

图 1.9   2008—2018 年赣江流域灰水足迹结构变化图

降低灰水足迹有效措施,除了不断提升公众节水惜水意识、加大科技投入等措施外,更重要的还是要加强政策引导,加大对乱排、偷排等违法行为的政策监管力度,以及不断改造升级产业发展水平、提升产业附加值等。2008 年江西全省水功能区划工作基本完成,2012 年,江西省深入推进重要江河湖泊、界河、饮用水源地水质水量动态监测,178 个国家重要水功能区首次实现全覆盖监测。2013 年修订《江西省取水许可和水资源费征收管理办法》(以下简称《办法》)。新《办法》进一步规范了取水许可和水资源费征收,明确了取水许可审批管理权限,调整了水资源费征收标准,强化了建设项目水资源论证和入河排污口设置管理。2015 年,"河长制"在江西省正式启动。2017 年深入推进入河排污口专项整治,2017 年 6 月,经省政府同意,省水利厅印发实施《江西省长江经济带沿江取水口排污口和应急水源布局规划实施方案》。2018 年水法规制度建设成效显著。制度建设,是生态文明建设的核心,也是国家在江西省设立生态文明试验区的关键所在。

　　赣江流域主要以传统第一产业为主,因此很有必要对农业灰水足迹进行专门的深入探讨。运用相关计算公式测算了 2008—2018 年赣江流域六个地级市的农业灰水足迹、种植业灰水足迹、畜牧养殖业灰水足迹、水产养殖业灰水足迹,由于水产养殖业灰水足迹测算结果数据值比较小,为了分析方便,将水产养殖业灰水足迹与畜牧养殖业灰水足迹合并为养殖业灰水足迹进行分析。如图 1.10 所示,2008—2018 年赣江流域农业灰水足迹曲线呈"下降—上升—下降"波动型发展形态,由 2008 年的 51×10^8 m³ 下降至 2011 年的 49×10^8 m³,从 2011 年开始上升至 2013 年的 $51.66 \times$

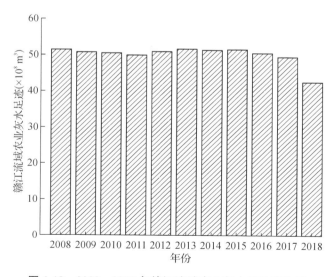

图 1.10　2008—2018 年赣江流域农业灰水足迹变化图

10^8 m³,达到了研究期内的峰值。2013年以后的农业灰水足迹呈现不断下降趋势,下降至2018年的42.6×10^8 m³,为研究期内的最小值,赣江流域农业灰水足迹11年间的平均值为50×10^8 m³。赣江流域农业灰水足迹的总体变化表现出"下降—上升—下降"波动型发展形态,说明赣江流域在农业、种植业、养殖业等第一产业经济高速发展的压力下,农药、化肥等化工资源投入施用量增大,造成水体污染加剧。但随着社会的发展,国家对农业技术以及发展方式的优化调整、人们环保意识的增强,减少了农业生产过程中农药、化肥等化学产品的施用量,减轻了农业生产所带来的环境污染,农业灰水足迹也随之减小。

在赣江流域,农业灰水足迹中种植业灰水足迹占比大于畜牧养殖业灰水足迹与水产养殖业灰水足迹占比之和,也就是说种植业灰水足迹大于养殖业灰水足迹,由此表明研究期内赣江流域的水体水环境污染主要是由农业种植过程中农药、化肥等化学物质过度施用以及畜禽养殖过程中的农家肥利用低造成的。由图1.11可知,2008—2018年赣江流域农业灰水足迹曲线呈"下降—上升—下降"波动型发展形态;赣江流域农业灰水足迹在2013年达到了研究期内的峰值(51.66×10^8 m³),2018年42.6×10^8 m³为研究期内的最小值,赣江流域农业灰水足迹11年间的平均值为50×10^8 m³。2017—2018年,赣州市农业灰水足迹降幅较大,由2017年的第五等(16.34×10^8 m³)下降至2018年的第四等(17.72×10^8 m³),主要原因是氮肥施用量降低导致种

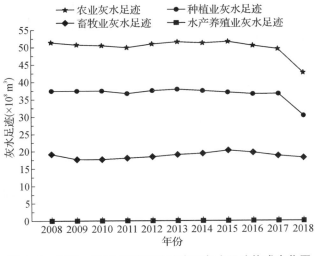

图1.11　2008—2018年赣江流域农业灰水足迹构成变化图

植业灰水足迹下降。2008—2018年间,导致赣江流域农业生产过程中所产生的灰水足迹,即农业灰水足迹时空变异的主要因素是社会经济的发展、农业产业结构的优化升级,以及农业生产过程中化肥、农药等施肥方式方法的转变。农业灰水足迹的降低应该在发展地方经济的同时,要不断提升产业结构,优化产业布局,普及农民职业教育,提高农业生产的投入产出比。

1.4.1.2　空间变化分析

2008—2018年赣江流域及其所流经的六个市的灰水足迹计算结果见表1.5所示,空间的变化情况如图1.12所示。结果显示,研究期内赣江流域灰水足迹总体上呈"下降—上升—下降"趋势,但是变化幅度比较小,2018年出现了研究期内的最小值,最小值为 42.60×10^8 m^3。从其典型年份灰水足迹分布情况来看,南昌市、赣州市、萍乡市灰水足迹呈下降趋势,新余市、吉安市、宜春市灰水足迹变化情况不明显。

赣江流域各地级市的农业灰水足迹整体分布及迁移如图1.13所示,呈南北高,中部低"U"形分布。上游赣州、下游宜春市农业灰水足迹值比较大,新余市、萍乡市农业灰水足迹值最小,吉安市、南昌市农业灰水足迹值居于赣江流域所涉及的六个市中间位置。其中赣州市农业灰水足迹值最大,且处于赣江上游,因此必须控制农业生产过程中农药、化肥等化学物质的施用,提高农业生产效率、投入产出率以及有机肥施用率。

2008—2018年赣江流域年均农业灰水足迹为 50×10^8 m^3,最大值为2013年的 51.66×10^8 m^3,最小值为2018年的 42.6×10^8 m^3。赣江流域农业灰水足迹组成成分年平均值由大到小排序为赣州市(17.72×10^8 m^3)、宜春市(13.48×10^8 m^3)、南昌市(7.47×10^8 m^3)、吉安市(6.73×10^8 m^3)、萍乡市(3.14×10^8 m^3)、新余市(2.30×10^8 m^3)。

流域各地级市的农业灰水足迹的分布未产生迁移,2018年赣州市的农业灰水足迹由第五等降至第四等。结合计算结果数据可知,虽然图1.13(a)(b)(c)反映出赣江流域农业灰水足迹2008—2015年没有发生变化,但实际上其各组成部分呈现出先上升再下降的趋势,特别是图1.13(d)反映出的2017—2018年赣州市的农业灰水足迹由第五等降至第四等,说明赣江流域的水质在不断向好的方向发展。

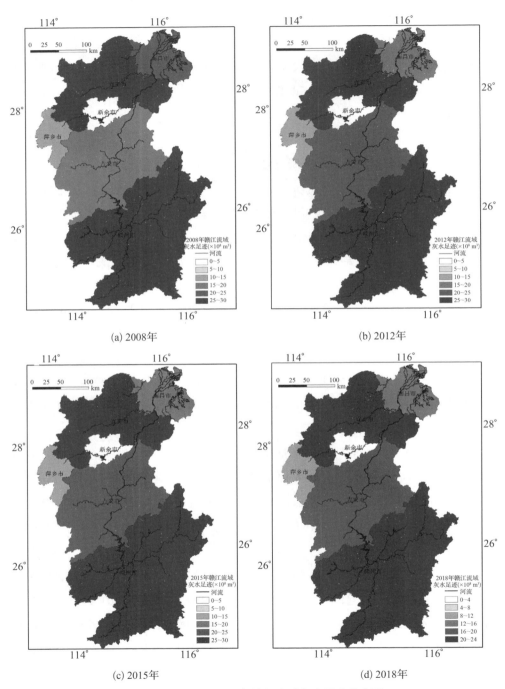

(a) 2008年

(b) 2012年

(c) 2015年

(d) 2018年

图 1.12　2008—2018 年赣江流域灰水足迹分布图

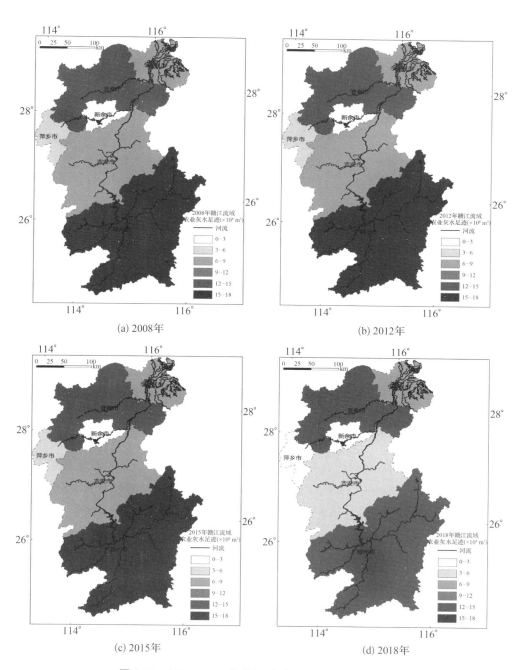

(a) 2008年

(b) 2012年

(c) 2015年

(d) 2018年

图 1.13　2008—2018 年赣江流域农业灰水足迹分布图

赣江流域农业灰水足迹主要由赣州市、宜春市贡献,虽然赣州市、宜春市农业灰水足迹都在下降,但是下降幅度并不大,而且随着生活水平的提高,水产养殖业灰水足迹有向上发展趋势。值得庆幸的是,随着环保部门的重视,以及人们环保意识的不断提高,2017—2018 年赣江流域各地级市农药、化肥施用量均有较大幅度下降,尤其是赣州市、宜春市降幅最大,污染来源减少,赣江流域农业灰水足迹自然也随之大幅减小。

1.4.2 驱动因素

1.4.2.1 驱动分析方法

因数分解分析的过程是将研究事物本身的变化特征通过数学公式的转换分解为几个基本因素,按照各个因素的作用机理将其与各个因素的经济含义相互对应,定量分析可以研究这些基本因数变动对研究事物变化的影响重要程度,找出事物变化的根源。

(1) 广义的 Kaya 恒等式

1989 年,日本研究者 Yoichi Kaya 针对碳排放变化提出 Kaya 恒等式,该等式已经在能源及其他领域得到广泛运用。将碳排放进行因素分解,基于 Kaya 恒等式将其因素分解为人口、国内生产总值、能源消费等影响因素,具体公式如下:

$$C = P \times \frac{G}{P} \times \frac{E}{G} \times \frac{C}{E} \tag{1.14}$$

上式中各变量分别表示为:P 表示人口数量;G 代表国内生产总值(GDP);E 代表能源消费;G/P 代表人均 GDP;E/G 代表能源消费强度;C/E 代表能源消费碳强度。

为了更加方便以及更好地表述影响灰水足迹产出及其变化的影响因素,将 Kaya 恒等式进行扩展、广义化处理,具体公式如下:

$$GWF = P \times \frac{GDP}{P} \times \frac{WF}{GDP_i} \times \frac{GDP_i}{GDP} \times \frac{GWF}{WF} = PETIS \tag{1.15}$$

式中,GWF 为流域灰水足迹(m^3/a);GDP 为流域的生产总值;GDP_i 为流域的农村生产总值;WF 为流域水足迹(m^3/a);P 为流域总人口;E 为人均 GDP;T 为水足迹强度;I 为产业结构;S 为灰水足迹产出强度。其中 农村 GDP = 区域 GDP - 城镇 GDP。该模型其他指标解释:人口因数 P,人口促进经济发展的不竭动力,劳动力能够创造价值,是极其重要的生产要素,因此可以用流域总人口指标因素 P 来表征赣江流域人口变化对赣江流域灰水足迹变化的影响;经济因素,即 $E=GDP/P$,选取人均 GDP 这个经济因素有助于分析资本变化因素对灰水足迹变化的影响;技术因素,指的是单位用水量经济产出效率,可以反映出人类社会节水技术的发展对赣江流域灰水足迹变化的影响,其表达式为 $T=WF/GDP_i$;结构因素,即 $I=GDP_i/GDP$,选取此因素来表示产业结构对灰水足迹的影响;环境因素,即 $S=GWF/WF$,反映区域灰水足迹占水足迹的比例,灰水足迹产出系数如表 1.6 所示。

表 1.6　指标说明参照表

指标	测算方法	驱动因素	说明
GWF	$GWF_{agr}+GWF_{ind}+GWF_{lif}$	灰水足迹	选取此因素来对比赣江流域灰水足迹变化的情况
P	流域总人口	人口因素	选取此因素来反映人口变化对灰水足迹变化的影响
E	GDP/P	经济因素	选取经济因素有助于分析资本因素对灰水足迹变化的影响
T	WF/GDP_i	技术因素	反映单位用水量经济产出效率因素对灰水足迹变化的影响
I	GDP_i/GDP	结构因素	选取结构因素,来表示对灰水足迹的影响
S	GWF/WF	环境因素	反映区域灰水足迹占水足迹的比例,灰水足迹产出系数

（2）LMDI 分解模型

LMDI 分解模型是一种不产生残差的、完全分解的分析方法,并且 LMDI 分解法的乘积形式以及加和形式也都是无差异的,LMDI 分解模型是当今学术界普遍适用的因素分解模型。根据 LMDI 分解模型,基期和第 t 年的灰水足迹变化值 ΔG 称为因素总变化值,由人口因素（ΔG_P）、经济因素（ΔG_E）、技术因素（ΔG_T）、结构因素（ΔG_I）、环境因素（ΔG_S）五部分组成。根据 LMDI 分解方法,在加法分解形式下,5 个驱动因素关系可以表示为:

$$\Delta G = \Delta G_t - \Delta G_0 = \Delta G_P + \Delta G_E + \Delta G_T + \Delta G_I + \Delta G_S \tag{1.16}$$

$$\Delta G_P = \frac{G_t - G_0}{\ln G_t - \ln G_0} \ln \frac{P_t}{P_0} \tag{1.17}$$

$$\Delta G_{\mathrm{E}} = \frac{G_{\mathrm{t}} - G_{0}}{\ln G_{\mathrm{t}} - \ln G_{0}} \ln \frac{E_{\mathrm{t}}}{E_{0}} \tag{1.18}$$

$$\Delta G_{\mathrm{T}} = \frac{G_{\mathrm{t}} - G_{0}}{\ln G_{\mathrm{t}} - \ln G_{0}} \ln \frac{T_{\mathrm{t}}}{T_{0}} \tag{1.19}$$

$$\Delta G_{\mathrm{I}} = \frac{G_{\mathrm{t}} - G_{0}}{\ln G_{\mathrm{t}} - \ln G_{0}} \ln \frac{I_{\mathrm{t}}}{I_{0}} \tag{1.20}$$

$$\Delta G_{\mathrm{S}} = \frac{G_{\mathrm{t}} - G_{0}}{\ln G_{\mathrm{t}} - \ln G_{0}} \ln \frac{S_{\mathrm{t}}}{S_{0}} \tag{1.21}$$

式中,ΔG 为灰水足迹变动量;ΔG_{P} 表示人口因素变动对灰水足迹变化的贡献量;ΔG_{E} 表示经济因素变动对灰水足迹变化的贡献量;ΔG_{T} 表示技术因素变动对灰水足迹变化的贡献量;ΔG_{I} 表示结构因素变动对灰水足迹变化的贡献量;ΔG_{S} 表示环境因素变动对灰水足迹变化的贡献量。若驱动因素贡献值 ΔG_{P}、ΔG_{E}、ΔG_{T}、ΔG_{I}、ΔG_{S} 为正值,则分别表示人口因素、经济因素、技术因素、结构因素、环境因素的变化对赣江流域灰水足迹起促进作用,称为正向驱动因素,若驱动因素贡献值为负值,则称为负向驱动因素。

1.4.2.2 驱动因素测度

基于 LMDI 分解模型定量估算了人口、经济、技术、结构和环境这五个驱动因素对赣江流域灰水足迹产出的贡献作用。赣江流域灰水足迹驱动因素年际变化结果见表1.7,其具体变化趋势如图 1.14 所示。人口因素对赣江流域灰水足迹贡献呈增量效应,且呈现出明显的逐年增强的结果,由此说明越发增加的人口对区域内灰水足迹变化有着重要的影响。因此,加强对公民的节水意识和环保意识有着重要意义。经济因素对赣江流域灰水足迹贡献同样呈增量效应,水资源是经济发展的基本保障,经济的高质量发展离不开沛的水量,由此表明经济转型目前已经取得了相应的成效,以前用环境换取经济的发展模式已经成为过去式,追求高质量的绿色经济已然成为主流,经济发展的灰水足迹效率不断提高。技术因素呈减量效应,随着技术水平以及节水意识的提升,清洁生产技术和污水处理技术升级,用水强度不断降低对灰水足迹的降低有着重要作用,巨大的减排能力对水资源的循环利用和水环境的保护起着重要作用,通过清洁技术极大地减少了水体污染并提高了水资源利用效率,同时污水处理系统的普及也极大地促进了灰水足迹效率的提升。结构因素呈增量效应,但效应值相对较低,随着产业结构的调整,产业布局不断集约化,用水需求旺盛,应加强产业结构优化调整,大力发展新农业、新工业。环境因素呈减量效应特点,说明灰水足迹产出系数在下降,"河长制""湖长制"取得较好成果,越来越多的生态保护栖息地得到建设与保护。环境治理卓有成效,区域境内水质检测指标逐年向好。

表 1.7　赣江流域灰水足迹驱动因素分解

年份	人口因素	经济因素	技术因素	结构因素	环境因素
2008	0.30	7.39	−4.22	0.54	−4.60
2009	0.49	9.46	−7.49	1.54	−5.52
2010	0.79	26.36	−26.31	4.45	−10.24
2011	1.55	44.34	−44.07	7.08	−7.81
2012	1.90	54.51	−54.12	8.68	−9.55
2013	2.14	63.14	−61.94	9.78	−12.10
2014	3.61	68.13	−67.97	10.56	−16.85
2015	3.73	73.87	−73.69	11.12	−17.73
2016	4.27	81.48	−81.76	11.04	−17.50
2017	7.77	85.51	−96.22	13.44	−13.69
2018	8.09	89.60	−101.79	14.37	−19.21
平均	3.15	54.89	−56.33	8.42	−12.25

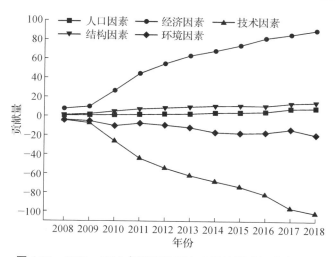

图 1.14　2008—2018 年赣江流域灰水足迹驱动因素变化图

由表 1.8 可知,赣江流域除吉安市外,都是以技术效率效应、资本产出效应和环境效率效应为主要减量效应;吉安市以技术效率效应和资本产出效应为主要减量效应。资本深化效应对赣江流域灰水足迹具有很大的提升作用。南昌市作为江西省的省会城市,具有地域优势,相对于其他地区来说,其经济发展速度较快而水足迹增幅较小,单位 GDP 水足迹呈现出逐年降低的趋势,同时技术效率效应减弱,这些是推动灰水足迹下降的重要因素。

表 1.8　赣江流域各市灰水足迹驱动因素总贡献值

年份	南昌市	赣州市	萍乡市	新余市	吉安市	宜春市	赣江流域
2008	−2.56	0.93	0.36	0.03	0.49	0.17	−0.60
2009	−0.76	−0.63	0.02	−0.02	0.00	−0.09	−1.48
2011	−0.34	−0.35	0.92	−0.07	1.73	−1.51	0.38
2012	−0.89	0.01	0.41	0.05	2.13	−0.23	1.48
2013	−1.12	0.17	0.40	−0.08	2.18	−0.10	1.46
2014	−1.79	−1.28	0.04	−0.20	1.51	−0.21	−1.93
2015	−2.41	−0.95	−0.01	−0.35	1.05	0.43	−2.24
2016	−0.31	−3.06	−0.19	−0.32	2.30	−0.09	−1.66
2017	−1.16	−3.20	−1.15	0.26	2.92	1.03	−1.30
2018	−1.00	−6.02	−1.51	−0.18	2.01	−0.05	−6.75
平均	−1.37	−1.42	−0.07	−0.10	1.49	−0.16	−1.63

1.4.2.3　驱动因素分析

由于赣江流域灰水足迹的驱动因素存在差异,因此下文对其进行具体阐述。

（1）人口因素

人口因素对赣江流域灰水足迹贡献呈增量效应,且呈现出明显的逐年增强的结果,由此说明劳动力对灰水足迹变化有着重要的影响。因此,加强公民的节水意识和环保意识有着重要意义。

如图 1.15 所示,2008—2018 年人口因素对赣江流域灰水足迹的驱动均呈增量效应,除赣州市增率较快外,其他城市增速均较慢。江西省近年来从业人口数量有着较大幅度增长,经济效应也有所改善,但由于其一直延续高度依赖劳动密集型产业与自然资源的传统经济发展模式,其较高的水污染形式"居高不下",区域开发程度的提高促使耗水量增长,使人口因素对赣州市灰水足迹的驱动水平远高于其他市区。

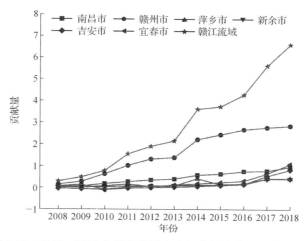

图 1.15　2008—2018 年赣江流域各市灰水足迹人口因素变化图

（2）经济因素

经济因素对赣江流域灰水足迹贡献呈增量效应。随着经济建设进程的不断加快，投入与产出也不断地增加，目前的经济增长模式不断地从劳动密集型和资源密集型向资本密集型转变。由结果可知资本呈逐渐增长的趋势，但是就业人口的数量与其比率的增长却相对较缓慢，资本积累效率逐渐提高。在经济高速发展的阶段，资本投入是促进经济增长的重要动力，要想继续推进经济增长的进程，需要水资源的支持，以往盲目追求经济发展而忽视生态环境保护的模式正在向高质量发展逐步转变，随着经济的发展，灰水足迹效率不断提高。

如图 1.16 所示，2008—2018 年赣江流域各市灰水足迹经济因素均呈增量效应，且每年有增强趋势。近年在经济建设大幅增加的情况下，经济扶持使得地区资本存量增幅较大，为强化基础设施建设，大量投资集中于高污染重工业，且治污技术欠佳，经济因素对灰水足迹表现出较强的提升作用。随着经济发展，资本深化程度逐渐提升，第三产业比重较大，技术密集型产业集聚。产业转型升级困难，就业人口波动增长，环境科技发展滞后，资本的深化并未能有效解决水环境问题。经济发展水平和资本存量较低，资本深化和技术进步缓慢，使水环境污染加剧。赣州市对赣江流域灰水足迹的增量效应最大，其经济发展迅猛，但是污水处理以及环境保护意识有待增强。南昌市经济发展较快，但其作为江西省首府，与其他区域相比，具有良好的基础，经济、技术快速发展有益于水环境改善。

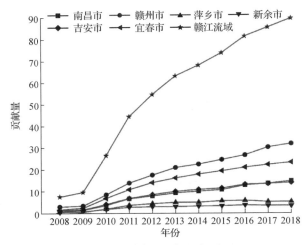

图 1.16　2008—2018 年赣江流域各市灰水足迹经济因素变化图

（3）技术因素

技术因素呈减量效应,随着技术水平以及节水意识的提升,清洁生产技术和污水处理技术升级,用水强度不断降低对灰水足迹的降低有着重要作用,巨大的减排能力对水资源的循环利用和水环境的保护起着重要作用,通过清洁技术极大地减少了水体污染并提高了水资源利用效率,同时污水处理系统的普及也极大地促进了灰水足迹效率的提升(如图 1.17)。

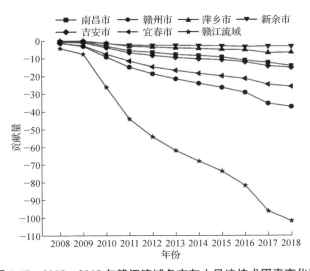

图 1.17　2008—2018 年赣江流域各市灰水足迹技术因素变化图

（4）结构因素

随着经济的快速发展,城镇化程度不断提高,城镇经济占比不断扩大,农村经济占比逐渐下降,结构因素对各地区灰水足迹均呈正向增量驱动效应。工业化快速发展,工业需水量以及工业污废水排放量也大幅度提高,污废水处理压力增大,有的甚至未经处理就排放,对水体造成巨大污染。必须加大对污废水的处理力度,严禁未经处理直接排放的行为(如图 1.18)。

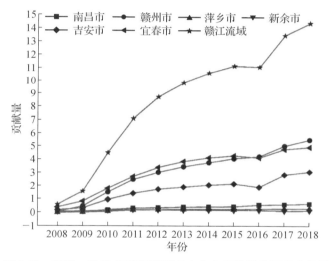

图 1.18　2008—2018 年赣江流域各市灰水足迹结构因素变化图

（5）环境因素

随着人们生活水平的不断提高、环保意识的增强,以及对人居环境的要求不断提高,环境状况整体呈现不断向好的态势。江西省经济快速发展、城镇化程度不断提高、人口和产业不断积聚,生产用水量和生活用水量增大,大部分地区水足迹略有提升,而灰水足迹经调控已出现小幅下降,污染排放得到了有效控制,污水转化率降低,环境效率效应减弱,可以有效降低灰水足迹。赣州市、萍乡市环境效率效应呈较强的抑制作用,水资源利用效率逐渐提升,进而使得灰水足迹出现不同程度的降低(如图 1.19)。

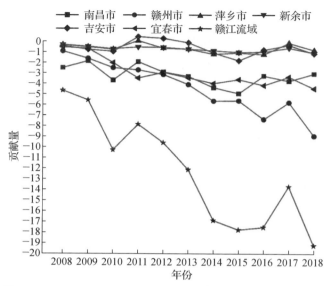

图 1.19　2008—2018 年赣江流域各市灰水足迹环境因素变化图

1.5　鄱阳湖流域农业灰水足迹时空分析[①]

　　江西省一直以来都是我国重要的农业大省,农业收入产值占全省收入的主要部分,是江西省主要产业之一。除赣江以外,全省境内还包括以饶、信、抚、修四大河流及其支流组成的丰富水系,而在这些流域内同样从事着相当规模的农业活动。综合分析全流域范围内农业生产灰水足迹,不仅可以全面整体性分析江西农业的污染问题,同时也可以更好地区分比较各个市区域存在的问题,为省相关环保事业提供参考。

1.5.1　研究方法

1.5.1.1　污染系数空间化

　　当研究区域范围较大时,由于化肥淋溶率大小受种植方式、地形地貌、施肥量等不同因素的影响,不同条件下农田内的氮、磷流失量存在一定差异,而江西省内地形地貌复杂,多地区开展实验测量费时费力,全区域采用统一的流失系数又容易忽视地

---

　　① 本部分作者:陈毓迪。

区差异性。故本书运用地理信息系统(ArcGIS)将鄱阳湖流域内农田区域按"农区—坡度—种植"的分类原则进行相应划分,结果如图 1.20 所示。并结合《全国农田面源污染排放系数手册》对不同种植模式下的农区进行污染系数赋值,以实现研究区域污染系数空间化。

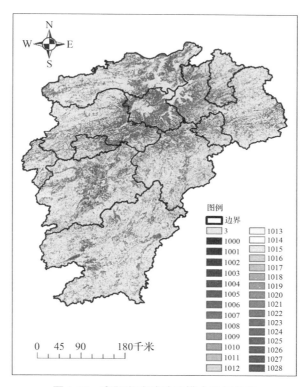

图 1.20　鄱阳湖流域种植模式空间分布

图中各数值代表的含义如表 1.9 所示:

表 1.9　种植模式类型编号与名称

种植模式	序号
平原—平地—旱地—蔬菜	1000
平原—平地—旱地—大田一熟	1001
平原—平地—旱地—大田二熟	1002
平原—平地—旱地—园地	1003

种植模式	序号
平原—平地—水田—双季稻	1004
平原—平地—水田—稻油轮种	1005
平原—平地—水田—单季稻	1006
丘陵—缓坡地—梯田—水田—稻油轮种	1007
丘陵—缓坡地—梯田—水田—双季稻	1008
丘陵—缓坡地—梯田—水田—单季稻	1009
丘陵—陡坡地—梯田—水田—稻油轮种	1010
丘陵—陡坡地—梯田—水田—单季稻	1011
丘陵—陡坡地—梯田—水田—双季稻	1012
丘陵—缓坡地—梯田—旱地—大田一熟	1013
丘陵—缓坡地—非梯田—旱地—大田一熟	1014
丘陵—缓坡地—梯田—园区	1015
丘陵—缓坡地—非梯田—园区	1016
丘陵—缓坡地—梯田—旱地—大田二熟	1017
丘陵—缓坡地—非梯田—旱地—大田二熟	1018
丘陵—缓坡地—梯田—旱地—蔬菜	1019
丘陵—缓坡地—非梯田—旱地—蔬菜	1020
丘陵—陡坡地—梯田—园区	1021
丘陵—陡坡地—非梯田—园区	1022
丘陵—陡坡地—梯田—旱地—大田一熟	1023
丘陵—陡坡地—非梯田—旱地—大田一熟	1024
丘陵—陡坡地—梯田—旱地—大田二熟	1025
丘陵—陡坡地—梯田—旱地—大田二熟	1026
丘陵—陡坡地—梯田—旱地—蔬菜	1027
丘陵—陡坡地—非梯田—旱地—蔬菜	1028
非农用地	3

　　根据《全国农田面源污染排放系数手册》中介绍的相关使用方法,依据中科院资源环境科学与数据中心提供的2000—2020年期间江西土地利用相关数据,参考孙铖构建的方法,用下列公式计算出江西省多年平均氮、磷流失系数,用于灰水足迹时间层次分析。

同时选取 2020 年相关数据，依照手册对不同种植模式进行污染排放系数赋值。随后用相同的方法计算得到江西省各个地区的氮、磷流失系数，用于灰水足迹空间分布分析。

$$\mu = \sum_{i=1}^{n} \mu_i \times \beta_i \tag{1.22}$$

式中：β_i 为某一田块下某农作物种植面积占市级行政区农作物总播种面积的比例；μ_i 为该田块的氮、磷流失系数。

1.5.1.2　农业灰水足迹组成

（1）种植业灰水足迹

种植业灰水足迹主要来源于农业生产过程中农药与化肥的过度施用，未被植物吸收利用的化肥和农药在降水和地表径流的作用下，通过淋溶的方式进入地表水体。钾离子能被土壤胶体离子吸附，导致钾肥不容易被淋滤。同时因为省内农药施用种类繁多，各类农药施用量统计数据难以获取，各农药允许浓度不同，并且稀释氮、磷污染的水体和稀释农药污染的水体会有重叠部分。故选用氮、磷为种植业污染物进行计算。参考 Hoekstra 等的核算方法，核算公式为：

$$GWF_i = \frac{L_i}{c_{\max} - c_{\mathrm{nat}}} = \frac{\alpha_i \times Appl_i}{c_{\max} - c_{\mathrm{nat}}} \tag{1.23}$$

式中：GWF_i 为种植业灰水足迹（m³）；L_i 为第 i 类污染物的排放负荷（kg）；α_i 为第 i 种化学物质进入水体的比例，即淋溶率、径流损失率（%）；$Appl_i$ 为第 i 种化学物质在生产过程中的使用量（kg）；$c_{\max}$ 代表的是第 i 种非点源污染环境允许的最大浓度（kg/m³）；c_{nat} 代表第 i 种非点源污染在环境中的本底浓度（kg/m³）。

（2）灰水足迹强度

农业灰水足迹强度反映单位耕地面积承载的灰水足迹大小，体现了区域农业水污染程度，其公式为：

$$int = \frac{GWF_i}{Land} \tag{1.24}$$

式中：GWF_i 表示种植业灰水足迹；$Land$ 为耕地面积（hm²）；int 表示农业灰水足迹强度（m³/hm²）。

1.5.1.3 相关数据及来源

本研究的基础数据资料主要包括江西省 100 个县市氮磷化肥折纯量、各区域相关农作物播种面积、氮磷流失系数及计算流失系数所需的相关数据。其中用于地形坡度划分的 DEM 高程数据来源于地理空间数据云、30 m 精度土地利用数据来源于中科院资源环境科学与数据中心(http://www.resdc.cn)、水质标准依据《地表水环境质量标准(GB 3838—2002)》,将Ⅲ类水的污染物浓度设为环境最大容许浓度,总磷(TP)为 0.2 mg/L,总氮(TN)为 1.0 mg/L,自然本底浓度以 0 计。各区域中相关农作物种植面积和农田化肥折纯量来源于江西省统计年鉴和各市级行政区统计年鉴,农田中氮、磷肥总施用量由单一化肥和复合肥相加得到,复合肥中氮、磷、钾比例按照江西省农业农村厅中相关报告取 1∶1∶1。

1.5.2 结果与分析

依次计算鄱阳湖流域种植业、畜禽养殖业、渔业三个方面的灰水足迹,最终统一合成农业灰水足迹,计算结果如表 1.10。

表 1.10 2008—2018 年鄱阳湖流域农业灰水足迹($\times 10^8$ m³)

年份	南昌	景德镇	萍乡	九江	新余	鹰潭	赣州	吉安	宜春	抚州	上饶	鄱阳湖流域
2008	7.52	2.04	3.11	8.11	2.25	3.46	18.97	6.64	12.98	14.31	10.01	89.40
2009	7.59	2.13	3.13	8.63	2.23	3.79	18.25	6.64	13.02	15.12	11.28	91.81
2010	7.66	2.14	3.14	9.31	2.20	3.77	18.35	6.64	12.58	15.35	11.86	93.00
2011	7.71	2.17	3.13	9.25	2.34	3.77	17.63	6.63	12.51	15.65	11.44	92.23
2012	7.75	2.18	3.12	9.36	2.34	3.82	17.58	6.92	13.31	15.67	12.78	94.83
2013	7.66	2.20	3.15	9.25	2.32	3.88	17.89	6.85	13.79	15.47	12.76	95.22
2014	7.62	2.25	3.16	9.29	2.36	3.98	17.56	6.87	13.72	15.68	13.24	95.73
2015	7.30	2.22	3.18	8.94	2.37	3.88	17.67	6.74	14.34	15.69	13.18	95.51
2016	7.09	2.19	3.18	8.90	2.31	3.81	16.97	6.72	14.31	15.87	13.21	94.56
2017	6.82	2.25	3.10	8.74	2.28	3.86	16.34	6.72	14.27	15.38	13.04	92.80
2018	6.12	2.33	2.76	8.34	2.07	3.84	17.38	5.89	12.65	15.38	12.72	89.48

按照近十年农业灰水足迹变化趋势,将其分为增长期(2008—2012 年)、高峰期(2013—2016 年)、下降期(2017—2018 年)三个时间段。从时间角度来看,鄱阳湖流

域灰水足迹整体呈现先增加后降低的变化趋势。通过表 1.10 可以明显看出,在增长期,鄱阳湖流域内灰水足迹增长迅速,由 89.40×10^8 m³ 增长到 94.83×10^8 m³,增长幅度为 6%,可见在早期从事农业生产的过程中一心为提高粮食产量,大量施用化肥,忽视了环境保护相关问题对环境产生的严重影响;在高峰期间,流域农业灰水足迹变化趋势呈现波动变化,总体变化趋势稳定,其中在 2014 年达到全时间段灰水足迹最大值,为 95.74×10^8 m³。在此之后的下降期,流域灰水足迹一致保持下降的趋势。可见近几年开展的各项环保活动取得了一定的成效。

为更好区分农业灰水足迹主要来源,对三个时间内的畜禽养殖、种植、水产养殖各自占农业灰水的比例进行统计分析。结果如表 1.11 所示。

表 1.11　三个时间段下农业三种产业对应的灰水足迹占比

	畜禽	种植	水产
2008—2012 年	78.47%	16.10%	5.43%
2013—2016 年	79.93%	14.27%	5.80%
2017—2018 年	80.49%	13.36%	6.15%

由表 1.11 可以发现,畜牧养殖业灰水足迹占比为最大,并且在逐年上升,目前已经达到了 80% 左右。可见畜禽养殖业是江西省农业灰水足迹的主要来源,种植业灰水足迹占比在逐渐下降。

1.5.2.1　农田氮、磷灰水足迹时空分析

（1）时序分析

江西省化肥施用总量和氮、磷灰水足迹变化趋势如图 1.21 所示。在 2000—2020 年期间,江西省农田化肥施用量呈先增长后下降的变化趋势,其中在 2000—2006 年期间快速增长,年平均增长率为 3.2%,在 2007—2015 年期间波动变化,总体呈上升趋势,2015 年达到最高点,为 142.71 万 t,约占当年全国化肥施用总量的 2.4%;随后,2016 年到 2020 年,江西省化肥施用总量快速下降,在 2020 年已下降到 108.81 万 t,下降率为 24.21%,表明近几年来江西省绿色生态农业建设取得较好进展。对于各类化肥来说,在过去的 21 年期间,氮肥、磷肥和钾肥占总化肥施用量比例逐年减少,复合肥占比逐年增加,已成为农业生产化肥中最主要的一部分,需要额外加以关注。

就氮肥灰水足迹来说,在 2000—2020 年期间,江西省农田氮肥灰水足迹总体呈现先增后降的变化趋势。其中氮肥灰水足迹峰值出现在 2011 年,为 72.7×10^8 m³,相

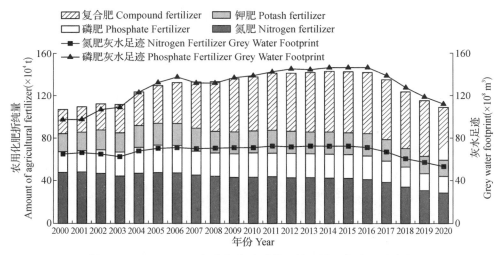

图 1.21 2000—2020 年鄱阳湖流域化肥施用量及灰水足迹变化

较 2000 年增幅 12.1%,随后一直保持下降趋势,直到 2020 年氮肥灰水足迹已降至 53.5×10^8 m^3。

就磷肥灰水足迹来说,磷肥灰水足迹峰值出现在 2015 年,为 147×10^8 m^3,相较 2000 年增幅较大,为 33.73%。此后,在 2015—2020 年期间,磷肥灰水足迹逐渐下降,在 2020 年降至 112×10^8 m^3,下降幅度为 23.56%。

(2)空间分析

鄱阳湖流域是我国重要粮食生产基地,每年为保证农业生产都会使用大量化肥,而区域内各个市的行政面积和地形地貌存在着明显差异。为更加准确分析鄱阳湖流域内不同地区的种植业灰水足迹,本研究利用地理信息系统对区域内 100 个县区进行空间分布特征分析,以更加准确直观地显示区域氮、磷灰水足迹状况,如图 1.22 所示。

对于氮肥灰水足迹来说,流域内总体呈现由外向里逐渐增多的变化趋势,高氮肥灰水足迹区域主要集中在鄱阳湖平原及周边地区,例如上饶市的鄱阳县和余干县、宜春市的丰城市和樟树市以及南昌市的南昌县和进贤县,其中南昌县、丰城市和余干县的氮肥灰水足迹最高,分别为 2.26×10^8 m^3、1.99×10^8 m^3 和 1.84×10^8 m^3;除以上县区外,宁都县、泰和县、南丰县、吉水县、渝水区、临川区、高安市、永修县和新建区境内氮肥灰水足迹也相对较高,值得加以关注。

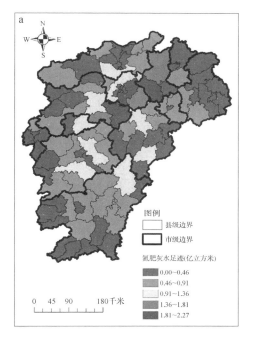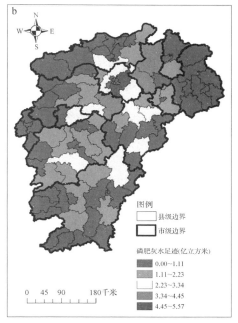

图 1.22　2020 年江西省农田氮(a)、磷(b)灰水足迹空间分布

对于磷肥灰水足迹来说,空间分布和氮肥灰水足迹基本相同,江西中东部地区为高磷肥灰水足迹区域,南昌县、余干县、丰城市、鄱阳县为全省磷肥灰水足迹最高的区域,分别为 5.56×10^8 m^3、3.98×10^8 m^3、3.92×10^8 m^3 和 3.82×10^8 m^3。萍乡市、景德镇市、宜春市西部、赣州市南部、上饶市东部和吉安市磷肥灰水足迹相对其余地区较低,而抚州市北部地区、宜春市东部、南昌市和九江市南部等地区存在磷肥灰水足迹较高现象,需要加强绿色生态农业建设,减少农田化肥使用。

1.5.2.2　农田氮、磷灰水足迹强度空间分析

灰水足迹仅反映了区域内种植业污染量的多少,由于不同地区种植面积差异较大,单纯从灰水足迹角度无法分辨地区农田化肥污染程度,故采用灰水足迹强度来反映不同地区单位耕地在农业生产过程中承载的面源污染程度,计算后用地理信息系统将结果分为五个层次,分别为高污染强度地区、较高污染强度地区、中污染强度地区、较低污染强度地区、轻污染强度地区。结果如图 1.23 所示。

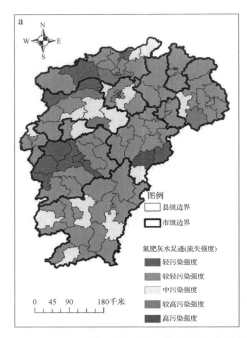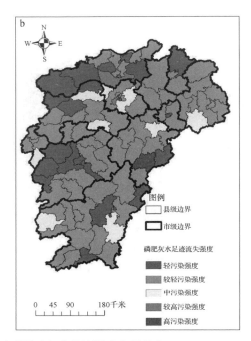

图1.23　2020年江西省农田氮(a)、磷(b)灰水足迹强度空间分布

从氮肥灰水足迹强度来看,鹰潭市和吉安市整体农田氮肥污染程度较轻;中污染强度地区主要位于宜春市东部、九江市北部、抚州市南部和赣州市中部与西部地区,其余地区例如上饶市弋阳县、萍乡市上栗县和新余市渝水县也均为中污染强度地区;铅山县、永修县、樟树市、奉新县、珠江区和红谷滩区为较高污染强度地区;全流域氮肥灰水足迹强度最大区域是抚州市南丰县,为2 873.38 m³/hm²,为高污染强度地区。

从磷肥灰水足迹强度来看,吉安市、宜春市西部、萍乡市北部、九江市西部和上饶市大部分地区均为低和较低污染强度地区,其中吉安市低污染强度地区占全市面积的54%,说明当地农业绿色生态化发展良好;中污染强度地区为上饶市铅山县、抚州市金溪县、萍乡市莲花县、宜春市奉新县和樟树市、赣州市会昌县和崇义县、南昌市安义县和南昌县;景德镇市珠江区、南昌市红谷滩区和九江市永修县为较高污染强度地区,其磷肥灰水足迹强度依次为5 578.60 m³/hm²、5 056.87 m³/hm²和4 651.24 m³/hm²;抚州市南丰县为全区域磷肥灰水足迹强度最高地区,为6 885.59 m³/hm²。

1.5.3　讨论

运用灰水足迹理论来评估地区农业化肥面源污染,相较于其他研究方法,灰水足迹可有效地展示化肥污染对地区水资源的影响,是目前农田面源污染研究的主要方法之一。

（1）区域主要污染物及来源分析

基于研究发现,在过去 21 年江西省农田化肥施用过程中,复合肥占总化肥施用量比例逐年增加,是目前农田面源污染的主要来源。通过比较氮肥和磷肥灰水足迹可以发现,尽管氮肥施用量大于磷肥施用量,但自然水体对磷元素的最大容许浓度远小于氮元素的最大容许浓度,使得磷肥灰水足迹大于氮肥灰水足迹,根据灰水足迹中的"木桶理论",相较于施用量更大的氮肥,灰水足迹更高的磷肥才是农田生产的主要污染来源,这与《江西省环境状态公报》中的结论一致。因而在判断主要污染物时,不仅需要比较污染物排放量的多少,同时也需要考虑到水体对不同污染物耐受程度的不同。

（2）区域重污染程度地区分析

分区域来看,农田氮、磷污染较严重区域大多集中在江西省中部平原地区,其中南昌市灰水足迹强度达到了 3 686.23 m³/hm²（2010—2020 年平均值）,为江西省地级市中农田污染最为严重的区域。县区级方面,抚州市南丰县为农田化肥污染最为严重区域,通过比较南丰县肥料施用情况后发现,其复合肥施用量占全县化肥施用量的44%,占抚州市复合肥施用总量的 20%,远远超过了抚州市其他地区。景德镇市珠山区、九江市永修县和南昌市红谷滩区为较高风险地区,其中景德镇市珠山区用于蔬菜种植的耕地面积占其整体耕地面积的 98%,在单一化种植模式下,当地农民为保证作物产量而过量施用化肥,导致单位耕地面积下化肥使用量过高。九江市永修县复合肥和磷肥施用量是周边县市的二到三倍,南昌市红谷滩区相较于周边种植面积相近的东湖区,各类化肥施用量均是东湖区的数倍以上,两地均存在化肥施用强度过高的情况,值得地区相关部门重视。

1.6　小　　结

依据江西省及各地方统计年鉴相关数据,采用灰水足迹计算方法,对赣江流域及鄱阳湖流域范围内的灰水足迹进行了相关计算,并对 2008—2018 年期间区域内灰水足迹进行时空分析。同时运用 LMDI 模型分别估算了人口、经济、技术、结构和环境这五个驱动因素对赣江流域灰水足迹产出的贡献。根据相关数据计算分析得出以下结论:

在 2008—2018 年间,赣江流域灰水足迹呈现出先降后升再降的变化趋势,流域灰水足迹在 2012 年达到最大值并随后一直呈下降趋势,在 2018 年达到最低值。灰水足迹三大来源中,农业占比最大,同时农业灰水足迹变化趋势和总体变化趋势基本符合,可见农业是流域内灰水足迹的主要来源。而在农业生产过程中,需要对养殖业污染额外关注,避免其继续对水环境产生破坏性影响。区域分析方面,从其典型年份灰水足迹分布情况来看,赣州、宜春两市灰水足迹相比其他区域较多,需要额外注意相关水资源环境保护工作。同时从总体变化趋势来看,南昌市、赣州市、萍乡市灰水足迹呈下降趋势,新余市、吉安市、宜春市灰水足迹变化情况不明显,流域水资源整体上呈现逐渐向好的态势,说明近几年以来各地区开展的各项环境保护工作逐渐取得成效。同时,驱动因素方面,得出人口、经济和结构因素对流域灰水足迹呈正相关效应,技术、环境因素呈减量效应特点。

通过 ArcGIS 及相关数据资料将江西省鄱阳湖流域污染系数空间化,求出不同地区各自的污染系数,进而对江西省农田氮、磷灰水足迹进行时空特征分析,结果表明:

(1)鄱阳湖流域农田灰水足迹呈现先增后降趋势,并在近几年呈明显降低趋势,说明整体生态农业建设取得较好进展。

(2)境内氮、磷灰水足迹及强度分布特征相近,呈现中部地区污染严重、四周区域污染较轻的分布规律,其中污染较为严重区域为南昌市、宜春市东部地区、南丰县、铅山县和永修县。

(3)磷是鄱阳湖流域农田生产主要污染物,占比逐年增加的复合肥是农田污染的主要来源,需要选用配比更加合理的复合肥,采取科学施肥方式,提高化肥利用率,实现源头上减少种植业污染。

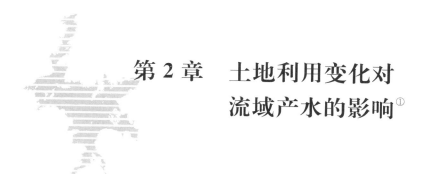

第 2 章　土地利用变化对流域产水的影响[①]

　　国土资源是和我们生活息息相关的,是新时代的生态文明建设所必须依赖的基础要素。在全国城镇化进程不断推进的大背景下,赣江流域作为江西省面积最大的流域,其城镇化呈现不断加快的趋势,随之而来的是城镇化带来的土地利用变化,土地利用的变化又会带来一系列诸如水量变化、流量增加等产水变化。因此,联系近年来赣江流域洪涝灾害频发的现实原因,在赣江流域内有效地评价土地利用变化对产水量的影响,对区域土地利用规划和水资源管理具有重要意义,能够为将来的土地利用规划提供依据,为科学合理配置土地利用、减少城镇化进程中对生态与环境的影响提供一定参考。

2.1　鄱阳湖流域产水功能服务评估[②]

2.1.1　产水模块分析

　　InVEST(Integrated Valuation of Ecosystem Services and Tradeoffs)模型的模块"Water Yield"计算产水量是基于水量平衡原理以栅格为单位来计算的,是假设每个栅格单元所有产水都是通过径流的方式汇集到流域的出水口,不区分地表、地下和基流,然后每个栅格的降水量减去实际蒸散量即该栅格单元的产水量,如图 2.1 所示。

---

　　① 改编自裴伍涵.赣江流域土地变化对产水的影响[D].南昌:南昌大学,2021。
　　② 改编自李军涵.基于 InVEST 模型的鄱阳湖流域水源涵养的空间格局研究[D].南昌:南昌大学,2022。

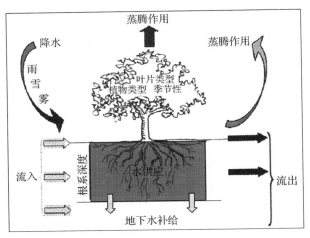

图 2.1 InVEST 模型产水模块原理图

InVEST 年产水量模型量化了从集水区到流域出口的总水量。利用 Budyko 曲线和年降水量来计算年产水量，赣江流域的产水量 Y_{xc} 的计算公式如下：

$$Y_{xc} = \left(1 - \frac{AET_{xc}}{P_x}\right) \times P_x \tag{2.1}$$

在公式中：Y_{xc} 为某一 LUCC 类型 c 在像素单元点 x 处的年产水量；AET_{xc} 为某一 LUCC 类型 c 在像素单元点 x 的实际蒸散量；P_x 为每个像素单元点 x 的年平均产水量。

InVEST 模型的蒸散量 AET_{xc} 的计算是根据 Budyko 曲线计算的，计算公式为：

$$\frac{AET_{xc}}{P_x} = 1 + \frac{PET_{xc}}{P_x} - \left[1 + \left(\frac{PET_{xc}}{P_x}\right)^{\omega(x)}\right]^{\frac{1}{\omega(x)}} \tag{2.2}$$

PET_{xc} 指潜在蒸散，$\omega(x)$ 是一个经验参数，代表了自然气候土壤性质，如公式所示：

$$PET_{xc} = Kc_{xc} \times ETO_x \tag{2.3}$$

$$\omega(x) = Z \times \frac{AWC_x}{P_x} + 1.25 \tag{2.4}$$

其中 Kc_{xc} 是 LUCC 类型 c 在像素单元点 x 处的蒸散系数；ETO_x 是当地的气候条件；$\omega(x)$ 表示土壤性质的一个无量纲参数；AWC_x 表示像素单元点 x 处的土壤有效含水量（mm）；Z 是经验常数，考虑降水的季节性分布（1~30）。

2.1.2　产水数据处理

该模型的输入因子包括土地分类资料、降雨量、土壤深度、土壤可利用水含量、参考作物蒸散量、根系长度、植物蒸发因子、季节因子 Z 系数等。

（1）Z 系数是季节性因子，利用《江西省水资源公报》中有关资料和江西省流域的流域水量进行了模拟调试，得出了目前流域的平均产水量为 80.03 万 m^3/km^2，并据此对 InVEST 模式产生的各组件 Z 值的参数进行了修正。结果显示，当 Z 系数为 28 时，模拟值和实际值较为接近。《江西省水资源公报》显示：年径流约为 1 545.48 亿 m^3。

（2）利用鄱阳湖和周围地区的降雨资料，采用克里金插补的方式获得降雨资料。

（3）土壤深度是一种重要的物理化学特性，即从母物质层面至表层的垂直高度，本书采用的中国土壤数据集（1∶100 万）由 FAO 和维也纳国际应用系统研究所建立。

（4）蒸发系数又称为作物因子，它反映了灌溉、种植等条件下植物自身的生理特性与水分消耗的关系，可用实际蒸发与潜在蒸发的比例来表达。本书的蒸发因子是参照我国有关江西省地区蒸发因子的资料和 InVEST 模式自身的蒸发因子资料。

（5）植物根系深度为一种植物的最大根长，其基本参照 InVEST 模式所提供的生物物理学参量。

（6）从 HWSD 土壤数据库中的资料和计算公式得到了植物利用含水量、土壤有效含水量 PWAC 和土壤深度。根据联合国粮食和农业组织的蒸发因子准则，结合以往研究的经验实践，得出了相关系数的取值。

（7）蒸散量是水文周期中一个很关键的组成部分，常用的基准农作物蒸发值是由 Penman-Monteith 和 Hargreaves 方程得到的，Penman-Monteith 方程需要的观测资料更多，而 Hargreaves 方程所需要的气象学资料更多，因此得到的资料更多。采用 InVEST 模式中改进后的 Hargreaves 方程，对研究区域的蒸散发进行了数值模拟，如表 2.1 所示。

表 2.1　蒸散系数与根系深度取值

土地类型	K_c 蒸散系数	根系深度（mm）
耕地	1.3	3 000
林地	1.5	7 000
草地	1.2	2 500

续　表

土地类型	Kc 蒸散系数	根系深度（mm）
水域	1.5	1 000
建设用地	0.8	100
未利用地	1	3 000

2.1.3　1980—2018 年产水总量分析

将产水总量结果与《江西省水资源公报》的地表水资源总量结果进行比较，选取 2010 年模型产水总量 $2\,322.8 \times 10^8$ m³ 与 2010 年《江西省水资源公报》数据中的地表水资源总量 $2\,252.2 \times 10^8$ m³ 进行误差计算，得到误差为 3.13％。选取 2000 年模型产水总量 $1\,705.9 \times 10^8$ m³ 与 2000 年《江西省水资源公报》数据中的地表水资源总量 $1\,452 \times 10^8$ m³ 进行误差计算，得到误差为 17.4％，因此认为模型产水模块可靠。

鄱阳湖流域 1980—2018 年年均产量的动态变化较为显著，整体呈现上升趋势。如图 2.2 所示，1980—1990 年出现了较大的递减，年均产量降低了 6.93％，1990—2010 年，产量呈递增趋势，产量年均增长 37.99％。从整体上看，各地区的产水量都呈现加强的态势。其中，2010 年的降雨量最大，达到 2 096.2 mm。从整体上来看，该地区的产水量变化较大，2010 年的产水量最高，为 1 391.8 mm（如表 2.2）。除了 1990—2000 年降雨量稍微下降之外，流域近 40 年降雨量呈现上升趋势。流域产水量与降雨量变化趋势一致，降雨是影响该地区产水量的主要动力。

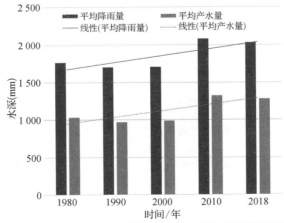

图 2.2　1980—2018 年鄱阳湖流域产水与降雨量分析

表 2.2　1980—2018 年鄱阳湖流域产水数据分析

年份	平均降雨量（mm）	平均潜在蒸散发量（mm）	平均实际蒸散发量（mm）	平均产水量（mm）	产水总量（×10⁸ m³）
1980	1 765.5	1 341.6	660.5	1 031.5	1 808.6
1990	1 700.1	1 345.5	659.9	969.0	1 683.4
2000	1 704.7	1 290.8	643.1	990.2	1 705.9
2010	2 083.9	1 340.1	673.4	1 324.4	2 322.8
2018	2 031.1	1 382.2	692.4	1 280.1	2 250.4

2.1.4　当前产水功能驱动因素分析

研究区域内的产水量与区域内的自然、社会、经济因子关系不大,而与 GDP、高程、坡度等各方面的关系则较为显著,但只在 0.102～0.218 间,说明除了以上几个方面外,其他的一些因素也在发挥着重要的作用,比如土地利用类型等。此外,降雨与产水量之间的关联度最大,为 0.711(表 2.3),说明降雨对产水量有很大的作用。从鄱阳湖目前的产水空间格局来看,从土地利用方式对产水结构的影响来分析,可以发现,在土地资源密集的区域,有大量的土地资源,如林地和草地。城镇化进程中,不渗透土地的土地面积增大,水资源供需失衡,导致降雨入渗减少,洪峰流量增大,建设用地耗水量大,而林地和草地对地表径流的截留,导致入渗增大,减少了降雨的汇集,从而降低了洪峰流量和产水量。

表 2.3　产水量与降雨量、GDP、人口、高程和坡度的相关性分析

	降雨量	GDP	人口	高程	坡度
Pearson 相关性	0.710 73**	0.120 03**	0.064 89**	0.102 01**	0.217 83**
显著性(双侧)	0.000	0.000	0.000	0.000	0.000

注: ** 在 0.01 水平(双侧)上显著相关。

2.1.5　1980—2018 年产水量空间格局变化分析

鄱阳湖大部分地区在 1980—1990 年期间,中部和北部地区产水平均降低幅度为 200～400 mm,而南方地区则总体增产幅度比较大,一般为 0～200 mm,而赣州市以南地区则为 200～400 mm,全流域只有少数地区产量有所降低。1990—2000 年,该流域的产水量有小幅增长,与 1990 年的产量基本保持一致,而东部和西南部的产量增长幅度在 0～200 mm,局部在 200～400 mm 范围内,而北方和南方的产量则有所下降,下降幅度为 0～400 mm。整个区域的总产量在 2000—2010 年期间均呈现上升的态势,只有南方的一些区域出现了下降。2010—2018 年,该流域产量保持稳定,只有产量区域有变动,其余各区均有上升趋势。鄱阳湖产水空间格局呈现出一种动态的态势,与降雨的空间分布规律基本吻合,说明降雨是其产水空间格局的重要组成部分,如图 2.3、图 2.4、表 2.4 所示。

表 2.4　1980—2018 年鄱阳湖流域各年份产水空间分布

产水 (mm)	1980		1990		2000		2010		2018	
	面积 (km²)	占比 (%)	面积 (km²)	占比 (%)	面积 (km²)	占比 (%)	面积 (km²)	占比 (%)	面积 (km²)	占比 (%)
0～300	826	0.498 280 75	6 705	4.044 760 81	5 164	3.115 159 56	391	0.235 868 98	465	0.280 537 91
300～600	6 011	3.626 108 46	55	0.033 178 5	1 992	1.201 664 96	2 323	1.401 339 2	3 464	2.089 856 59
600～900	1 494	0.901 248 72	1 922	1.159 437 78	22 961	13.851 119	9 309	5.615 611 99	3 448	2.080 203 68
900～1 200	120 836	72.893 768 5	152 830	92.194 003 7	107 294	64.724 618 4	37 508	22.626 530 7	43 542	26.269 207 8
>1 200	36 603	22.080 593 6	4 258	2.568 619 17	28 359	17.107 438	116 239	70.120 649 1	114 834	69.280 194

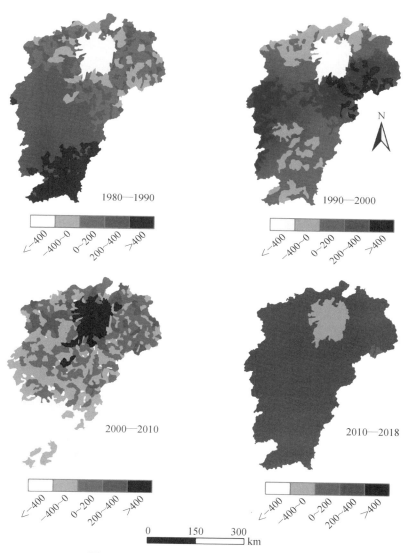

图 2.3　1980—2018 年鄱阳湖流域产水变化

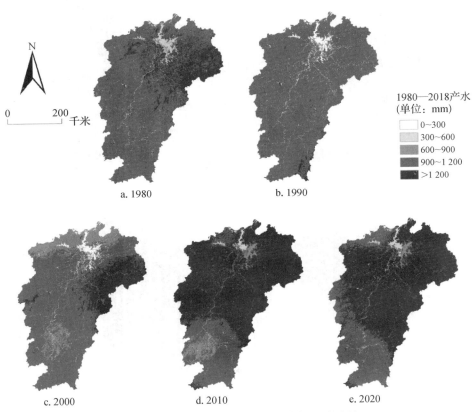

图 2.4 1980—2018 年鄱阳湖流域各年份产水情况

2.2　城镇化进程中的土地利用变化及其影响[①]

2.2.1　城镇化对土地利用变化的影响

城镇化指的是一个农村人口逐渐转化为城市人口的过程,也是一个农业用地转化为非农业用地和农村用地转化为城镇用地的过程。在城镇化的进程中,土地占据着一个突出的地位,无论是城镇化进程中产业结构的调整、人口集聚的变化还是基础设施的建设等,都依托于土地。因此,在城镇化进程中高效合理地规划土地利用,对科学有效地推进城镇化十分重要。

自党的十六大提出"走中国特色的城镇化道路",城镇化开始在全国快速推进,根据美国地理学家在 1979 年提出的"诺瑟姆曲线"公理,截至 2019 年年末,以城镇人口为指标,我国的城镇化率达到了 60.60%[②],属于城镇化发展的中期,城镇化处于加速发展阶段。伴随着快速发展的城镇化,土地利用问题开始日渐突出。

城镇化进程中,人口向城镇聚集,人口增加,经济发展,使得土地的负荷逐渐加重,耕地逐渐转化为非农用地,人地矛盾开始凸显,农用地减少,也体现了用地的不合理。以江西省为例,2000 年至 2018 年,江西省城市建设面积增长了 3.61 倍,同期城镇人口增长了 2.24 倍,滞后于城市建设面积的增长速度。土地城镇化快于人口城镇化,导致建成区产业强度和人口密度偏低,耕地减少加快。目前我国位于城镇化发展中期,第一产业仍是发展的主要动力之一,需要合理规划土地利用以应对耕地的变化。因此,未来还应该加强土地利用规划标准及政策的建立。

土地是全球人类、动植物最根本需要的资源,是我们生产生活的根基。土地利用表示人类通过经验积累,对土地进行充分使用来满足日常生活的需要。土地利用既是生物物理过程,又是人类活动的因果关系。随着城镇化的推进,我们也应该把注意力放在土地利用与规划上。

---

① 　本节作者:李帆。
② 　数据来源于《中国统计年鉴 2020》。

2.2.2　土地利用对产水的影响

地球上的各种水体不断地蒸发、水汽输送、冷凝降落、下渗、形成径流的往复循环的过程称为水循环,完整的水循环维持了全球的水量平衡,意义重大。产水,一般没有明确的定义,降雨量减去实际的蒸散量就被认为是产水量,广义上的水源供给量也被定义为产水量。产水是水资源管理中重要的一环,而水资源的管理又与人们的生活有着密切的联系。产水量受到气候变化与土地利用变化的综合影响,气候变化对产水的影响已受到多方的关注,但关于土地利用对产水的影响的研究较少。

由于城镇化进程的持续进行,人类变得更加依赖对土地的利用,土地利用变化是最直接反映人类活动对地表生态文明影响状态的要素之一,同时也是造成全球资源变化的主要影响因素之一。土地利用的改变,农用地逐渐转换为城镇用地等,土地利用对产水的影响也逐渐突出,随着城镇化的加快,土地利用的转换影响了水文循环中的地表下垫面,进而影响了雨水的截流、下渗、蒸发等水文要素及其产汇流过程,从而导致产水受到影响。如流量的增加、入渗率的降低、降雨强度或变异性的增加,而且可能加剧该地区的产水过多和粮食难存放的问题。如以南四湖为例:1990—2013 年间,由于城镇化的快速发展,城镇用地快速增长,且增长的土地主要来源于耕地的转换,在此期间,产水总量随着土地的转换先下降后升高,在2013 年达到最高值,经过分析,得知林地面积与流域产水呈现显著的负相关关系。

目前关于土地利用变化对产水影响的研究还不够完善。水利部最新的行动要求"三对标、一规划"中指出,要推进水资源管理的进程,而产水问题是水资源管理中重要的一环,推动水资源管理也是为了更好地响应国家生态文明建设。且近年来洪涝灾害的频发,导致赣江流域面临着降雨过多导致地面积水过多而影响大家日常生活的问题。研究土地利用变化对产水的影响,可以为土地资源管理者提供一定的参考价值,也能够通过人为因素改变某些特定区域的用地类型来最大程度地限制自然灾害。

2.3 土地利用及其对产水影响的测度方法

2.3.1 土地利用程度综合指数

（1）土地利用程度

土地利用变化幅度可以反映在城镇化进展下人为活动对土地的利用影响，这是一个基于遥感与地理信息系统的复杂研究，为了更好地研究土地利用变化，刘纪远等提出了土地利用分等分级和综合分析的方法。

首先在不同程度下对土地利用进行分级，如表 2.5 所示：

表 2.5 土地利用变化幅度分级表

类型	分级指数
未利用地	1
林地、水域、草地	2
耕地	3
城镇用地	4

参考刘纪远、韩海清等人的土地利用程度计算方法，得出土地利用程度的指数模型如下：

$$I_{gj} = 100 \times \sum_1^4 A_i \times C_i \tag{2.5}$$

在公式中，I_{gj} 表示赣江流域总体利用程度的综合指数；A_i 表示赣江流域内 i 级别土地的分级指数（参照分级表 2.5）；C_i 表示赣江流域内的 i 级地类的面积占比（$i = 1 \sim 4$）。

（2）土地利用程度变化幅度

在赣江流域内，土地利用变化的程度不单单只用综合水平指数来表示，还需要综合赣江流域土地利用变化的趋势。把这两个内容综合在一起，进行定量的分析，得到以下的模型：

$$I_{b-a} = I_b - I_a = \left[\left(\sum_1^4 A_i \times C_{ib} \right) - \left(\sum_1^4 A_i \times C_{ia} \right) \right] \times 100 \tag{2.6}$$

$$R = \frac{I_{b-a}}{I_a} = \frac{I_b - I_a}{I_a} \tag{2.7}$$

在公式中，I_{b-a} 表示赣江流域 b 到 a 时间段的变化量；I_b 和 I_a 分别表示赣江流域 b 和 a 时间点的土地利用程度综合指数；C_{ib} 和 C_{ia} 分别表示 b 和 a 时间节点 i 级别土地的面积占比；R 表示赣江流域土地利用程度的变化率（当 R 的数值为正的时候，表明赣江流域的土地利用处于发展期；而当 R 的数值为负的时候，表明赣江流域的土地利用处于调整期或者衰退期）。

2.3.2 土地利用变化速度

我们研究土地利用的速度变化，就是要深入分析单一土地和综合土地利用的动态度，再分析相对变化率，对赣江流域土地的相对变化速度进行分析，从而能够综合反映赣江流域土地利用变化的速度。

（1）单一土地利用动态度

单一动态度是可以反映赣江流域的不同地类在某时间段内面积的变化速度的指标，能定量地分析每种类型土地利用的转变情况，从而更好地分析赣江流域土地的利用状态。

$$K_{q1} = \frac{S_{qb} - S_{qa}}{S_{qa}} \times \frac{1}{t_b - t_a} \times 100\% \tag{2.8}$$

在公式中，K_{q1} 表示赣江流域内 q_1 类型的土地在 t_a 到 t_b 时间段的动态度，K_{q1} 越小表示该土地利用类型比较少地转换为其他土地利用类型；S_{qa} 表示在 t_a 时期某地类的面积；S_{qb} 表示在 t_b 时期某地类的面积。

（2）综合土地利用动态度

综合土地利用动态度通过增加各类型土地之间转移的过程数量指数，来反映赣江流域内土地利用的变动程度，能够一定程度反映出区域土地利用的转变是否频繁，是考虑较为全面的一个指标。

$$K_1 = \sum_1^6 \frac{\Delta S_{q-p}}{S_q} \times \frac{1}{T} \times 100\% \tag{2.9}$$

在公式中，K_1 表示在 T 时间段内土地利用变化情况的综合动态度，K_1 越大表示在该时间段内的土地利用变化程度越大；ΔS_{q-p} 表示研究的起始时间到结束时间段 q 类型的土地转换为其他类型土地的所有面积；S_q 表示 q 类型的土地在研究起始时间的土地面积；T 表示研究的总时长。

（3）土地利用相对变化率

动态度可以局部和整体地反映赣江流域的土地变化情况，却没有把局部和整体联系起来分析。相对变化率就可以将赣江流域内局部与整体联系起来，分析某时间段内各市不同类型的土地相对于赣江流域整体的差异水平，公式为：

$$R = \frac{R_j}{R_z} = \frac{S_{ja} - S_{jb}}{S_{ja}} \bigg/ \frac{S_{za} - S_{zb}}{S_{za}} \times 100\% \tag{2.10}$$

在公式中，R 表示赣江流域内分市的土地利用相对变化率，R 值越大表示某市的土地利用的变化程度越大（以赣江流域整体为比较的基准水平）；R_j 和 R_z 分别表示流域内的某市和流域整体的某一个类型土地的变化率；S_{ja} 和 S_{jb} 表示赣江流域内某市区域的某地类最初和最后的利用面积；S_{za} 和 S_{zb} 表示赣江流域某地类最初和最后的利用面积，假设 S_{za} 和 S_{zb} 不相等。

2.3.3 土地利用类型转移矩阵

土地转移矩阵可以反映赣江流域土地各类型转移前后的具体变化情况，能够具体地研究土地利用空间演变情况，本书通过分析赣江流域内 1990—2019 年间 6 个时间段的土地利用数据，得出土地利用转移情况矩阵。土地利用类型之间的具体转变量通常用土地利用转移矩阵来度量。本书基于土地利用数据，计算了 1990—1995年、1995—2000 年、2000—2005 年、2005—2010 年、2010—2015 年和 2015—2019 年 6个时期赣江流域的土地利用转移情况。转移矩阵的数学模型如下：

$$A_{ij} = \begin{pmatrix} A_{11} & \cdots & A_{1n} \\ \vdots & \ddots & \vdots \\ A_{m1} & \cdots & A_{mn} \end{pmatrix} \tag{2.11}$$

2.4 土地利用变化对产水的影响——以赣江流域为例

赣江流域中赣江是江西省行政区划面积最大的河流，属于长江的八大支流之一，并且径流量排在八大支流之二的地位,同时也是鄱阳湖流域 5 河之首。赣江的发源地在赣州市,赣江流域行政区划包括江西省赣州市、吉安市、抚州市、宜春市、新余市和南昌市,其总面积约 9.75 万 km²,大概位于东经 113°35′～116°38′,北纬 24°29′～29°11′,如图 2.5 所示。

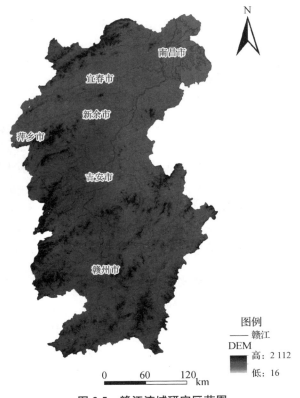

图 2.5　赣江流域研究区范围

　　赣江流域南、西两面环山,东北区域以平原为主,南边赣州市基本上是山区和丘陵,只有赣州市中心城区有部分平原。赣江流域属于亚热带季风气候,2019 年降水量较多,达到 1 679.91 亿 m³,水资源总量有 1 222.72 亿 m³,年径流量达到1 215.59 亿 m³,气温比较温和,年平均气温约 19.2 ℃,一年的日照时数大约有1 580 h,相对湿度约有75.7,气候特征大致是冬季寒冷干燥,夏季高温多雨,夏季白天的时长较长,冬季夜晚的时间较长,春秋持续时间比较短,冬夏持续时间比较长,降雨一般集中在春季和夏季。

2.4.1　土地利用分析

2.4.1.1　土地利用数量变化分析

首先对赣江流域的土地利用面积的各项指标单位进行统一,再利用 ArcGIS 地理处理中的空间分析从赣江流域的土地利用图中提取数据,从而得出相应的土地利用数量变化的地理数据,进而归类化数据,如表 2.6。

表 2.6　1990 年赣江流域各类型土地利用面积表

土地类型	面积(hm²)	面积占比(%)
林地	6 170 465.38	63.30
耕地	2 626 600.54	26.95
草地	465 286.14	4.77
水域	281 526.51	2.89
建设用地	165 764.81	1.70
未利用地	37 647.84	0.39

由表 2.6 可知,1990 年赣江流域的林地面积为 6 170 465.38 hm²,占赣江流域的 63.30%,是赣江流域土地利用面积占比最多的区域;相较而言,赣江流域耕地的面积小一点,占地面积为 2 626 600.54 hm²,占赣江流域面积的 26.95%,也仅仅位于赣江流域占比面积的第二位;其他的土地面积占比就相对来说很少了,草地面积 465 286.14 hm²,占整个流域总面积的 4.77%;其次就是水域面积,面积有 281 526.51 hm²,占整个流域面积的 2.89%;建设用地的面积为 165 764.81 hm²,占流域面积的 1.70%;占比最少的就是未利用地,面积有 37 647.84 hm²,仅仅占流域面积的 0.39%。

1995 年赣江流域的林地面积是增加的,有 6 198 256.45 hm²,比 1990 年增加了约 2.8 万 hm²,占流域面积的 63.59%;耕地面积减少了,占地面积为 2 615 834.99 hm²,减少了约 1 万 hm²,占比为 26.84%;草地面积为 448 058.72 hm²,占比 4.59%,减少了约 1.7 万 hm²;水域面积为 276 628.73 hm²,减少了约 4 900 hm²,占比为 2.84%;建设用地面积为 170 664.64 hm²,增加了约 4 900 hm² 的面积,占流域面积的 1.75%;未利用地面积增加了约 200 hm²,用地面积为 37 847.70 hm²,占研究区域总面积的 0.39%,如表 2.7 所示。

表 2.7　1995 年赣江流域各类型土地利用面积表

土地类型	面积(hm²)	面积占比(%)	比 1990 年变化量(hm²)	变化率(%)
林地	6 198 256.45	63.59	27 791.07	0.45
耕地	2 615 834.99	26.84	−10 765.56	−0.41
草地	448 058.72	4.59	−17 227.41	−3.70
水域	276 628.73	2.84	−4 897.78	−1.74
建设用地	170 664.64	1.75	4 899.83	2.96
未利用地	37 847.70	0.39	199.86	0.53

2000 年赣江流域的林地面积相比 1995 年有所减少,减少了约 9 500 hm²,面积为 6 188 753.02 hm²,所占流域面为 63.49%;而耕地面积是持续减小,但减少的幅度较小,减少了约 1 200 hm²,实际面积为 2 614 636.77 hm²,占比为 26.82%;但是草地面积和上一个 5 年有所区别,增加了约 1 100 hm²,面积有 449 159.60 hm²,占比4.61%;水域面积也呈现不一样的趋势,增加了约 7 500 hm²,面积为 284 128.72 hm²,占比 2.92%;建设用地依然处于增长的状态,增长了约 2 100 hm²,面积为 172 765.33 hm²,占比为 1.77%;最后是未利用地面积,其面积和 1995 年一样,还是 37 847.70 hm²,占比 0.39%,如表 2.8 所示。

表 2.8　2000 年赣江流域各类型土地利用面积表

土地类型	面积(hm²)	面积占比(%)	比 1995 年变化量(hm²)	变化率(%)
林地	6 188 753.02	63.49	−9 503.43	−0.15
耕地	2 614 636.77	26.82	−1 198.21	−0.05
草地	449 159.61	4.61	1 100.89	0.25
水域	284 128.72	2.92	7 499.99	2.71
建设用地	172 765.33	1.77	2 100.69	1.23
未利用地	37 847.70	0.39	0.00	0.00

2005 年赣江流域的林地面积在持续减少,和 2000 年相比减少了约 1.3 万 hm²,其面积为 6 175 540.41 hm²,占比 63.36%;耕地面积减少的幅度更大了,减少了约 1.4 万 hm²,其面积为 2 600 249.10 hm²,占比为 26.68%;草地面积又出现了和 1995 年一样减少的趋势,对比 2000 年减少了约 5 000 hm²,面积为 444 136.01 hm²,占比

为 4.56%；水域面积呈现和前 5 年不一样的趋势，减少了约 3 900 hm²，其面积为 280 237.70 hm²，占比 2.87%；建设用地呈现了明显的增长，增加了约 3.7 万 hm²，其面积为 209 997.04 hm²，占比 2.15%；未利用地在小幅度减少，减少了约 700 hm²，用地面积为 37 130.91 hm²，占流域面积的 0.38%，如表 2.9 所示。

表 2.9　2005 年赣江流域各类型土地利用面积表

土地类型	面积(hm²)	面积占比(%)	比 2000 年变化量(hm²)	变化率(%)
林地	6 175 540.41	63.36	−13 212.61	−0.21
耕地	2 600 249.10	26.68	−14 387.68	−0.55
草地	444 136.01	4.56	−5 023.60	−1.12
水域	280 237.70	2.87	−3 891.02	−1.37
建设用地	209 997.04	2.15	37 231.71	21.55
未利用地	37 130.91	0.38	−716.80	−1.89

2010 年赣江流域的林地面积有所增加，与 2005 年相比增加约 5 000 hm²，面积为 6 180 576.23 hm²，占流域面积的比例为 63.41%；耕地面积在持续减少，减少约 8 000 hm²，面积为 2 592 582.27 hm²，占比为 26.60%；草地面积减少，减少约 6 000 hm²，面积为 438 129.42 hm²，占比 4.49%；水域面积减少约 5 000 hm²，面积为 275 463.17 hm²，占比 2.83%；建设用地的面积有小幅度增长，增长约 9 000 hm²，面积为 218 967.16 hm²，占比为 2.24%；未利用地面积在增加，增加约 4 400 hm²，其面积为 41 572.89 hm²，占流域面积的 0.43%，如表 2.10 所示。

表 2.10　2010 年赣江流域各类型土地利用面积表

土地类型	面积(hm²)	面积占比(%)	比 2005 年变化量(hm²)	变化率(%)
林地	6 180 576.23	63.41	5 035.82	0.08
耕地	2 592 582.27	26.60	−7 666.83	−0.29
草地	438 129.42	4.49	−6 006.59	−1.35
水域	275 463.17	2.83	−4 774.53	−1.70
建设用地	218 967.16	2.24	8 970.13	4.27
未利用地	41 572.89	0.43	4 441.99	11.96

2015 年赣江流域的林地面积大幅度地减少，相比 2010 年减少约 5.3 万 hm² 之多，其面积为 6 127 160.42 hm²，占流域面积的 62.86%；耕地面积也是大幅度地减少，

减少了约 2.1 万 hm^2,其面积为 2 571 488.96 hm^2,占比为 26.38%;草地面积有所增长,相比 2010 年增加了约 2.8 万 hm^2,其面积 466 816.37 hm^2,占比为 4.79%;水域面积也增加了,增加了约 2 500 hm^2,其面积为 277 963.07 hm^2,占比为 2.85%;建设用地面积持续大幅度增长,增加了约 4.5 万 hm^2,其面积为 263 688.43 hm^2,占比为 2.71%;未利用地的面积减少了一些,减少了约 1 400 hm^2,其面积为 40 173.87 hm^2,占赣江流域面积的 0.41%,如表 2.11 所示。

表 2.11　2015 年赣江流域各类型土地利用面积表

土地类型	面积(hm^2)	面积占比(%)	比 2010 年变化量(hm^2)	变化率(%)
林地	6 127 160.42	62.86	−53 415.81	−0.86
耕地	2 571 488.96	26.38	−21 093.30	−0.81
草地	466 816.37	4.79	28 686.96	6.55
水域	277 963.07	2.85	2 499.90	0.91
建设用地	263 688.43	2.71	44 721.27	20.42
未利用地	40 173.87	0.41	−1 399.03	−3.37

2019 年林地面积仍然在大幅度地减少,相比 2015 年减少了约 5.2 万 hm^2,其面积为 6 075 274.83 hm^2,占比为 62.33%;耕地面积也还是在减少,减少了 2 万多 hm^2,其面积为 2 551 249.68 hm^2,占比为 26.17%;草地面积小幅度增长了,增加了约 6 600 hm^2 的面积,其面积为 473 442.13 hm^2,占比为 4.86%;水域面积增加了约 3.6 万 hm^2,占比为 2.89%;建设用地增加了约 6.3 万 hm^2,其面积为 326 994.43 hm^2,占比为 3.35%,建设用地在赣江流域的面积比例超过了水域面积,变成赣江流域占比排第四的土地利用类型;而未利用地面积在减少,减少了约 1 500 hm^2,其面积为 38 705.27 hm^2,占赣江流域土地利用面积的比例为 0.40%,如表 2.12 所示。

表 2.12　2019 年赣江流域各类型土地利用面积表

土地类型	面积(hm^2)	面积占比(%)	比 2015 年变化量(hm^2)	变化率(%)
林地	6 075 274.83	62.33	−51 885.59	−0.85
耕地	2 551 249.68	26.17	−20 239.28	−0.79
草地	473 442.13	4.86	6 625.76	1.42

土地类型	面积(hm²)	面积占比(%)	比 2015 年变化量(hm²)	变化率(%)
水域	281 559.53	2.89	3 596.46	1.29
建设用地	326 994.43	3.35	63 305.99	24.01
未利用地	38 705.27	0.40	−1 468.59	−3.66

　　由图 2.6 可知,虽然从 1990 年到 2019 年各类型土地的面积是处在波动状态的,但是可以很明显地发现,林地面积一直处于首要地位,并占据着赣江流域绝大部分的面积。林地面积的总体变化情况是先短时间增加后处于持续减少的趋势,除了 1990 年到 1995 年林地面积增加了约 2.7 万 hm²,以及 2005 年到 2010 年面积增加了 5 000 多 hm² 之外,都处于一个不断减少的过程,尤其是 2010 年到 2019 年,这十年间林地的用地面积减少了 10 万多 hm²。尽管如此,林地面积仍然是赣江流域占比最多的土地类型,占比高达 60% 以上。早期林地面积的增长可能是因为"山江湖工程"对林业的需求,近期 10 年林地面积的大量减少很可能是因为国家实施"林改"后"分山到户"的政策,导致林地细碎化从而使得林户经营难度加大,很多林户放弃林地的经营。而耕地面积总体上呈一直减少的趋势,且基本上都处于大幅度减少的过程,这可能是由于赣江流域城镇化进程加快,耕地面积有一部分转换为城镇用地,可以看出"退林还耕"没有得到很有效的实施。草地面积从 1990 年到 2010 年基本处于一个小幅度减小的趋势,但在 2010 年到 2019 年期间,草地面积又呈增长的趋势,增长的原因可能是国家提倡发展南方草地畜牧业。赣江流域内水域面积一直处于小幅度波动状态,基本没有大的变动。建设用地一直处于增长的趋势,从最开始 1990 年到 2000 年的小幅度增长,到后来 2000 年到 2019 年的大幅度增长,可以看出赣江流域城市化进程的加快。未利用地的面积变化程度不大,1990 年到 2005 年是一个小幅度减少的过程,从 2005 年到 2010 年有一定程度的增加,再从 2010 年到 2019 年又呈现出一个小幅度的减少趋势,土地减少可能是因为部分未利用地的开发,而增加的部分可能是耕林和草地荒废所导致的,如图 2.7 所示。

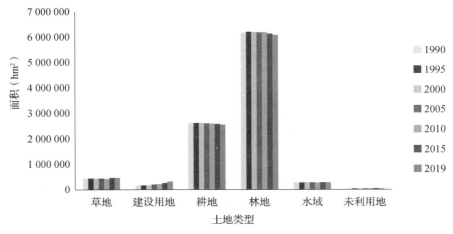

图 2.6　1990—2019 年赣江流域各类型土地利用面积变化图

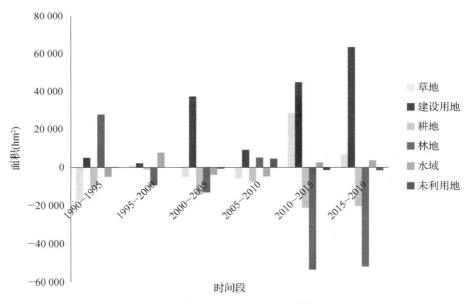

图 2.7　各类型土地每 5 年度变化幅度图

2.4.1.2　土地利用综合程度分析

（1）赣江流域土地利用程度

将赣江流域的基本数据代入指标函数中去,求得赣江流域 1990—2019 年的土地利用综合程度指数,如表 2.13 所示。

表 2.13　赣江流域 1990—2019 年土地利用综合程度指数表

年份	1990	1995	2000	2005	2010	2015	2019
综合利用指数	229.96	229.95	229.98	230.6	230.66	231.38	232.49

由表 2.13 可知赣江流域土地利用的综合利用程度是逐渐增加的,由数据可以看出赣江流域在 30 年的时间里城镇化进程加快,整体土地利用程度指标增加了 2.53,原因可能是城镇用地这类高等级用地在 2000 年到 2019 年的面积增加。

然后通过 ArcGIS 的裁剪功能对赣江流域土地利用进行筛选,得到分市的图层,对每个市进行几何计算来确定各自的土地利用面积,最后将属性表里的数据转出,得到所需要的数据。再将这些基本数据代入公式 2.1 中去,就能得到表 2.14。

表 2.14　赣江流域 1990—2019 年分市土地利用程度指数表

$I_{赣江流域}$	1990	1995	2000	2005	2010	2015	2019
赣州市	218.97	218.96	219.06	219.41	219.4	219.85	221.13
吉安市	229.78	229.65	229.65	229.65	229.75	230.24	231.27
宜春市	239.19	239.22	239.26	239.92	240.01	241.00	241.44
南昌市	257.93	258.32	258.02	261.48	261.23	263.06	265.40
萍乡市	230.81	230.56	230.69	233.15	233.13	234.24	233.92
新余市	246.85	246.85	246.88	246.88	248.13	249.22	251.51

如表 2.14 所示,7 个年份中,赣江流域内分市利用程度高于赣江流域整体综合利用程度的市有四个:南昌市、新余市、宜春市和萍乡市,而低于整体水平的市有两个:吉安市和赣州市。而且在 1990 年到 2019 年的时间段中,赣江流域内各市的土地利用程度的排名均没有发生变化,排名从高到低为南昌市、新余市、宜春市、萍乡市、吉安、赣州市。其土地利用程度按照地理位置的分布大致是从北到南保持降低的状态,南昌市一直是赣江流域内土地利用程度最高的市级区域,而赣州市一直是赣江流域内土地利用程度最低的市级区域,这两个市的土地利用程度指数的差额从 1990 年到 2019 年的 7 个年份分别为 38.96、39.36、38.96、42.07、41.83、43.21、44.27,土地利用程度差异不小。1990—2019 年赣江流域整个区域内的土地利用程度时空格局基本没有太大的变化,地理位置越往北面的土地利用程度越高,比如最北面的南昌市最高,越往南面的土地利用程度越低,比如最南面

的赣州市最低。

（2）赣江流域土地利用程度变化幅度

从总时间段来看，1990—2019 年，赣江流域整体利用率变化约为 1.097 8%，表明土地利用的综合水平处于一个小幅度发展的状态；而赣江流域内的赣州、吉安、宜春、南昌、萍乡和新余，它们的综合变化率均大于 0，说明赣江流域内的六个市都处于土地利用发展时期。

根据图 2.8 和表 2.15，土地利用程度指数变化最大的就是南昌市，南昌的土地利用变化程度指数增加了 7.47，其变化率也是相应最高的，说明南昌的土地利用在赣江流域处于优先利用的状态；而利用指数变化最小的是吉安市，吉安的土地利用指数仅增加了 1.49，利用程度变化率也仅增加了 0.650 1%。利用程度变化率是反映土地利用程度变化的一个重要指标，在赣江流域中利用率低于 1% 的有三个市级单位，包括土地利用变化增量最少的吉安；土地利用程度变化率为 0.942 6% 的宜春市，宜春市的土地利用程度指数也仅仅增加了 2.25；变化率为 0.985 5% 的赣州市，变化率比宜春高一点，可赣州市的土地利用程度仅增加了 2.16，比宜春市反而要低一点，这是由于赣州市的土地利用程度原本就偏低，导致有一定的变化就更加显著。而利用变化率的增加在 1%～2% 区间内的有萍乡市和新余市；萍乡市的利用程度变化率为 1.343 8%，增加的指标量为 3.10，新余市的变化率为 1.888 5%，增加的指标量为 4.66。

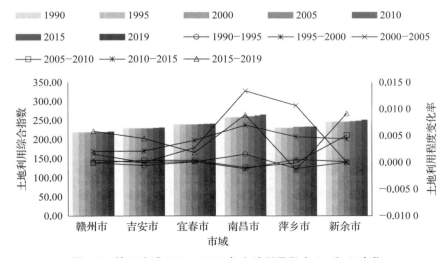

图 2.8　赣江流域 1990—2019 年土地利用程度 I_{gj} 和 R 变化

表 2.15　赣江流域 1990—2019 年土地利用程度综合变化率

R	1990—1995	1995—2000	2000—2005	2005—2010	2010—2015	2015—2019
赣州市	−0.01%	0.05%	0.16%	−0.01%	0.21%	0.58%
吉安市	−0.05%	0.00%	0.00%	0.04%	0.21%	0.45%
宜春市	0.01%	0.02%	0.28%	0.04%	0.41%	0.18%
南昌市	0.15%	−0.12%	1.34%	−0.09%	0.70%	0.89%
萍乡市	−0.11%	0.06%	1.06%	−0.01%	0.48%	−0.14%
新余市	0.00%	0.01%	0.00%	0.51%	0.44%	0.92%
综合变化率	−0.01%	0.01%	0.27%	0.03%	0.31%	0.48%

　　分时段来看,1990—1995 年,赣江流域土地利用程度综合变化率为 −0.005 2%,土地利用程度在下降,其中萍乡市(−0.111 6%)、赣州市(−0.005 5%)和吉安市(−0.054 9%)的变化率低于总的变化率,也只有这三个市的土地利用程度是降低的。新余市的利用程度没有变化,而宜春和南昌市处于利用程度发展的状态,两市的增长率分别为 0.012 8% 和 0.152 2%。1995—2000 年,赣江流域的土地利用程度变化率大于 0,开始有了发展的趋势,综合变化率为 0.013 4%,相应的流域内 6 个市都呈现一定的发展趋势,只有南昌市的土地利用程度的变化率是负值,为 −0.115 3%。除了吉安市土地利用程度没有变化和新余市(0.012 7%)的变化率稍微低于综合变化率外,其余市土地利用程度变化率均大于赣江流域综合变化率,变化稍微高一点点的宜春市为 0.015 7%,还有就是变化幅度更大一点的赣州市(0.045 4%)和萍乡市(0.057 6%)。赣江流域内这 5 年间赣州和萍乡的土地利用程度的变化处于领先地位,南昌市土地利用的程度处于筹备期,而别的市均在土地利用发展的状态中。2000—2005 年,赣江流域的土地利用程度综合变化率有了一定程度的增长,为 0.271 2%,而在流域内的 6 个市均有发展的态势,6 个市的变化率均为非负。低于整体变化率的有三个市,新余市的土地利用程度没有变化,吉安市(0.001 7%)突破了上一个 5 年的零变化,赣州市(0.158 4%)利用程度也在加快;高于整体变化率的是另外 3 个市,宜春市的变化率和综合变化率相近,为 0.276 5%,萍乡市和南昌市的土地利用程度变化率均破 1,达到了 1.064 5% 和 1.338 8%;整体上来说,这 5 年间土地利用程度在加剧,除了新余市的没有变化之外,其余的市都比前 5 年的土地利用程度更高一点,处于发展的增长期,如图 2.9 所示。

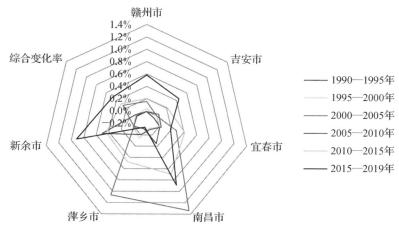

图 2.9 赣江流域 1990—2019 年土地利用程度综合变化率图

2005—2010 年,赣江流域内土地利用程度总增长率为 0.025 9%,利用程度有所降低,流域内低于综合增长率的只有南昌市;流域内土地利用程度有 3 个市的变化率是负值,南昌市的最低为 −0.094 5%,其次是萍乡市的 −0.007 1%,然后是赣州市的 −0.005 8%;其余三个市的综合变化率为正值,吉安市和宜春市的变化率相近,分别为 0.042 9% 和 0.038 3%,变化率值最大的就是新余市,其变化率有 0.507 6%;总体来看,这 5 年间,土地利用程度变化率相比上一个 5 年是有所降低的,而分到市来看,只有吉安市和新余市的变化率是有所增长的,但是总体土地利用程度仍然是在发展的,只是发展得没那么快而已。2010—2015 年,赣江流域土地利用程度综合变化率为 0.310 2%,相较上 5 年有所快速增长,低于整体变化率的只有赣州和吉安,其他市都高于整体变化率,变化率从高到低排序依次为南昌、萍乡、新余和宜春;从总体上来看变化率突破了 0.2 个百分点,赣州市的变化率最低,只有 0.206 8%,其次就是吉安市的 0.213 6%,宜春、萍乡和新余的变化率都在 0.4 个百分点之上,它们的变化率分别为 0.411 4%、0.477 9% 和 0.439 2%,土地利用程度都有一定的增长量;变化率最高的就是南昌市,它突破了 0.6 个百分点,达到了 0.698 7%,是目前年份变化率最高峰;这 5 年间土地利用程度处于发展中的状态,赣江流域内的土地利用程度在逐年增长。最后是 2015—2019 年,赣江流域的变化率增加到了 0.478 3%,比上一个 5 年新增了 0.1 个百分点,而低于总体变化率的城市有吉安市、宜春市和萍乡市;其中变化率为负值且最低的只有萍乡市(−0.139 5%),其次就是宜春市的 0.184 9%,然后就是吉安市的

0.445 9％排倒数第三;其余三个市的变化率都大于总体变化率,赣州市以 0.583 4％排第三,而第二就是南昌市的 0.889 4％,利用程度变化率最高的是新余市的0.917 8％,超过了南昌市;赣江流域土地利用程度这 5 年间处于发展的增速期,从最初的负增长到 0.2 个百分点的缓速,到现在的近 0.5 个百分点,说明城镇化的进程加快。

2.4.1.3　土地利用变化速度分析

（1）单一土地利用动态度

将赣江流域 1990—2019 年的土地数据代入公式 2.4,计算得到单一土地利用动态度,如表 2.16 和表 2.17。

表 2.16　1990—2019 年赣江流域土地利用单一动态度

1990—2019	林地	耕地	草地	水域	建设用地	未利用地
变化面积/hm²	−95 190.54	−75 350.86	8 156	33.01	161 229.62	1 057.43
动态度/％	−0.05	−0.1	0.06	0	3.24	0.09

从 1990—2019 年总时间段来看,赣江流域单一动态度最大的是建设用地,达到3.24％;然后就是耕地和未利用地,分别为 −0.10％ 和 0.09％;其次就是林地和草地,分别为 −0.05％ 和 0.06％;最小的就是水域用地,动态度基本上没有变化,仅仅只有 0.000 4％。这些数据表明赣江流域内的城镇化进程在加快,说明大量的林地和耕地有很大一部分转换为建设用地,少部分转换为草地,水域面积没有比较大的变化。

表 2.17　1990—2019 年赣江流域内分时段土地利用单一动态度

土地利用类型	1990—1995 年		1995—2000 年		2000—2005 年	
	变化面积（hm²）	动态度（％）	变化面积（hm²）	动态度（％）	变化面积（hm²）	动态度（％）
林地	27 791.07	0.09	−9 503.43	−0.03	−13 212.61	−0.04
耕地	−10 765.56	−0.08	−1 198.21	−0.01	−14 387.68	−0.11
草地	−17 227.41	−0.74	1 100.89	0.05	−5 023.6	−0.22
水域	−4 897.78	−0.35	7 499.99	0.54	−3 891.02	−0.27
建设用地	4 899.83	0.59	2 100.69	0.25	37 231.71	4.31
未利用地	199.86	0.11	0	0	−716.8	−0.38

土地利用类型	2005—2010 年		2010—2015 年		2015—2019 年	
	变化面积 （hm²）	动态度 （%）	变化面积 （hm²）	动态度 （%）	变化面积 （hm²）	动态度 （%）
林地	5 035.82	0.02	−53 415.81	−0.17	−51 885.59	−0.17
耕地	−7 666.83	−0.06	−21 093.3	−0.16	−20 239.28	−0.16
草地	−6 006.59	−0.27	28 686.96	1.31	6 625.76	0.28
水域	−4 774.53	−0.34	2 499.9	0.18	3 596.46	0.26
建设用地	8 970.13	0.85	44 721.27	4.08	63 305.99	4.8
未利用地	4 441.99	2.39	−1 399.03	−0.67	−1 468.59	−0.73

由表 2.17 可得，1990—1995 年赣江流域单一动态度最大的就是建设用地的 0.59%，最小的是草地的 −0.74%，表明建设用地面积的增长速度最快，而草地面积的减少速度最快；另外，水域和耕地面积也处于减少的状态，单一动态度分别为 −0.35% 和 −0.08%；相比之下，林地面积和未利用地面积有一定程度的增长，动态度分别为 0.09% 和 0.11%。1995—2000 年赣江流域内水域面积的动态度 0.54% 最大，最小的是林地面积的 −0.03%，水域面积在这 5 年的增长速度超过了建设用地的速度，这可能是因为江西在 1995 年发生了特大洪水，许多水域附近的林地和耕地被淹没，造成水域面积扩张；建设用地仍然处于增长的状态，只是增长速度有所减慢，其动态度为 0.25%；草地面积出现了不一样的趋势，动态度为 0.05%；未利用地和耕地动态度变化基本不大，分别为 0% 和 −0.01%；这 5 年城镇化进程还在持续，只是速度有所放慢。2000—2005 年赣江流域动态度最大的是建设用地的 4.31%，最小的是未利用地的 −0.38%；而其他类型土地动态度都是负值，林地、耕地、草地和水域分别为 −0.04%、−0.11%、−0.22% 和 −0.27%；所有类型的土地减少的面积都转换为建设用地，这 5 年的城镇化进程是加速的。2005—2010 年赣江流域内动态度最大的是未利用地的 2.39%，最小的是水域的 −0.34%；建设用地的动态度稍微低一点，为 0.85%，但其面积增长仍然是最多的；林地面积也有增长，动态度为 0.02%；其余耕地和草地呈现负动态度，分别为 −0.06% 和 −0.27%。2010—2015 年赣江流域动态度最大的是建设用地的 4.08%，最小的是未利用地的 −0.67%，城镇化的进程处于持续快速发展中；单一正向动态度的还有草地和水域，分别是 1.31% 和 0.18%；负向动态度的还有林地和耕地，分别为 −0.17% 和 −0.16%。2015—2019 年赣江流域内动态度最

大的仍然是建设用地的 4.80%,最小的是未利用地的 −0.73%,城镇化进程的快速发展已经变成一种现状;其中,草地和水域处于正向单一动态度,分别为 0.28% 和 0.26%;而林地和耕地处于负向单一动态度,分别为 −0.17% 和 −0.16%。

(2)综合土地利用动态度

赣江流域内 1990—2019 年相应时间段的综合动态度以及分布情况,如图 2.10 和图 2.11 所示:

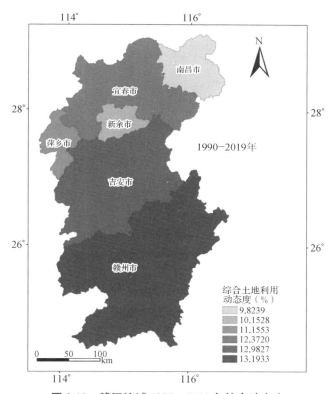

图 2.10 赣江流域 1990—2019 年综合动态度

从整体变化而言,1990—2019 年赣江流域的综合土地利用动态度一直处于平缓波动的状态,直到 2015—2019 年这个时间段开始,整体动态度发生了剧烈的变化,流域内六个市的动态度都很大。从 1990—2019 年整体动态度变化情况来看,每个市的动态度都是相近的,范围都在 9%～14%,这表明赣江流域整体都在动态变化。

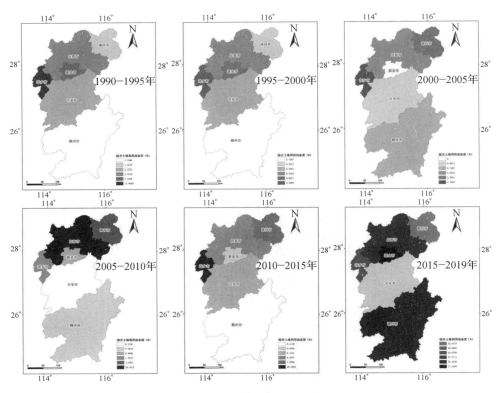

图 2.11　赣江流域 1990—2019 年分时段综合动态度

　　分时段来看,1990—1995 年赣江流域内土地利用综合动态度变化较大的只有萍乡市的 11.87%,其余 5 个市的变化都比较平缓,综合动态度都在 1%～3%,且综合动态度的变化呈现以萍乡市为中心往四周降低的情况。1995—2000 年赣江流域内动态度的整体变化较小,动态度变化最大的是萍乡市的 2.36%,其余 5 个市均在 0~1% 之间,趋势还是以萍乡市为中心向四周降低。2000—2005 年赣江流域内综合动态度发生了一定的变化,变化较大的有萍乡市的 5.78% 和南昌市的 3.98%;其余 4 个市的动态度仍然没有太大变化,都在 0 到 1% 之间。2005—2010 年赣江流域内动态度变化最大的有宜春市的 20.46% 和南昌市的 4.26%,宜春市的动态度变化最为剧烈;除宜春和南昌市其余 4 个市动态度变化都在 0%～2%,动态度变化最剧烈的集中在赣江流域的北部区域。2010—2015 年赣江流域动态度变化最剧烈的还是萍乡市,达到了 20.21%;其余 5 个市的动态度变化相比而言就比较平缓,仍然在

0～2%。2015—2019 年是赣江流域内综合动态度变化最为剧烈且动态度变化最强的时间段,其中以赣州市的 77.24% 为最剧烈,其次是吉安市的 76.22% 和宜春市的71.77%,这三个市的动态度变化突破了 70%;另外三市的动态度变化也相当剧烈,萍乡市的动态度变化达到了 63.08%,新余市的动态度变化达到了 56.89%,动态度最低的南昌市也达到了 52.55%。且 1990—2019 年赣江流域土地利用动态度与2015—2019 年的空间分布格局也基本一致,表明 2015—2019 年是决定整体变化的主要时段。

（3）土地利用相对变化率

根据公式 2.9,得到 1990—2019 年赣江流域内各市 6 类土地的相对变化率,如表2.18 所示:

表 2.18　赣江流域 1990—2019 年各市土地利用相对变化率

1990—2019	赣州	吉安	宜春	南昌	萍乡	新余
林地	1.28	0.8	0.37	2.47	0.05	2.57
耕地	0.42	0.67	1.51	2.48	2.77	1.56
草地	1.87	2.17	0.10	17.14	13.08	1.12
水域	1 095.61	392.25	189.61	481.64	1.64	1 820.08
建设用地	1.19	0.63	0.89	1.51	1.42	0.70
未利用地	11.86	30.51	31.65	1.36	0.09	0

上表可以分析出不同的特征差异:林地是赣江流域第一大地类,林地面积的相对变化率都不是很大,均在 0～3 区间之内;以新余市和南昌市的最大,相对变化率分别为 2.57 和 2.47;而变化最小的是萍乡市,相对变化率仅仅只有 0.05;其余三个市的相对变化率在它们之间,说明林地面积在赣江流域的相对变化率的变化情况不是很明显。耕地是赣江流域第二大地类,耕地面积的变化率波动范围也不是很大;变化率最大的是萍乡和南昌,分别是 2.77 和 2.48;最小的是赣州的 0.42 和吉安的 0.67;其中宜春和新余的变化率分别为 1.51 和 1.56。草地面积出现了一些较大的波动,比如南昌市和萍乡市,相对变化率均有了较大的变化,分别为 17.14 和 13.08;而其他市都处在0～3 之间,最低的为宜春的 0.10。水域面积是赣江流域内各市相对变化率最大的,以新余市的变化率最大,达到了 1 820.08;而第二大的赣州市也达到了 1 095.61,其次是南昌市的 481.64 和吉安市的 392.25,然后是宜春市的 189.61,最少的是萍乡市的

1.64,这和别的市域相差极大,产生如此大的差异可能是因为山口岩水利枢纽工程的修建,对水域面积产生了良好的保护,使得水域面积和整体变化之间相差不大。而建设用地的各市土地利用相对变化率比较平缓,最大的为南昌市的1.51,最小的是吉安市的0.63。未利用地是赣江流域内土地利用面积地类最少的类型,其中宜春市和吉安市的相对变化率最大,分别为31.65和30.51,其次是赣州市的11.86,最小的是新余市,没有变化。

(4)土地利用转移矩阵

利用 ArcGIS 的叠加分析功能,对赣江流域 1990—2019 年 7 个时间节点的栅格数据进行综合处理,得到了 1990—2019 年 6 个时间段的土地利用转移矩阵,如表2.19~2.24 所示。

表 2.19　赣江流域 1990—1995 年土地利用类型的转移矩阵

单位:hm²

1990—1995	草地	建设用地	耕地	林地	水域	未利用地	1990
草地	442 956.35		900.19	21 329.57	100.02		465 286.13
建设用地		164 964.52	399.96	400.33	0.00	0.00	165 764.81
耕地	900.40	4 700.15	2 603 634.53	14 064.86	3 200.67	99.93	2 626 600.54
林地	3 201.76	500.17	5 101.27	6 160 961.83	700.35		6 170 465.38
水域	1 000.21	499.80	5 799.04	1 499.85	272 627.69	99.93	281 526.51
未利用地			0.00		0.00	37 647.84	37 647.84
1995	448 058.72	170 664.64	2 615 834.99	6 198 256.44	276 628.73	37 847.70	9 747 291.22

分时段来看,赣江流域 1990—1995 年,出现了 23 种类型的土地转移,草地转入面积 5 102.37 hm²,转出面积 22 329.78 hm²,转出面积较多,主要转出为林地等;建设用地转入面积 5 700.12 hm²,转出面积 800.29 hm²,转入大于转出,主要由耕地转入;耕地转入面积 12 200.45 hm²,转出面积 22 966.01 hm²,转出面积相对较多,主要转出为林地和水域等;林地转入 37 294.61 hm²,转出面积 9 503.55 hm²,转出远小于转入,主要由草地和耕地转入;水域转入 4 001.04 hm²,转出 8 898.83 hm²,转入小于转出,主要转出为耕地类型;未利用地转入 199.86 hm²,没有转出,全部由耕地和水域转入。

表 2.20　赣江流域 1995—2000 年土地利用类型的转移矩阵

单位:hm²

1995—2000	草地	建设用地	耕地	林地	水域	未利用地	1995
草地	446 258.14	0.00	700.19	400.21	700.17		448 058.72
建设用地		170 664.63	0.00	0.00			170 664.64
耕地	100.02	1 500.16	2 606 034.71	500.20	7 699.89		2 615 834.99
林地	2 701.49	600.53	7 201.95	6 187 452.23	300.18		6 198 256.38
水域	99.96	0.00	699.92	400.38	275 428.48		276 628.73
未利用地						37 847.70	37 847.70
2000	449 159.61	172 765.33	2 614 636.77	6 188 753.02	284 128.72	37 847.70	9 747 291.16

1995—2000 年,出现了 18 种类型的土地转移,比上 5 年土地转移有所减少。草地转入 2 901.46 hm²,转出 1 800.58 hm²,转入稍微大一点,主要是林地转入;建设用地转入 2 100.69 hm²,没有转出,主要由耕地转入,说明城镇化进程仍然在继续;耕地转入 8 602.06 hm²,转出 9 800.27 hm²,转出比转入大一点;林地转入 1 300.79 hm²,转出 10 804.15 hm²,大量林地转出,主要是转出为耕地和草地;水域转入 8 700.24 hm²,转出 1 200.25 hm²,主要由耕地转入;未利用地没有变化,可以看出这 5 年的土地利用变化主要是林地和耕地的变化。

表 2.21　赣江流域 2000—2005 年土地利用类型的转移矩阵

单位:hm²

2000—2005	草地	建设用地	耕地	林地	水域	未利用地	2000
草地	442 166.86	600.50	3 700.07	2 592.23	99.94		449 159.61
建设用地		172 465.51	0.01	0.00	0.00	299.80	172 765.33
耕地	99.94	29 200.98	2 576 957.23	3 799.48	4 103.95	475.19	2 614 636.77
林地	1 869.20	5 530.90	12 404.18	6 168 648.90	299.83		6 188 753.02
水域	0.00	2 199.14	6 787.86	499.79	274 641.92	0.01	284 128.72
未利用地			399.74		1 092.06	36 355.91	37 847.70
2005	444 136.01	209 997.04	2 600 249.09	6 175 540.41	280 237.70	37 130.91	9 747 291.16

2000—2005 年,出现了 24 种类型的土地转移,草地转入 1 969.15 hm²,转出 6 992.74 hm²,转入远小于转出,主要转出为耕地和林地类型;建设用地转入 37 531.52 hm²,转出 299.81 hm²,转出远小于转入,主要由耕地大幅度转入,说明城镇化进程处于一个加速期;耕地转入 23 291.86 hm²,转出 37 679.54 hm²,转入小于转出,主要转出为建设用地类型;林地转入 6 891.51 hm²,转出 20 104.12 hm²,转入远小于转出,主要转出

为耕地类型；水域转入 5 596.78 hm²，转出 9 486.81 hm²，转入小于转出；未利用地转入 775 hm²，转出 1 491.8 hm²，转出略大于转入。

表 2.22　赣江流域 2005—2010 年土地利用类型的转移矩阵

单位：hm²

2005—2010	草地	建设用地	耕地	林地	水域	未利用地	2005
草地	437 729.62	100.06	100.14	6 206.19	0.00		444 136.01
建设用地		209 566.03	199.90	231.10	0.00		209 997.04
耕地	99.93	7 500.59	2 586 248.76	4 600.77	1 799.04	0.00	2 600 249.10
林地	199.93	1 700.53	4 201.60	6 169 338.31	100.03		6 175 540.40
水域	0.00	99.95	1 799.02	199.86	273 300.68	4 838.19	280 237.70
未利用地	99.93		32.85		263.42	36 734.70	37 130.91
2010	438 129.42	218 967.16	2 592 582.27	6 180 576.23	275 463.17	41 572.89	9 747 291.15

2005—2010 年，出现了 24 种类型的土地转移，草地转入 399.8 hm²，转出 6 406.39 hm²，转入远小于转出，主要转出为林地类型；建设用地转入 9 401.13 hm²，转出 431.01 hm²，转出远小于转入，主要由耕地转入，城镇化进程还处于发展状态；耕地转入 6 333.51 hm²，转出 14 000.34 hm²，转入小于转出，主要转出为建设用地和林地等；林地转入 11 237.92 hm²，转出 6 937.02 hm²，转出小于转入，主要由草地和耕地转入；水域转入 2 162.49 hm²，转出 6 937.02 hm²，转入小于转出；未利用地转入 4 838.19 hm²，转出 396.2 hm²，转出小于转入，主要由水域转入。

表 2.23　赣江流域 2010—2015 年土地利用类型的转移矩阵

单位：hm²

2010—2015	草地	建设用地	耕地	林地	水域	未利用地	2010
草地	435 991.59	1 837.89	0.01	100.05	199.88		438 129.42
建设用地	0.00	218 767.18	0.02	0.01	199.96		218 967.16
耕地	200.00	21 979.61	2 569 502.04	0.12	900.50		2 592 582.27
林地	30 524.79	20 304.16	1 986.86	6 127 060.24	700.16		6 180 576.22
水域	99.99	799.59	0.03	0.00	274 563.55	0.00	275 463.17
未利用地					1 399.03	40 173.86	41 572.89
2015	466 816.37	263 688.43	2 571 488.96	6 127 160.42	277 963.07	40 173.87	9 747 291.13

2010—2015 年，出现了 22 种类型的土地转移，草地转入 30 825.79 hm²，转出 2 137.83 hm²，转出远小于转入，主要由林地转入；建设用地转入 44 921.26 hm²，转出 199.99 hm²，转出远小于转入，主要由耕地和林地等转入，说明城镇化进程还在持续加

速中；耕地转入 1 986.92 hm²，转出 23 080.23 hm²；林地转入 100.18 hm²，转出 53 515.98 hm²，转入远小于转出，主要转出为草地和建设用地类型；水域转入 3 399.52 hm²，转出 899.62 hm²，转入大于转出；未利用地没有转入，只有 1 399.03 hm² 的转出，全部转出为水域。

2015—2019 年，研究区各个土地利用类型之间均发生了不同程度的转移。其中耕地和林地转移面积较大，但是整体面积变化幅度较小，主要是因为转入和转出的面积相差不大；同时，在城镇化进程的持续推进下，建设用地面积不断扩大，5 年间面积增长了 63 239.08 hm²；草地和水域面积也呈现增长态势，5 年间分别增长了 7 096.38 hm² 和 3 594.6 hm²。

表 2.24　赣江流域 2015—2019 年土地利用类型的转移矩阵

单位：hm²

2015—2019	草地	建设用地	耕地	林地	水域	未利用地	2015
草地	155 132.95	8 202.31	95 617.05	198 058.84	8 202.65	294.49	465 508.29
建设用地	5 532.12	86 576.61	116 716.55	43 743.27	10 833.01	286.50	263 688.06
耕地	96 353.20	153 338.28	1 370 386.10	868 723.67	80 248.15	1 774.97	2 570 824.37
林地	207 344.52	66 135.64	886 304.09	4 905 848.73	49 651.44	561.10	6 115 845.52
水域	8 206.87	12 448.86	79 074.24	46 921.44	122 017.84	9 255.03	277 924.27
未利用地	35.02	225.44	2 339.99	474.46	10 565.78	26 533.18	40 173.87
2019	472 604.67	326 927.14	2 550 438.01	6 063 770.40	281 518.87	38 705.27	9 733 964.37

总体来看，草地呈现先降低后增加的趋势，在主要转出为林地和耕地外，从最初 1990—2000 年的大量转出为林地和耕地，到 2000—2010 年少量转出为林地和耕地，然后 2010—2019 年再由林地和耕地大量转入，最终 2019 年草地面积超过 1990 年；建设用地面积总体上呈现增长的趋势，且增长的趋势在逐渐加快，由最初的单一耕地转入，变为耕地持续转入加上林地和水域突增转入，说明近年来砍伐了大量的林地、填平了很多的水域，是以生态为代价的城镇化进程；而耕地面积处于持续减少的状态，且减少速度也在加快，耕地主要转出为建设用地和林地，转出建设用地在逐步增加，转出林地在逐步减少；林地从最初的增加状态转变为逐渐减少的状态，从最初由草地和耕地的大量转入变为逐渐转出为城镇、耕地和草地；水域面积呈先减少再增加、再减少最后增加的状态，呈现一个波动的状态；而未利用地在 1990—2000 年处在无变动的状态，后期是小幅度波动的状态。林地、耕地和草地近年来转出面积持续增加，

而城镇用地也在这几年大幅度增加,主要变化都发生在 2000—2019 年间,尤其是最近 5 年更为剧烈,说明赣江流域的城镇化开发利用程度处在高速增长期。

2.4.2 产水模型数据处理与时空分析

2.4.2.1 产水模型数据预处理

主要需要处理的数据有:年降水量、潜在蒸散发、土壤深度、植被可利用含水量、土地利用、流域划分、生物物理系数、zhang 系数的率定。具体的处理如下。

(1)年降水量

本研究使用和土地利用相同年份的降雨数据,包括 18 个站点的站台号、名字、坐标以及海拔等数据。首先是利用江西省的 18 个气象站点获取年降水量数据,将近 30 年的 Excel 数据导入 ArcGIS 的站点中,再利用 IDW 插值方法计算出整个赣江流域 1990—2019 年区域降雨 tif 图,如图 2.12 所示。

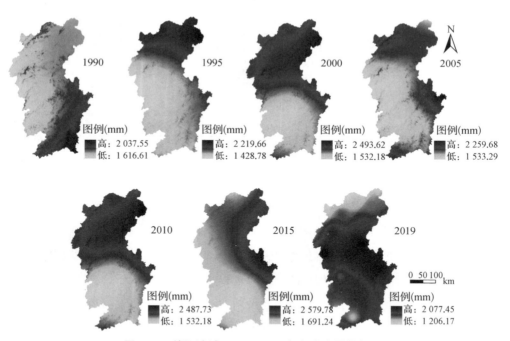

图 2.12　赣江流域 1990—2019 年年降水量数据图

(2)潜在蒸散发

潜在蒸散发需要使用到的数据有:平均 2 分钟风速(m/s)、平均气温(℃)、平均相对湿度(%)、日照时数(h),利用这 18 个站点的月值数据,经过计算得出赣江流域每个站点的月均潜在蒸散发,再把月均计算结果叠加得出 1990—2019 年赣江流域的潜在蒸散发;利用这些站点的数据在 ArcGIS 中做 IDW 插值,从而得出赣江流域整体的潜在蒸散发结果分布 TIFF 图,如图 2.13 所示。

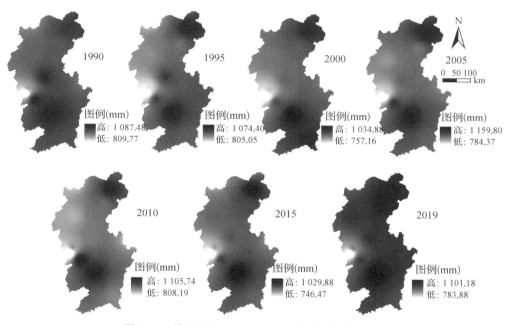

图 2.13　赣江流域 1990—2019 年潜在蒸散发量图

潜在蒸散发的计算方法主要有 FAO 推荐的彭曼(PM)公式,以及桑斯维特(Tho)公式、布兰尼—克里(B-C)法、哈格里夫斯(Har)公式和哈蒙(Ham)公式,但彭曼公式的适用性更强。赣江流域选用彭曼公式计算赣江流域的潜在蒸散发,计算公式如下:

$$ET_O(\text{PM}) = \left[0.408 \times \Delta \times (R_n - G) + \gamma \times \frac{900}{T_1 + 273} \times U_2(e_s - e_a) \right] \div$$

$$\left[\Delta + \gamma \times (1 + 0.34 U_2) \right] \tag{2.12}$$

$$\Delta = 4\,098 \times \left[0.610\,8 \times \exp\left(\frac{17.27T}{T + 237.3} \right) \right] \div (T + 237.3)^2 \tag{2.13}$$

式中:$ET_O(\text{PM})$ 表示潜在蒸散发量(mm/d);Δ 表示斜率(空气气温为 T 时的水气压的 k)(kPa/℃);R_n 表示净辐射(接收的短波辐射和传出的净长波辐射的差值)[MJ/

$(m \cdot d)]$；G 表示土壤的热通量$[MJ/(m^2 \cdot d)]$；γ 表示干湿表常数$(kPa/℃)$；T_1 和 T 都表示日均气温$(℃)$；U_2 表示 2 m 高度的风速(m/s)；e_s 和 e_a 分别表示饱和水气压和实际水气压(kPa)。

（3）土壤深度

土壤深度数据是通过对 HWSD 数据进行提取，再利用 ArcGIS 对赣江流域的数据进行矢量转换和栅格化处理，得到如图 2.14 所示的土壤深度图。

（4）植被可利用含水量

植被的 PAWC 是利用从 HWSD 数据库中提取出来的黏粒含量、砂粒含量、粉粒含量、有机质含量来计算的，是表示不同区域植被储存或释放出来的总含水量，如图 2.15 所示。计算公式为：

$$PAWC = 54.509 - 0.132 \times P_{sand} - 0.003(P_{sand})^2 - 0.055 \times P_{silt} - 0.006(P_{silt})^2 -$$
$$0.738P_{clay} + 0.007(P_{clay})^2 - 2.688P_{om} + 0.501(P_{om})^2 \qquad (2.14)$$

式中：$PAWC$ 表示赣江流域植被可利用含水量；P_{sand} 表示这片土壤中砂粒的含量 $(\%)$；P_{silt} 表示这片土壤中粉粒的含量$(\%)$；P_{clay} 表示这片土壤中黏粒的含量$(\%)$；P_{om} 表示这片土壤中有机质的含量$(\%)$。

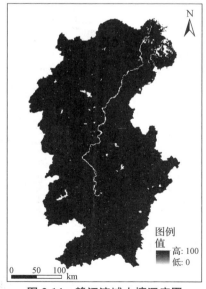

图 2.14 赣江流域土壤深度图

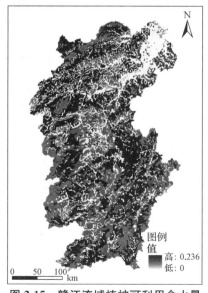

图 2.15 赣江流域植被可利用含水量

（5）土地利用

根据赣江流域土地利用栅格图,对其进行一级地类重分类,得到 6 种地类,接着进行处理再导出数据,得到赣江流域 1990—2019 年 7 期的土地利用栅格图。其中1990—2015 年赣江流域城镇用地面积一直小于水域面积,直到 2019 年城镇用地面积超过水域面积,位居一级地类的第四大地类,如图 2.16 所示。

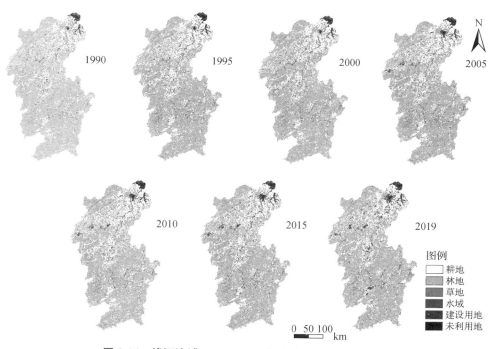

图 2.16　赣江流域 1990—2019 年土地利用类型分布图

（6）流域划分

本章研究范围是赣江流域六市,所以总流域就是赣江流域主要流经的六个市所综合在一起的区域;而子流域的划分,本章参照资源环境科学与数据中心(http://www.resdc.cn/)划分的 2 级流域,通过 ArcGIS 的提取功能和裁剪功能对赣江流域的子流域进行提取,一共提取出来约 530 个小型子流域,如图2.17 所示。

（7）生物物理系数

生物物理系数表示赣江流域的土地利用的属性,其中包括不同类型土地的蒸散系数和根系深度。这些数据是参考联合国粮农组织(FAO)手册以及参考周边相似研

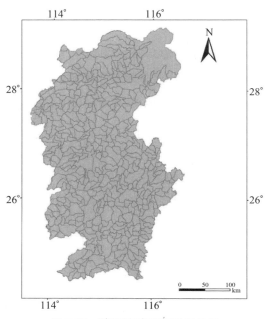

图 2.17 赣江流域子流域划分图

究区域(江西九江都昌县的产水研究、湖南东江湖的产水分析、贵州乌江流域的淡水生态服务功能研究、湖北汉江流域的水源涵养研究、江苏太湖流域的产水研究等)所得到的,结果见表2.25。

表 2.25 赣江流域生物物理系数表

LULC_desc	lucode	Kc	root_depth(mm)	LULC_veg
farm	1	1	2 000	1
forest	2	1	7 000	1
grass	3	0.85	2 600	1
waters	4	1	1	0
con_land	5	0.3	1	0
unuse	6	1	3 000	0

其中 LULC_desc 表示赣江流域的土地利用类型,lucode 代码需与 ArcGIS 中的栅格图层进行一一对应,Kc 是赣江流域中土地利用类型的蒸散系数,root_depth 表示赣江流域内植被的最大根系深度,LULC_veg 表示赣江流域内植被赋值系数,耕地、林

地和草地为 1,其他为 0。

（8）Zhang 系数的率定

Z 系数就是 Zhang 系数,称为可调节因子,一般情况下赣江流域的降水情况决定 Z 系数的取值,而 Z 系数一般取值 1~30,本章参考相近研究区域模型 Z 系数取值,再进行手动调节来对比实际数据以达到模型率定。通过参考 2020 年《江西省水资源公报》,进而对赣江流域 6 个市的径流量数据进行收集整理,得到赣江流域年均径流量 $1\,215.59\times10^8\,m^3$,通过固定赣江流域土地利用、降水、蒸散数据,反复调节 Z 系数来模拟产水量,发现当模型 Z 系数为 20 的时候相对误差为 1.076%,模型对赣江流域产水的评估效果最优。

2.4.2.2　产水功能时空变化分析

（1）产水量时间变化分析

通过 InVEST 模型的"Water Yield"模块对赣江流域的产水进行运算,利用 ArcGIS 对产水数据进行提取分析和转 Excel 后,再对结果进行分析和统计,得出赣江流域 1990—2019 年的 7 期总产水量。如表 2.26 所示。

表 2.26　1990—2019 年赣江流域产水整体结果产出表

时间	平均降水量（mm）	平均潜在蒸散发（mm）	平均实际蒸散发（mm）	平均产水量（mm）	总产水量（×10⁸ m³）
1990	1 735.61	980.3	516.37	1 219.11	1 192.17
1995	1 711.24	963.46	509.46	1 201.74	1 175.18
2000	1 959.31	925.48	502.04	1 457.29	1 425.09
2005	1 729.39	977.01	515.54	1 213.62	1 186.80
2010	1 959.35	966.71	516.97	1 442.41	1 410.53
2015	1 988.93	912.56	498.36	1 490.65	1 457.71
2019	1 747.58	982.69	518.18	1 229.69	1 202.51

由表 2.26 可知,1990 年赣江流域平均降水量为 1 735.61 mm,产水总量和平均产水量分别为 $1\,192.17\times10^8\,m^3$、1 219.11 mm;1995 年赣江流域平均降水量为 1 711.24 mm,产水总量和平均产水量分别为 $1\,175.18\times10^8\,m^3$、1 201.74 mm;2000 年赣江流域平均降水量为 1 959.31 mm,产水总量和平均产水量分别为 $1\,425.09\times10^8\,m^3$、1 457.29 mm,可以发现 2000 年产水量有一定程度的增加,这是降水量的增

加而导致的;2005 年赣江流域平均降水量为 1 729.39 mm,产水总量和平均产水量分别为 1 186.80×10⁸ m³、1 213.62 mm;2010 年赣江流域平均降水量为 1 959.35 mm,产水总量和平均产水量分别为 1 410.53×10⁸ m³、1 442.41 mm;2015 年赣江流域平均降水量为 1 988.93 mm,产水总量和平均产水量分别为 1 457.71×10⁸ m³、1 490.65 mm,相比 2010 年,产水量有一定程度增加,这是降水量的增长所导致的;2019 年赣江流域平均降水量 1 747.58 mm,产水总量和平均产水量分别为 1 202.51×10⁸ m³、1 229.69 mm。

由图 2.18 可知,1990—2019 年赣江流域的蒸散发量几乎没有很明显的波动,而降雨数据在 2000 年后出现几次波动,相应的产水总量和平均产水量也出现了相应的波动,由波动趋势可以明显看出降水量的变化在很大程度上会影响赣江流域产水量的变化,并且呈正相关。

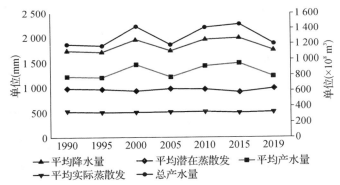

图 2.18 1990—2019 年赣江流域平均降水量、蒸散发、产水量变化图

通过对比,1990—2019 年赣江流域产水总量处于波动状态,在 1 200×10⁸ m³～1 400×10⁸ m³ 的范围内波动。由表 2.27 可知,1990—1995 年赣江流域总产水量减少了 16.98×10⁸ m³,平均产水量减少了 17.37 mm(降低了 1.42%);1995—2000 年赣江流域总产水量增加了 249.90×10⁸ m³,平均产水量增加了 255.55 mm(升高了 21.26%);2000—2005 年赣江流域总产水量减少了 238.29×10⁸ m³,平均产水量减少了 243.67 mm(降低了 16.72%);2005—2010 年赣江流域总产水量增加了 223.74×10⁸ m³,平均产水量增加了 228.79 mm(升高了 18.85%);2010—2015 年赣江流域总产水量增加了 47.17×10⁸ m³,平均产水量增加了 48.24 mm(升高了 3.34%);2015—

2019 年赣江流域总产水量减少了 255.19×10^8 m³,平均产水量减少了 260.96 mm(降低了17.51%)。综上可知 2000 年左右和 2010—2015 年赣江流域的产水能力最强,而其余时间产水能力较弱一点。

表 2.27　1990—2019 年赣江流域产水量整体情况变化表

变化年份	总产水量		平均产水量	
	变化量($\times 10^8$ m³)	变化率(%)	变化量(mm)	变化率(%)
1990—1995 年	−16.98	−1.42	−17.37	−1.42
1995—2000 年	249.90	21.26	255.55	21.26
2000—2005 年	−238.29	−16.72	−243.67	−16.72
2005—2010 年	223.74	18.85	228.79	18.85
2010—2015 年	47.17	3.34	48.24	3.34
2015—2019 年	−255.19	−17.51	−260.96	−17.51

(2)产水量空间变化分析

本研究通过 ArcGIS 对 InVEST 模型"Water Yield"模块数据结果进行空间分析,得到 1990—2019 年赣江流域的产水量空间分布图,如图 2.19 所示。

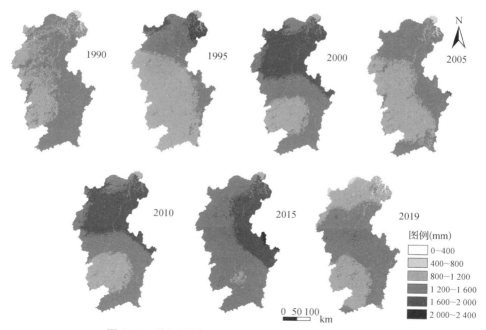

图 2.19　赣江流域 1990—2019 年产水量空间分布图

由图 2.19 可知,1990—2019 年赣江流域产水量的空间分布格局基本一致,都呈现北多南少、东多西少的局势。1990 年、1995 年、2005 年和 2019 年赣江流域的产水分布情况差异不大,都是以 800～1 200 mm 和 1 200～1 600 mm 这两个区间段为主;2000 年、2010 年和 2015 年赣江流域的产水量分布情况差异不大,是以少数 800～1 200 mm 区间、主要 1 200～1 600 mm 和 1 600～2 000 mm 三个区间分布的。

1990 年赣江流域产水量偏低,主要呈现东西分布的样式,东部产水量比西部高,东部产水量集中在 1 200～1 600 mm 区间,西部产水量集中在 800～1 200 mm 区间;1995 年赣江流域产水量也偏低,呈现地理位置的差异,产水量北多南少、东多西少,北部产水量集中在 1 200～1 600 mm 区间,最东北区域有部分在 1 600～2 000 mm 区间;2000 年赣江流域产水量较多,尤其以赣江流域北部地区降水最多,南部相对来说较少,北部产水量主要是在 1 600～2 000 mm 区间,南部产水量集中在 800～1 200 mm 区间和 1 200～1 600 mm 区间;2005 年赣江流域产水量和 1995 年相似,空间分布格局也类似,都是北多南少、东多西少的分布,北部区域产水量集中在 1 200～1 600 mm 区间,南部区域中大部分是在 800～1 200 mm 区间,少数是在 1 200～1 600 mm 区间,只有靠近最东部极少数区域在 1 600～2 000 mm 区间;2010 年赣江流域产水量和 2000 年相似,其产水量的空间分布也是集中在赣江流域北部,降水量分布情况也基本相似;2015 年赣江流域产水量较多,主要集中在赣江流域东北部,呈现东多西少的趋势,西部区域产水量主要集中在 1 200～1 600 mm 区间,东部区域大部分是在 1 600～2 000 mm 区间,少部分在 1 200～1 600 mm 区间;2019 年赣江流域产水量相对较少,北部区域较少,中部产水量较多,最北部产水量是在 800～1 200 mm 区间,只有少部分是在 400～800 mm 区间,中部产水量基本是在 1 200～1 600 mm 区间,南部、中西部主要集中在 800～1 200 mm 区间,东部主要集中在 1 200～1 600 mm 区间。

为了更好地研究赣江流域产水量的变化情况,利用 ArcGIS 对 1990—2019 年产水量图进行空间分析,得到赣江流域 1990—2019 年产水量各年份的变化图,如图 2.20所示。

由图 2.20 可知,1990—1995 年赣江流域区域产水量变化情况大体上呈现南北差异,赣江流域北部约 1/3 的区域产水量呈增加的趋势且越往北增加得越大,而剩下的

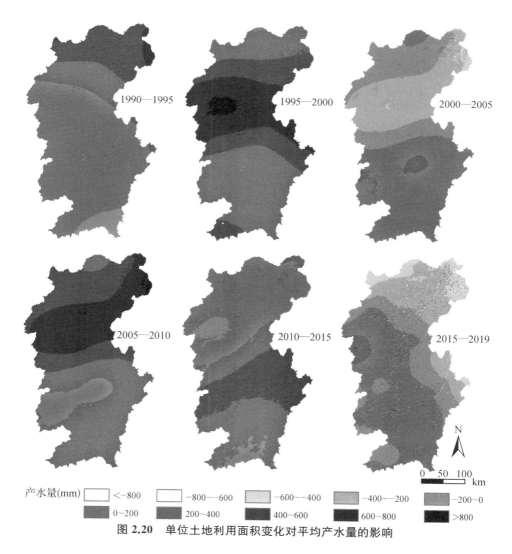

图 2.20　单位土地利用面积变化对平均产水量的影响

南部区域产水量呈减少的态势,且越往南减少得越多,且减少的产水量在 0～400 mm 区间;1995—2000 年赣江流域整体产水量都处于一个增加的趋势,增加量由赣江流域中部(增加 600～800 mm)向北部和南部(增加 0～200 mm)减少;2000—2005 年赣江流域产水量是减少的,总体趋势是从北到南逐渐变大(产水量的减少逐渐变小);2005—2010 年赣江流域产水量总体是增加的,呈现以中部靠北区域向最北和南部逐渐减少,产水量增加最多在 600～800 mm,最小的是 −200～0 mm 区间;2010—2015 年赣江流域产水量整体呈无明显变化但北部减少南部增多的状态,基本从中部靠南部最多逐渐向南北两端减少;2015—2019 年赣江流域产水量处于减少的状态,从空间分布情况来看,越往东北区域减少得越多,越往西南区域减少得越少。

2.4.3 土地利用对产水的影响分析

利用 ArcGIS 对赣江流域 1990—2019 年不同地类的产水量进行分类提取再转 Excel,得到如图 2.21 和图 2.22 所示结果。

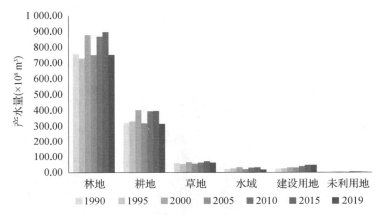

图 2.21 赣江流域 1990—2019 年不同地类的产水量

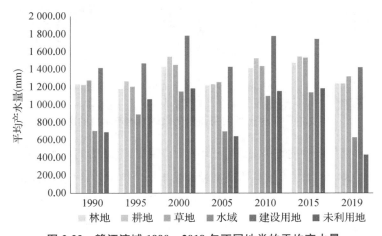

图 2.22 赣江流域 1990—2019 年不同地类的平均产水量

由图 2.21 可知,赣江流域产水量最多的是林地,然后是耕地、草地、水域和建设用地,最少的是未利用地,很明显可以发现,用地面积越大其产水量也越多。所以为了更好地分析不同用地类型的产水量差异,图 2.22 利用不同类型用地的平均产水量来进行对比。

明显发现,在 1990—2019 年 7 个年份中赣江流域平均产水量最多的始终是建设用地,其次是耕地、草地和林地,这四种用地类型的平均产水量相对较多;水域和未利用地的平均产水量最少,这两种类型的用地产水量在降雨较多的 2000 年、2010 年和 2015 年,仍然不及产水较多的四种用地在降雨最低年份的平均产水量。而六种类型的用地在 2000 年、2010 年、2015 年均出现了产水量和平均产水量大幅度增加的现象,这可能是降水量的增加所导致的,说明降水是影响产水量和平均产水量的一个主要因素。但在降水量差不多的时期,赣江流域内产水量和平均产水量就没有很明显的波动。

为了更好地研究土地类型对产水量的影响,本节对赣江流域不同用地的面积变化以及该用地上产水量的变化进行具体分析,得到如图 2.23 所示六种变化。

选取赣江流域各类型用地面积和产水量进行对比,发现林地和耕地的用地面积总体上呈减少的趋势,而林地和耕地部分的产水量总体变化趋势还是和赣江流域总体产水量的变化趋势保持一致,实际产水量变化主要还是受到降水量的变化,所以从林地和耕地面积变化不难看出用地面积变化对产水量的变化造成了影响;而草地面积呈先减少后增加的趋势,根据产水量趋势可以看到 2010 年产水量比 2015 年的低很多,而总体情况来看,2010 年的产水量和 2015 年的产水量是差不多的,所以存在差异的原因可能是草地面积降到最低值,影响了 2010 年产水量的减少,但是也看不出很明显的相关性;水域用地的面积一直处于一个波动的状态,从变化情况来看,水域用地面积波动幅度较大,产水量的波动幅度也较大,水域面积变化在一定程度上影响其产水量变化,但从本书情况分析是无法反映出具体的变化情况的;而建设用地就不一样了,作为赣江流域内平均产水量最多的用地类型,可以发现建设用地的面积一直在增加,而产水量也一直在增加,由此可以发现赣江流域建设用地面积和产水量存在一定的正相关性;而未利用地是赣江流域用地类型中平均产水量最少的类型,未利用地面积的变化类似"M"形,而产水量的变化就更近似一个"M"形。较为显著的是,2005 年是产水量和用地面积的中间点,正好产水量和用地面积也处于"M"形变化的中间点,可以发现未利用地面积变化和产水量变化呈现一定的正相关性。单纯分析用地面积变化和产水量的变化看不出来有很明显的区别。

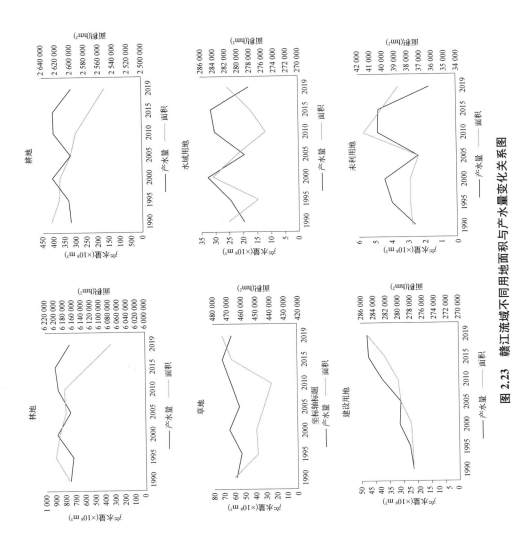

图 2.23 赣江流域不同用地面积与产水量变化关系图

2.4.4　情景模拟土地利用变化对产水的影响

研究赣江流域土地利用变化对产水的影响,如果单从时间线上分析两者之间的关联性,其他因素对结果会产生误差,所以本节通过情景模拟法,仅改变土地利用数据,来分析土地利用的变化对产水造成的影响。通过改变土地利用年份数据,得到如表 2.28 所示 7 种类型的情景模拟。

表 2.28　赣江流域情景模拟方案

	现有数据	改变的数据
情景 1	2019 年	2015 年土地利用
情景 2	2019 年	2010 年土地利用
情景 3	2019 年	2005 年土地利用
情景 4	2019 年	2000 年土地利用
情景 5	2019 年	1995 年土地利用
情景 6	2019 年	1990 年土地利用
情景 7	2015 年	2019 年土地利用

将模拟情景 1~6 得出的产水结果与 2019 年产水的结果进行对比分析,得出如表 2.29 所示蒸散发和产水的变化情况。

表 2.29　赣江流域情景模拟结果

	平均潜在蒸散发（mm）	平均实际蒸散发（mm）	平均产水量（mm）	总产水量（×10^8 m³）
2019 年	982.69	518.18	1 229.69	1 202.51
情景 1	987.53	519.49	1 228.32	1 201.18
情景 2	991.27	520.48	1 227.34	1 200.21
情景 3	991.84	520.62	1 227.19	1 200.07
情景 4	994.57	521.57	1 226.25	1 199.15
情景 5	994.74	521.20	1 226.61	1 199.51
情景 6	994.86	521.46	1 226.35	1 199.25

结合 3.1.1 节和表 2.29 中的数据,可得出以下结论:其中耕地面积是 2019 年<情景 1<情景 2<情景 3<情景 4<情景 5<情景 6,建设用地面积是 2019 年>情景 1>情景 2>情景 3>情景 4>情景 5>情景 6;而蒸散发量是 2019 年<情景 1<情景 2<

情景 3<情景 4<情景 5<情景 6,平均产水量和总产水量是 2019 年>情景 1>情景 2>情景 3>情景 4>情景 5>情景 6。这里表明耕地面积的不断增大和建设用地面积的减少会导致蒸散发的增加,从而造成产水量的减少,由此可得出耕地面积与产水量之间呈负相关、建设用地面积与产水量之间呈正相关的结论。

如图 2.24 所示,林地和耕地面积变化与产水量呈负相关性,且耕地与产水量之间的负相关性较强;建设用地与产水量之间呈现较强的正相关性;草地与产水量之间的正相关性偏弱很多;水域用地和未利用地与产水量之间的相关性很微小甚至没有,从图中仅能得出这些结论。

林地和耕地与建设用地最大的区别就是下垫面情况不同,从而导致潜在蒸散发和实际蒸散发的情况不一样,这里林地和耕地主要转换为建设用地,说明建设用地蒸散发量相对转移之前较小,有可能是建设用地的下垫面能够有效地防止地下水的蒸散发,最终促进产水量的增加。

图 2.25 中 a 图是模拟情景 1 的产水变化与 2015 年产水情况做空间矢量变化所得;图 b 是在 a 图的基础上加入赣江流域水系图所得。

其中,颜色较浅的区域表示产水变化较小或者几乎没变,而深色区域则表示产水量变化较大。由图 a 可以发现流域内大部分区域的产水量变化很小甚至没有变化,而变化最大的区域只占小部分并且呈带状分布。通过加入流域分布得到图 b,可以很清晰发现,产水量变化呈现的带状分布区间正好是赣江流域干流附近,由此可以推测水域用地的转入或者转出能够极大程度地影响产水量的变化。

但是单一情况有可能会受偶然因素影响,继续模拟情景 7 并与 2015 年产水量做空间矢量分析得到图 2.26 中 a 图,以及模拟情景 2~6 并与 2019 年产水量做空间矢量分析得到图 2.26 中 b~f。

增加模拟的次数后,产水量变化较大的区域依旧是在流域附近的水域用地,依旧呈带状分布。可以印证,水域面积的变化会很大程度影响产水的变化,而流域面积的转入会加大地表水的面积,从而使得地表水蒸腾更大,而蒸散发量的增加导致产水量减少,所以推测水域面积转入会降低产水量,水域面积转出会增加产水量。而由于水域用地面积变化程度相对赣江流域整体而言很微小,导致不能很大程度引起整体产水量的变化,但是过多变化也会产生不可忽视的影响。所以对于水域用地的管理是很重要的,其会较大地影响该区域产水量的波动。

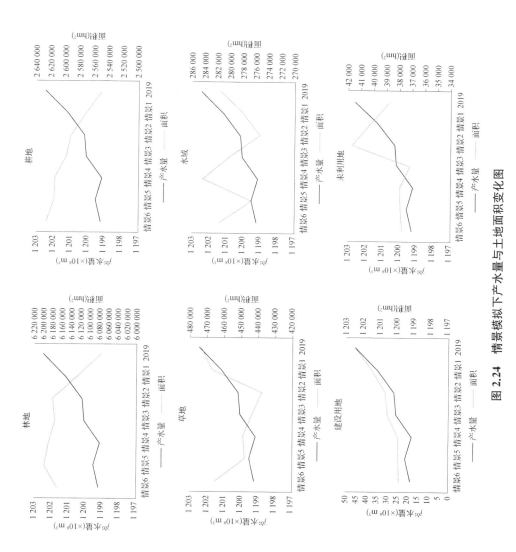

图 2.24　情景模拟下产水量与土地面积变化图

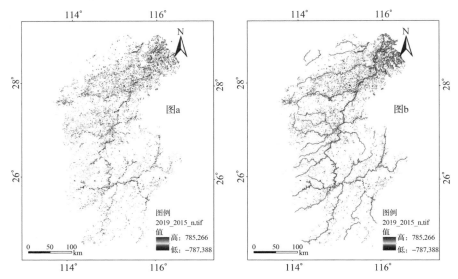

图 2.25　情景 1 对比 2015 年的变化量

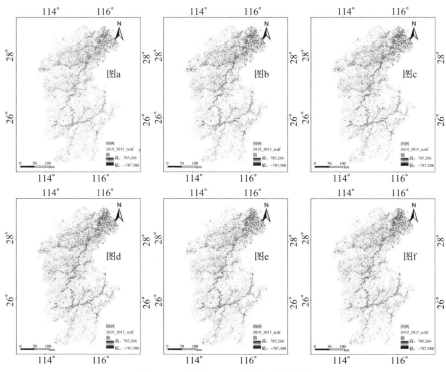

图 2.26　情景 2～7 模拟后变化量

2.5　小　　结

本书以鄱阳湖流域为例,采用综合生态系统服务功能价值评估及权衡模型(InVEST),对鄱阳湖流域 40 多年来产水量的空间分布进行了数值分析,并利用 ArcGIS 技术对其进行了分析,流域的产水量从东北到西南逐渐减少,东部平原和丘陵地区的产水量高,而西南地区则表现为低产。由于自然地理因素的作用,该地区的水资源分布与 GDP、人口密度的分布模式存在明显的差别。在过去的 40 年中,该流域的产水量出现了上升的变化,并且产水量高峰的位置从东北向南方转移。降水、海拔、坡度等自然条件对产水量存在较大的影响,其中降水对产水量的影响最大;人口、GDP 等社会指标与产量的变动存在明显的正向关系,这是由于城市化的发展,城市建设用地等不渗透水层增多,从而提高了流域的产水量。

以赣江流域为例,对其 1990 年到 2019 年的土地利用变化进行了研究,并使用 InVEST 模型分析了赣江流域 1990—2019 年产水量的时空变化,以及探讨了土地利用与产水的相关性,得出了以下的结论:

(1) 土地利用方面:1990—2019 年,赣江流域林地面积最大,其次是耕地,按面积大小排序为草地、水域用地、建设用地、未利用地。在该时间段内,林地、耕地面积都有相应的减少,其余土地类型,除水域用地面积未发生太大变化外,剩下的都有一定的减少。由于赣江流域城镇化进程加快,林地和耕地有一部分转换为城镇用地,还有一部分转换为草地,赣江流域内水域面积一直在 5 000 hm² 波动,未利用地面积一直在 4 000 hm² 上下波动,未利用地在整体上处于增加状态,可能是部分林地和耕地荒废或者水域用地干涸造成未利用地面积的增加。

(2) 从综合土地利用程度来看,1990 年到 2019 年,赣江流域综合土地利用程度指数从 1990 年的 229.96 持续增加到 2019 年的 232.49,一直处于上升的趋势。赣江流域土地利用程度变化率最大的是 2000—2005 年和 2010—2019 年,而整体利用程度变化幅度最大的是南昌市、萍乡市和新余市,赣江流域整体在 2000—2019 年利用程度的变化率都较大。

(3) 从动态度的角度来看,建设用地的动态度一直处于正向指标,且在 2000—2019 年较大,而耕地动态度一直是负向指标,表明城镇化进程在 2000 年到 2019 年处于高速发展的趋势。1990—2019 年,赣江流域中综合动态度排序依次是赣州＞吉安＞宜春＞萍乡＞新余＞南昌,结果表明赣江流域土地动态变化在 1990—2005 年不明显,而在 2005—2015 年土地就开始动态变化了,但是主要集中在 2015—2019 年,其中以赣州市的变化最为剧烈。而相对变化率最大的是水域用地,其中新余市水域用地的变化率最大,萍乡市的最小,萍乡市的水域面积与其他区域相差较大,原因可能是山口岩水利枢纽工程对水域用地进行了完好的保护。相对变化率较高的还有赣州市未利用地的 11.86、吉安市未利用地的 30.51、宜春市未利用地的 31.65、南昌市草地的 17.14 和萍乡市草地的 13.08,其余相对变化率均在 0～3 之间。

（4）土地转移方面:1990—1995 年赣江流域内出现了 23 种类型的土地转移,其中以草地转为林地面积最多;1995—2000 年出现了 18 种类型的土地转移,其中以耕地转为水域用地面积最多;2000—2005 年出现了 24 种类型的土地转移,其中以耕地转为建设用地面积最多;2005—2010 年出现了 24 种类型的土地转移,其中以耕地转为建设用地面积最多;2010—2015 年出现了 22 种类型的土地转移,其中以林地转为草地面积最多;2015—2019 年出现了 30 种类型的土地转移,土地转移程度整体都比较大。

（5）产水方面:在降水量多的年份(2000 年、2010 年和 2015 年),其产水量也相应较多,平均产水量最高达到 1 490.65 mm,对应的总产水量达到 1 457.7 亿 m³;而降水量最低的年份中平均产水量最少也有 1 201.74 mm,对应的总产水量有 1 175.18 亿 m³;产水量变化情况呈现"M"形变化,主要随着降水量的变化而变化。

（6）赣江流域产水的空间分布主要呈现两大特点:东多西少、北多南少。产水量较多的 2000 年、2010 年和 2015 年,其产水空间分布以北部和西北部区域产水量最多(主要在 1 600～2 000 mm 区间),南部区域较少(主要集中在 1 200～1 600 mm 区间);产水量较少的年份,其产水空间分布以西北多(主要在 1 200～1 600 mm 区间),东南区域产水较少(主要集中在 800～1 200 mm)。

（7）赣江流域中产水量主要按照面积分布变化,依次是林地＞耕地＞草地＞建设用地＞水域用地＞未利用地,其中建设用地面积在 2019 年才高于水域用地的面积,但其他地类的产水量总体上都比水域用地产水多。

（8）通过情景模拟法,仅改变土地利用数据,共模拟了 7 种情景研究土地类型变化对产水的影响,得出以下结论:耕地面积的减少和建设用地面积的增加促进产水量的增加;再通过比较不同地类面积的变化与整体产水量的变化,发现耕地和林地面积向建设用地面积转换,能够促进产水量的增多。通过空间分析情景 1~6 与 2019 年产水量空间变化和情景 7 与 2015 年产水的空间变化,可以发现水域用地面积的转入或者转出,会极大程度地影响该区域产水量的变化。

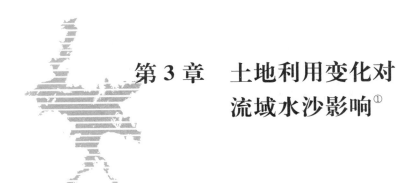

第3章　土地利用变化对流域水沙影响①

探究土地利用类型及地方降水、径流等气象特征与水土流失、泥沙生成之间的关联,可以针对性了解、解决相应问题,提高水资源规划和利用的合理性,对区域水土流失治理有着巨大参考意义。

3.1　研究区域水资源与自然地理概况

3.1.1　流域自然地理概况

（1）地势地貌

信江是鄱阳湖五大水系之一,属于江西省内较大支流,又名上饶江,古名余水,详细地理位置为东经118°05′、北纬28°59′。发源于浙江、江西两省交界处玉山县三清乡平家源,其干流自东向西途经铅山县、弋阳县、贵溪市,至鹰潭市转向西北,过锦江镇流至余干县一分为二。西支为干流西大河,西流至龙津再分为三,三支流分别先向北、西南后北、西方向流动,最后经瑞洪镇注入鄱阳湖。东支为支流东大河,作为连接鄱阳湖的航道,向东北流至井头周家后一分为二:左股为互惠河,向北流经石口汇入鄱阳湖;右股流经乐安村,注入乐安河之后经龙口汇入鄱阳湖。信江以鹰潭市和上饶市为分界线,划分上、中、下游。信江全长313 km,流域面积达17 600 km²,流域走向

① 改编自李雨.基于SWAT模型的土地利用变化对信江流域水沙的影响分析[D].南昌:南昌大学, 2022。

呈长条形叶脉分布,左右岸分布不对称,盆地内还存在大量的丹霞地貌。

信江上游沿岸以中低山地为主,地形起伏较大。中游为盆地,边缘由北、东、南三面地势逐渐向中间降低,向西倾斜。下游为鄱阳湖多年冲积形成的平原区,地势平坦。从流域总体上看,东、南、北三面地势高,西北偏低,成马蹄状。从地形特征看,呈整齐的长方形,东西直线距离 196 km,从南到北平均宽度 86 km,最大宽度与最小宽度相差 80 km,流域形状系数为 0.147。南北边缘为山区,南部高程为 800～1 300 m,北边高程为 300～800 m,下游是湖滨平原区,高程为 16～22 m,高程较低,地势相对平坦;中游区为丘陵平原交杂相间地带。信江河源段属于深山区,紫湖至玉山段属于浅山区,玉山至余江段属于丘陵区,余江至信江干流分流口属平原区,且流域内森林和矿产资源丰富。信江流域的地形地貌如图 3.1 所示。

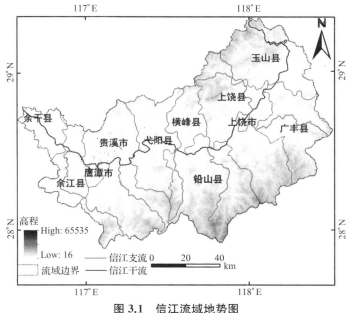

图 3.1　信江流域地势图

(2)水文气象

信江流域 1988—2018 年的多年平均径流量为 193.6 m³/s。2018 年流域月最大径流量出现在 7 月 7 日,为 3 320 m³/s,月最小径流量出现在 11 月 5 日,为 86.4 m³/s,月最大径流量是月最小径流量的 38 倍;梅港站径流深度为 731.9 mm。信江干流各水系水文站点的多年月平均水位相对稳定,相同水系的多年最高水位和多年最低水位基本同时出现,多年最高水位通常情况下出现在6月,多年最低水位则在不同的日期均有出现,如前一年的10月、12月或后一年的1月等。汛期一般为4—7月,其中有大约70%的洪水发生在4—6月,径流量在时间分布上极不均衡,受季节影响较大。

信江流域在2018年的输沙率为8.55 kg/s,其中2001年前信江干流的单位面积输沙量占比在鄱阳湖五大水系中最大,且2006年单位面积的输沙量较以前明显增加。信江悬移质含沙量自上游向下游逐渐减少,且上中游明显大于下游。具体表现为位于信江干流上游的上饶水文站的多年平均悬移质含沙量大于中游弋阳站,而下游梅港站多年平均悬移质含沙量最低。

信江流域属亚热带季风性湿润气候,四季分明,阳光充足,雨量丰富,具有春季雨多、夏季炎热、秋季干旱、冬季雪少的特点。2010—2018年的流域内极端最高气温为41.2 ℃(上饶站),最低气温为－7.9 ℃(德兴站),多年平均最高气温为23.4 ℃,最低气温为15 ℃;2010—2018年多年平均降水量为2 102 mm,最高年降水量为3 276.6 mm(贵溪站),且流域地形对降水的影响较大,极易造成局部地区洪涝灾害。信江流域各个气象站(水文站)点如图3.2所示。

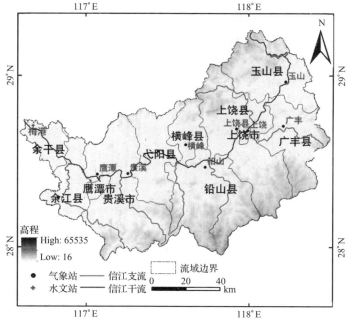

图3.2　信江流域气象站分布图

（3）土壤及植被

信江流域土壤类型主要由低活性强酸土和人为土构成,其中低活性强酸土占流域总面积的绝大部分,除此之外还包括高活性淋溶土、高活性强酸土、疏松岩性土、水体等,流域内土壤总体为酸性红壤土,土壤相对贫瘠。虽然流域内土壤不算肥沃,但受亚热带季风气候的影响,气候湿润,适合各类需求量大的农作物生长。尤其以水稻为多,在部分山区还成片地种植玉米及油料作物,流域内农产品非常丰富。

信江流域植被旺盛,2018 年信江流域森林覆盖率高达 65%。植被类型主要为常绿阔叶林,如金缕梅科、壳斗科、樟科、山茶科、木兰科等常见林木。典型树种主要有樟树、茶树及柑橘树等。

3.1.2　水资源概况

（1）河流水系

信江干流自东向西流动,支流则呈南北流向,流域所有支流中集水面积大于 10 km² 的有 18 条,大于 30 km² 的有 12 条,大于 1 000 km² 的有 3 条,其中流域面积最大的为白塔河,其次为丰溪河。除此之外,直接发源于信江干流的支流还有玉琊溪、饶北河、丰溪、楮溪、卢溪、铅山河、陈坊河、姚源水、岑港河、葛溪、栗源河、港口河、万年新河、互惠河、九龙河等。流域内各个支流的详细信息见表 3.1。

表 3.1　信江支流信息表

支流名称	河源	河口	流域面积（km²）	河长（km）	流域
玉琊溪	玉山县	十里山	461	62.5	港口淤、峡口、十里山
饶北河	横峰县	灵溪	626	73	爬栏岗、上饶县、大济、九牛、临江湖、坊头、煌固、灵溪
丰溪	福建省浦城县	汪家园	2 248（江西 1 933）	117（江西 83）	棠岭、塭坑、上饶市广丰区、靖安、桐畈、杉溪、永丰镇、洋口镇、汪家园
楮溪	上饶县	旭日镇	172	39	上饶县、铜坝、清水塘、罗桥、旭日镇
卢溪	上饶县	青洲	570	70	船坑、甘溪、禹溪、徐潭、上泸、昆山、青洲

支流名称	河源	河口	流域面积 （km²）	河长 （km）	流域
铅山河	铅山县	河口镇	1 225	82	桐木岭、车盘、石塘、永平镇、河口镇
陈坊河	铅山县	弋阳县黄沙港	655	57	云霁关,经太原、陈坊、湖坊、汪二、弋阳县黄沙港
姚源水	上饶县	排底	200	37	姚源、港边、莲荷、义门、排底
岑港河	上饶县	琬港	358	52	茗洋关、湖村、霞坊、岑阳镇、琬港
葛溪	横峰县	弋江镇	481	68.4	清湖、霞阳、葛溪畈、花亭、弋江镇
栗源河	弋阳县	香店里	241	44	芳家墩、中畈、湾里、香店里
港口河	弋阳县	流口	225	35	上坊、港口、堑上、下古塘、流口
万年新河	余江区	万年县湖山	598	82	画桥、马塘、万年县柴源挡、青云镇、齐家埠、湖山
互惠河	余干县	石口	168	54	井头周家、石口
九龙河	余干县	号嘴刘家	150	39	社赓、九龙埠、号嘴刘家

（2）水利工程

流域内目前已经建成的各类灌溉设施约 5.5 万座,控制水量约 23 亿 m³,信江的航运工程是集航道渠化和洪水疏浚整治为一体的综合水资源开发利用工程,共分为三个层级的四座枢纽,分别为界牌枢纽、八字咀枢纽、双港枢纽,其中第二梯级八字咀枢纽包括位于东西大河的虎山咀枢纽和貂皮岭枢纽。从贵溪流口至西北波阳双港为三级天然航道,其中双港梯级枢纽又包括鸣山至乐安村的三级航道以及凰岗至姚公渡的五级航道。通过近几年的不断建设,波阳船厂和湖口船厂的航道已经具备了承接千吨驳和 600 kW 推轮的维修能力,加强了船岸及各个枢纽、港和厂之间的联系,完善了信江的航运管理、水库运行和调度等方面的基础设施。

流域内水能资源丰富,天然水能可开发量达 45.82 kW(满足 500 kW 以上水电站建设要求),年平均发电量在 16.87 亿度左右,且流域内峡谷多,高差大,水资源开发利用原生条件良好。

3.2　流域水文要素演变规律分析

3.2.1　水文气象特征分析方法

3.2.1.1　趋势分析

趋势分析又被称为趋势预测，是研究时间序列变化规律的方法。对时间序列进行趋势分析可以充分了解其发展趋势，从而提高预测结果的可信度，同时当预测结果与现实误差较大时，还可以再用一次或二次拆分取移动平均值来提高预测准确性。因此本节采用线性趋势分析法进行趋势分析，并用 Mann-Kendall 检验法对线性趋势分析结果进行验证。

（1）线性趋势分析法

该方法是一种对时间序列进行线性回归分析，从而得出序列变化趋势的方法，本节采用 origin 平台对流域内的径流和降水数据进行分析，其算法原理如下：

$$\hat{y_i} = a_0 t_i + a_1 \tag{3.1}$$

$$a_0 = \frac{\sum_{i=1}^{n} t_i y_i - \frac{1}{n} \sum_{i=1}^{n} y_i \sum_{i=1}^{n} t_i}{\sum_{i=1}^{n} t_i^2 - \frac{1}{n} \sum_{i=1}^{n} t_i^2} \tag{3.2}$$

式中，$\hat{y_i}$ 为线性回归方程；t_i 为时间序列数值；a_1 为截距；a_0 为回归系数。其中，用 a_0 的正负号表示趋势变化规律。当 $a_0 < 0$ 时，表示序列呈下降趋势变化；$a_0 > 0$ 时，表示序列呈上升趋势变化。

（2）Mann-Kendall 趋势检验

该方法属于非参数秩检验方法，对原始数据的包容度相对较高，受异常数据和缺失数据的影响较小，因此被广泛应用于水文领域。借助 MATLAB 软件，先对原始数据进行自相关检验，然后用去趋势预置白热化法（TFPW）对原始数据进行预处理，最后用 Mann-Kendall 趋势检验对新序列进行趋势分析。方法原理如下：

$$S = \sum_{i=1}^{n} \sum_{j=i+1}^{n} \mathrm{sgn}(x_j - x_i) \tag{3.3}$$

其中，S 为序列统计量；x_j 为第 j 个时间序列数值；n 为序列总长度个数；sgn 为函数符号。当 $x_j - x_i > 0$ 时，$\mathrm{sgn}(x_j - x_i) = 1$；当 $x_j - x_i = 0$ 时，$\mathrm{sgn}(x_j - x_i) = -1$；当 $x_j - x_i < 0$ 时，$\mathrm{sgn}(x_j - x_i) = -1$。

当 $n \geqslant 10$ 时，S 一定程度上服从正态分布，此时的期望为 0，方差如下：

$$\mathrm{Var}(S) = \frac{n(n-1)(2n+5)}{18} \tag{3.4}$$

对统计量进行标准化，计算方式如下：

$$\begin{cases} (S-1)/\sqrt{\mathrm{Var}_{(s)}}, & S > 0 \\ Z_c = 0, & S = 0 \\ (S+1)/\sqrt{\mathrm{Var}_{(s)}}, & S > 0 \end{cases} \tag{3.5}$$

$$\beta = \mathrm{Median}\left(\frac{x_j - x_i}{j - i}\right) \tag{3.6}$$

其中，β 为趋势指标。当 j、$i \in (1,n)$ 时，表示 Z_c 服从正态分布；当 $|Z_c| \geqslant Z_{(1-\alpha)/2}$ 时，表示时间序列在置信区间 α 上变化趋势明显。且 $\beta > 0$ 表明序列呈上升趋势，$\beta < 0$ 表明序列呈下降趋势。

3.2.1.2 突变分析

（1）Mann-Kendall 突变检验

该方法还可以判断时间序列数据点中是否存在突变点，并且借助输出的 UF 和 UB 两个序列的交点进一步确定突变发生的时间。

首先对时间序列建立如下秩序列：

$$S_K = \sum_{i=1}^{K} r_i r_i = 0, \mathrm{else}; X_i > X_j, j = 1,2,3,\cdots,i \tag{3.7}$$

$$UF_K = \frac{[S_K - E(S_K)]}{\sqrt{\mathrm{Var}(S_K)}} (K = 1,2,\cdots,n) \tag{3.8}$$

其中，S_K 为在 i 时刻比 j 时刻大的数值的个数和，当 $K = 1$ 时，$S_1 = 0$；UF_K 为序列统计量,当 $K=1$ 时,$UF_1=0$。当 $UF_1=0$ 且序列 $x_1,x_2,\cdots,x_n$ 互不影响、互相独立时,序列连续分布,均值 $E(S_K)$ 和方差 $\mathrm{Var}(S_K)$ 的计算方法如下所示:

$$E_{S_K}=\frac{n(n+1)}{4} \tag{3.9}$$

$$\mathrm{Var}(S_K)=\frac{n(n-1)(2n+5)}{72}(2\leqslant K\leqslant n) \tag{3.10}$$

上述 UF 序列是按照原始时间序列计算出的统计量序列,之后再按照以上相同的方法,以原始时间序列为基础构建逆序列 UB。一般认为,两条曲线超过临界值部分的范围趋势显著,可能是因为数据开始出现突变的时间就是两条直线的交点所对应的时间。

(2) 滑动 T 检验

滑动 T 检验是通过选择不同的滑动点来检验滑动点前后是否超过对应 T 值的检验水平,以此来判断突变的一种检验方法,对时间序列 $\{x_i,i=1,2,\cdots,n\}$ 的 n 个样本变量定义如下:

$$t=\frac{\bar{x}_1-\bar{x}_2}{s\cdot\sqrt{\dfrac{1}{n_1}+\dfrac{1}{n_2}}} \tag{3.11}$$

$$s=\sqrt{\frac{n_1 s_1^2+n_2 s_2^2}{n_1+n_2-1}} \tag{3.12}$$

$$\gamma=n_1+n_2-2 \tag{3.13}$$

其中,$\bar{x}_i$ 为子序列平均值;n_i 为子序列长度;s 为方差;γ 为自由度。在实际应用中,为了提高检验结果的可信度,需要反复变化子序列长度,达到显著性要求。

为了提高 M-K 突变检验的可信度、排除杂点干扰,本书依据滑动 t 检验方法,对时间序列进行进一步检验。

3.2.1.3　周期分析

小波是一种特殊的不规则且不对称、长度有限、均值为 0 的波形,小波分析是用小波函数来近似表示某种信号或函数的方法。小波函数是具有震荡性且能够快速衰

减至 0 的满足容许性条件的一种函数,也是小波分析的核心,小波函数的定义方式如下:

$$时间域:\int_{-\infty}^{+\infty} \psi(t) = 0 \tag{3.14}$$

$$频率域:C_\psi = \int_{-\infty}^{+\infty} \frac{|\psi^*(\omega)|^2}{|\omega|} d_\omega < \infty \tag{3.15}$$

其中,$\psi(t)$ 为基小波函数;$\psi(\omega)$ 为 $\psi(t)$ 在频率为 ω 处的傅里叶变换;$\psi^*(\omega)$ 为 $\psi(\omega)$ 的复共轭函数。

定义连续小波变换:

$$W_f(a,b) = \int_{-\infty}^{+\infty} f(t) \psi_{a,b}^*(t) \, d_t \text{ with } \psi_{a,b(t)}$$

$$= \frac{1}{\sqrt{a}} \psi \left(\frac{t-a}{a} \right) a, b \in \mathbf{R}, a \neq 0 \tag{3.16}$$

其中,$W_f(a,b)$ 为连续小波变换系数;$\psi^*(t)$ 为 $\psi(t)$ 的复共轭函数;a 为尺度因子,反映小波周期长度;b 为位置因子,反映时间上的平移。

小波分析是常用的用于检测时间序列周期性的分析方法,在水文学中主要应用于以下领域:水文序列多时间多尺度变化特征分析;水文序列周期、趋势、突变分析;水文序列不同时空的复杂特性定量分析;水文序列噪声消除;水文序列的模拟及预报。

3.2.1.4 不均匀性分析

不均匀系数 C_U 在土力学中指限制粒径与有效粒径的比值的系数,是用来反映土颗粒均匀程度的一个指标。而在水文领域中不均匀系数则被用来衡量时间序列(气温、降水、径流等)在不同情况(时间、空间)上的不均匀性。计算方法如下:

$$C_U = \sqrt{\frac{\sum_{i=1}^{12} \left(\frac{r_i}{\bar{r}} - 1 \right)^2}{12}} \tag{3.17}$$

其中,r_i 为 i 月水文气象要素值;$\bar{r}$ 为 i 月水文气象要素平均值。

不均匀系数 C_U 在图表中呈现,当折线图起伏较大且无规则时,说明时间序列分布不均匀,反之,时间序列折线图起伏较小且起伏幅度相近时,则说明时间序列在对应时间段内分布均匀。

3.2.2 降水时间演变特征分析

3.2.2.1 降水年内变化特征

（1）年内分配

计算信江流域 1988—2018 年贵溪、上饶、玉山三个站点近 31 年的月平均流量,并绘制月平均降水量折线图,如图 3.3 所示。由图可得,三个气象站点的月均降水量呈中间高两边低的单峰分布形式,上饶、玉山站点的走势大致相同,最大降水月份均出现在 6 月,最低降水月份出现在 10 月。贵溪站 8 月份的降水量高于其他两站。除此之外,各站点的月均降水量在年内时间分布上的差异并不明显。

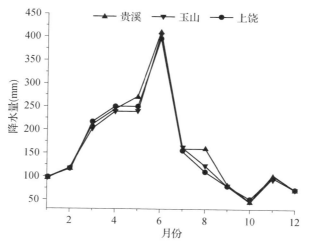

图 3.3　信江流域降水量年内分布情况

（2）不均匀性

根据前文（公式 3.17）不均匀系数计算公式,得出信江流域年际降水分布不均匀系数,见图 3.4。由图可得,1988 年的流域多年降水量不均匀系数最小,为 0.86,2011 年的不均匀系数最大,为 1.58,这表明流域 1988 年为研究期内降水分布最均匀的一年,在 2011 年的降水分布为研究期内最不均匀的一年,不均匀系数平均值为 1.24。

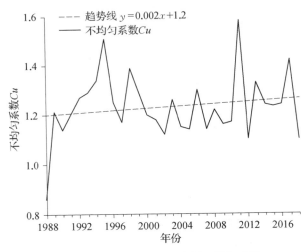

图 3.4　信江流域年内降水量不均匀系数

3.2.2.2　降水年际变化特征

（1）趋势变化

由图 3.5(4)可知,信江流域的年均降水量在 31 年研究期内呈现下降趋势,流域最大降水量高达 2 621.7 mm(1997 年),最小降水量为 1 287.97 mm(1996 年)。贵溪、上饶、玉山各气象站多年最大降水量分别为 2 761.2 mm(1998 年)、2 761.2 mm(2010年)、2 612 mm(2015 年);多年最小降水量分别为 1 347.6 mm(1996 年)、1 398.7 mm(2013 年)、1 227.7 mm(1996 年)。经计算得出各气象站与全流域多年降水量的极值比(最大降水量/最小降水量),分别为贵溪 2.05、上饶 2.15、玉山2.13、全流域 2.02,可得上饶站的最大年均降水量与最小年均降水量相差最大。

建立线性回归方程,并绘制趋势线,如图 3.5(虚线)所示。由此可得,只有贵溪站的多年平均降水量呈微弱增大趋势,上饶、玉山二站以及全流域的多年平均降水量均出现下降趋势,其中上饶站下降趋势最明显。

（2）趋势变化检验及其突变检验

M-K(Mann-Kenddall)突变趋势检验分析方法,可以对降水量的年际变化进行定性分析,利用该方法分别对贵溪、上饶、玉山以及全流域的 1988—2018 年 31 年的年均降水量进行突变分析检验。将原始数据加载到 MATLAB 软件,运行 Mann-Kenddall代码,分别得到各气象站以及流域的 M-K 检验统计量 Z,分别为 0.02(贵溪)、-0.89

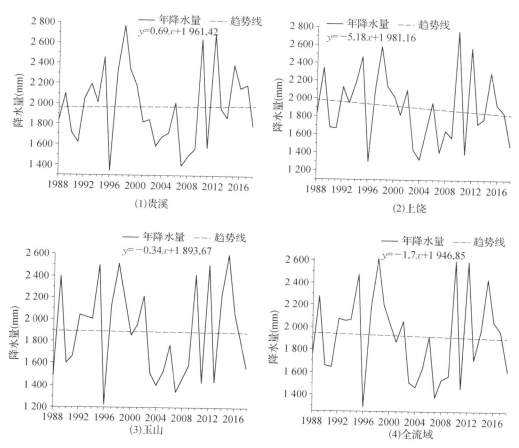

图 3.5　信江流域降水量年际变化图

（上饶）、−0.06（玉山）、−0.47（全流域）。由此可得贵溪站的多年降水量统计值 Z 为正值，且 |Z|＜1.28，未能通过显著性检验，因此贵溪站 1988—2018 年的多年平均降水量呈不显著的上升趋势；同理可得，上饶、玉山二站及全流域的多年平均降水量均未能通过显著性检验，即三者的多年平均降水量都呈不显著的下降趋势。与线性趋势分析方法得出的结论相同，结果相对可靠。

对多年平均降水量进行 M-K 突变检验，在 MATLAB 中运行 Mann-Kenddall 代码并画出突变示意图，如图 3.6 所示，由前文（3.1.2 节）可知突变点是通过 UF 统计量与 UB 统计量在显著水平区域内的交点及交点所对应的时间来确定的。因此，由图 3.6（1～4）可以看出，各个站点及全流域均出现 3 到 5 个数量不等的交点，其中 2001

年、2011年、2014年出现较为频繁。但值得注意的是，并不是所有的交点均为突变点，在确定突变点之前，还需要去除交点中的杂点。这里取子序列长度为5，显著性水平为0.05，对显著性水平范围内的交点进行滑动 T 检验，以去除杂点。在 MATLAB 中运行滑动 T 检验代码，选定自由度为8（根据公式3.13算得），根据自由度查询滑动 T 检验临界值表，可得出当自由度为8、显著性水平为0.05时，T 值为2.306。以此来进一步确定突变点，运行滑动 T 检验代码，绘制如图3.7所示折线图，由图3.7可以看出并没有点出现在0.05显著水平边界外，因此流域内并未出现变异点。最终确定信江流域内多年平均降水量没有发生明显的突变。

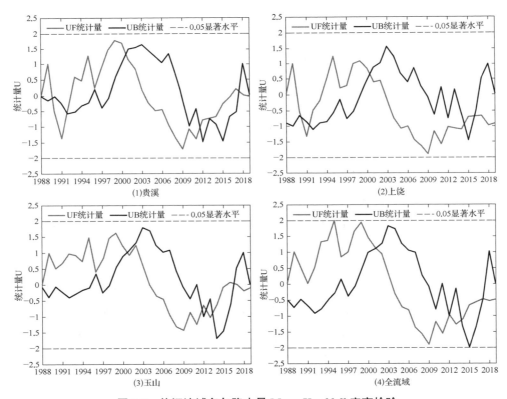

图 3.6　信江流域多年降水量 Mann-Kenddall 突变检验

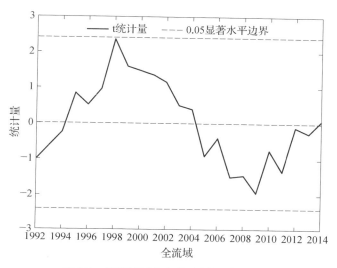

图 3.7　信江流域多年降水量滑动 T 检验

（3）周期分析

对信江流域的多年降水量进行小波分析，在 MATLAB 中运行 Waveiet Analyzer 小波包，选择 Signal Extension，选择两边对称扩展，得出扩展后的 64 组数据后，打开小波包界面选择 Complex Continuous Wavelet 1-D，加载扩展后的数据，选择小波函数 cmor 进行分析，由于获得的时间序列有限，这里取最大周期 15，计算得出小波系数 64 组数据，将数据导出至 Excel，并分别删除前后对称扩展的 16 组数据（原始数据 32 组与扩展后的数据 64 组做差，前后对称扩展，因此直接前后对半删除），改步主要是为了消除数据扩展后产生的边界效应。利用 IMREAL 函数，计算出小波系数的实部。将得到的数据按照年份—序列频率—实部排成 3 列，保存为低版本的工作表，导入 surfer 绘图软件中，软件打开页面如图 3.8 所示，绘制出的信江流域小波分析等值线图见图 3.9。小波实部大于 0 代表丰水期，反之则表示降水偏少的枯水期。在图 3.9 中可以清楚地看到，信江流域降水演化过程中，降水序列表现的时间尺度特征总体上分为三种：13～15 年、7～13 年、3～7 年三种尺度的周期变化，其中 13～15 年尺度上出现四次枯—丰交替震荡；7～13 年时间尺度上存在准五次枯—丰交替震荡；3～7 年尺度的周期变化在 1994—2010 年较为稳定。

图 3.8 surfer 操作界面

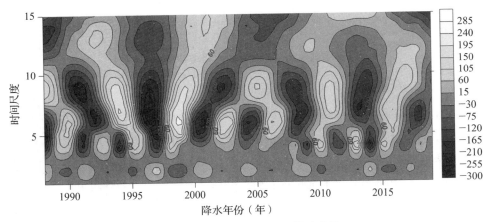

图 3.9 信江流域小波分析等值线图

结合 MATLAB,将扩展后完整的未经计算的数据重新导入 MATLAB,绘制出小波分析的方差图,见图 3.10。由图 3.10 可得,信江流域的小波方差图中存在 3 个明显的峰值,分别是三年、四年、七年的时间尺度,其中,最大峰值出现在七年时间尺度的时候。即说明,在七年左右出现的周期震荡最强,为信江流域多年降水量变化的第一主周期。以此类推,四年、三年时间尺度分别对应信江流域多年降水量变化的第二、三主周期。结合图 3.7,发现第一主周期中分别出现三个丰水年:1990—1994 年、1998—2002 年、2009—2015 年;四个枯水年:1988—1989 年、1995—1997 年、2003 年—2008 年、2016—2019 年。

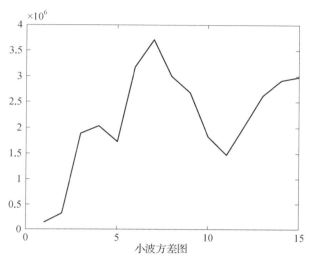

图 3.10　信江流域小波分析方差图

3.2.3　径流时间演变特征分析

3.2.3.1　径流年内变化特征

（1）年内分配

对研究期内信江流域多年径流量按月份进行整理，计算得出梅港水文控制站 1988—2018 年的月平均径流量，并绘制月径流量变化趋势折线图，如图 3.11 所示。由图 3.3 可得梅港站径流量年内分布情况与流域降水量的分布趋势高度一致，均呈两边低、中间高的单峰态势分布。最大月平均径流量出现在 6 月份，高达 1 735.28 m/s；最小月平均径流量则出现在 10 月，仅有 191.27 m/s。极值比为 9.07（最大月平均径流量/最小月平均径流量），且信江流域的枯—丰期对比明显。

（2）不均匀性

由图 3.12 可得，2018 年的流域不均匀系数最小，为 0.52，1998 年的不均匀系数最大，为 1.2，即可得出 2018 年的年径流量在年内分布为整个研究期内最均匀的年份，1998 年的年径流量在年内分布为整个研究期内最不均匀的年份，且在 1988—2018 年间年内径流量分布不均匀性逐渐降低。

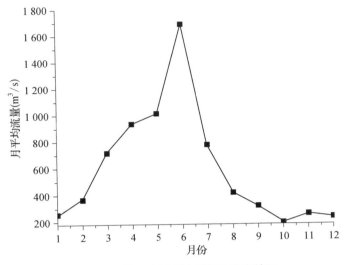

图 3.11　信江流域径流量年内分布情况

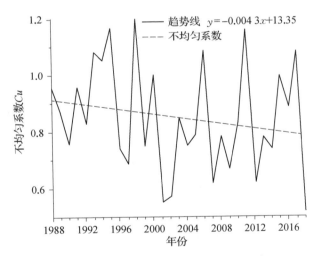

图 3.12　信江流域年内径流量不均匀系数

3.2.3.2　径流年际变化特征

对信江流域梅港控制站的实测径流数据进行整理,建立线性趋势回归方程,并绘制趋势折线图,如图 3.13 所示。由图可知,在 1988—2018 年间信江年际径流量回归系数为－0.57,即年径流量呈下降趋势,结合图 3.5(4),发现流域降水对流域径流有一定影响。流域最大年径流量出现在 1998 年,为 344.4 亿 m^3,这与前文的全流域降水量相吻合。发生在 1998 年的特大洪水,包括长江、嫩江、松花江等流域均受影响,其中江西、湖南、湖北、黑龙江四省受灾最为严重。最小径流量则出现在 2004 年,年径流量为 94.74 亿 m^3,2004 年江西大旱,使得全年降水量较常年减少近 2 成,这也对流域内径流量产生了较大的影响。径流的极端变化情况出现在 1996—1999 年。

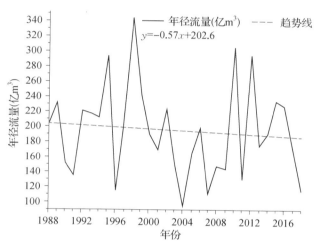

图 3.13　信江流域年际径流量变化趋势

3.2.4　泥沙时间演变特征分析

3.2.4.1　泥沙年内变化特征

（1）年内分配

对研究期内信江流域多年输沙量按月份进行整理,计算得出梅港水文控制站1988—2018 年的月平均输沙量,并绘制月均输沙量变化趋势折线图,如图 3.14 所示。由图 3.14 可得梅港站输沙量年内分布情况与流域降水量（图 3.3）、径流量（图 3.11）的分布趋势保持高度一致,均呈两边低、中间高的单峰态势分布。最大月平均输沙量出现在 6 月份也就是汛期,高达 458.6 万吨。最低月平均输沙量则出现在 10 月枯水期,仅有 51.37 万吨。极值比为 8.93（最大月平均输沙量/最小月平均输沙量）。输沙量普遍较高的几个月份为 3～8 月,数值均高于 100 万吨,而 9～12 月份以及 1～2 月份的输沙量则不足 100 万吨。

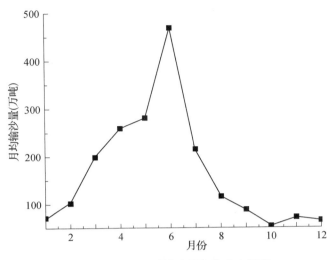

图 3.14　信江流域输沙量年内分布情况

（2）不均匀性

由图 3.15 可得，2018 年流域的年内输沙量不均匀系数最小，为 0.34，1998 年的不均匀系数最大，为 1.05，即可得出 2018 年的年输沙量在年内分布为整个研究期内最均匀的年份，1998 年的年输沙量在年内分布为整个研究期内最不均匀的年份，且在 1988—2018 年间，年内输沙量分布不均匀性逐渐降低，这与年径流量的趋势一致。

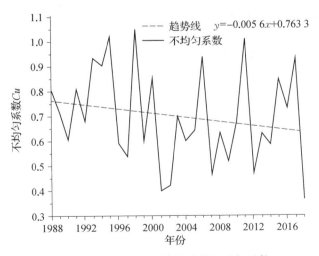

图 3.15　信江流域年内输沙量不均匀系数

3.2.4.2　泥沙年际变化特征

用同样的方法对信江流域梅港控制站的实测输沙数据进行整理,建立线性趋势回归方程,并绘制趋势折线图,如图 3.16 所示。由图可见,在 1988—2018 年间信江流域年输沙量回归系数为 −7.1,即年输沙量呈明显的下降趋势,且变化趋势大致与径流(图 3.13)、降水(图 3.5)保持一致。在 1988—2018 年 31 年研究期内,流域最大输沙量出现在 1998 年,为 362.3 万吨,最小输沙量出现在 2018 年,仅 27 万吨,与前文多年最大(小)降水、多年最大(小)径流出现的时间相吻合,由此可得流域径流和降水等因素对流域输沙产生较大影响。发生在 1998 年的特大洪水,使得流域径流量增大,水流与河岸、河床的接触面积增加,同时还加大了对流域周边地表的冲刷,这些因素都会加大河流对泥沙的裹挟能力,造成河流输沙量的增加,加剧流域内的水土流失。

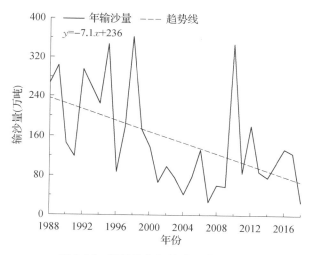

图 3.16　梅港站年际输沙量变化趋势

3.2.4.3　泥沙与降水及径流的相关性分析

为进一步分析降水对径流的影响,分别对 1988—2018 年的降水、径流、泥沙数据进行相关性分析,将包含年份、年均径流量、年均降水量的 31 组原始数据导入 SPSS 软件,工作界面如图 3.17 所示,点击分析,选择相关,选择双变量,进行皮尔逊相关性分析,分别计算出各个气象站点输沙量与降水量、径流量的相关性,见表 3.2。由表3.2可得,信江流域输沙量与径流量、降水量在 0.01 水平上显著相关,且与径流量的相关性更强。

图 3.17　SPSS 工作界面

表 3.2　信江流域降水量与径流量的相关性

	径流量	降水量
皮尔逊相关性	0.81**	0.74**

** 在 0.01 级别（双尾），相关性显著。

3.3　信江流域 SWAT 建模及参数率定

3.3.1　数据来源及处理

3.3.1.1　数据来源

SWAT 模型所需的数据较多，主要分为地理空间数据库、属性数据库两大类（建模的基础数据），其中地理空间数据库主要包括高程数据（DEM）、土地利用数据、土壤类型数据等；属性数据库主要包括气象数据（风向、风速、降水量、气温、气压、日照时数、相对湿度、蒸发量）和水文数据两大类。

空间数据要求地理坐标和投影坐标保持一致，考虑到研究区信江流域位于 116°23′E～118°05′E，28°44′N～28°59′N，因此地理坐标采用 WGS_1984，投影坐标选用 WGS_1984_UTM_Zone_50N。模型数据来源、类型及基本信息见表 3.3。

表 3.3　数据来源及基本信息

数据	格式	数据来源	基本信息
DEM	GRID	地理空间数据云	30 m 分辨率
土地利用数据	TIF	中国科学院国际科学数据服务平台	30 m 分辨率
土壤类型数据	TIF	HWSD 官网	土壤物理属性表
流域水系图	SHP	中国科学院国际科学数据服务平台	全国五级河流矢量图
气象数据	TXT	中国气象数据网	逐日数据
水文数据	TXT	江西省水文局	逐日数据

（1）DEM 数据

DEM 的构建是建立 SWAT 模型的第一步，也是一系列后续建模操作的基础，主要用于生成河网和划分坡度。DEM 数据的分辨率越高，计算结果越准确，但同时计算量也越大，对计算机的要求也越高。因此，在选择 DEM 数据的分辨率时，要结合自己的研究区尺度以及计算机配置。

将在地理空间数据云平台下载的信江流域 DEM 数据（共计 9 幅条带号，分别为 ASTGTM2 _ N27E116、ASTGTM2 _ N27E117、ASTGTM2 _ N27E118、ASTGTM2 _ N28E116、ASTGTM2 _ N28E117、ASTGTM2 _ N28E118、ASTGTM2 _ N29E116、ASTGTM2_N29E117、ASTGTM2_N29E118）导入 ArcGIS 软件中，同时将流域边界 shp 文件导入，运用软件中的 ArcToolbox 中的数据管理工具箱中的栅格数据集对 9 幅 DEM 进行镶嵌，然后选择 Spatial Analyst 工具箱中的提取分析进行掩膜提取，对提取出来的 DEM 数据选用 WGS_1984_UTM_Zone_50N 进行投影转换，得到完整的 DEM 数据，如图 3.18 所示。

（2）流域水系数据

将处理完成的 DEM 数据添加到 ArcGIS 中，在水文分析工具箱中，按照洼地填充→流向分析→流量分析（如果研究区较大，这一步耗时可能比较久）→河网分析（根据研究区河网现状，选择合适的阈值）→河网分级（分级方法选用 strahler）→栅格河网矢量化转化为 shp 文件（不勾选简化折线）进行操作。最后得出完整的信江流域水系图，见图 3.19。

图 3.18 信江流域 DEM 高程图

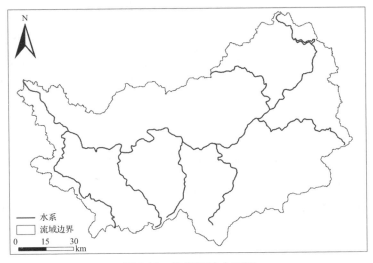

图 3.19 信江流域水系图

3.3.1.2　数据处理

（1）构建气象数据库

建立气象数据库所需要的数据主要有日步长气象数据、总的温度数据、降水数据及天气发生器数据。本章的主要气象站点及地理位置见表 3.4。

表 3.4　信江流域气象站点基本信息

序号	名称	类型	纬度(°)	经度(°)	海拔(0.1 米)	时段	步长
1	余干（梅港）	控制站	28.7	116.68	40.1	2008—2018	日步长
2	贵溪	基本站	28.3	117.23	60.8	2008—2018	日步长
3	上饶	基本站	28.45	117.98	118.2	2008—2018	日步长
4	玉山	基本站	28.68	118.25	116.3	2008—2018	日步长

天气发生器是 SWAT 模型的自有数据库，需要大量的数据支撑，所需主要数据及计算公式见表 3.5。在原始数据缺失的情况下，可以用天气发生器补齐，其中一些较为复杂的参数，用普通的计算方法不仅难以计算而且工作量庞大，因此，大多数情况下均将 Excel 和 Swat Weather 联合使用。Swat Weather 是数字流域实验室扬岩硕士将表 3.5 中各个参数的公式集中在一起建立的一个操作简单的计算程序。其工作界面如图 3.20 所示。

表 3.5　天气发生器参数及计算公式

序号	变量名称（参数）	计算公式	计算方式
1	TMPMX 月平均最高气温（℃）	$\mu m x_{mon} = \sum_{d=1}^{N} T_{mx,mon} / N$	Dew & dew02
2	TMPMN 月平均最低气温（℃）	$\mu m n_{mon} = \sum_{d=1}^{N} T_{mn,mon} / N$	Dew & dew02
3	TMPSTDMX 月日均最高气温标准偏差	$\sigma m n_{mon} = \sqrt{\sum_{d=1}^{N} (T_{mn,mon} - \mu m n_{mon})^2 / (N-1)}$	pcpSTAT
4	TMPSTDMN 月日均最低气温标准偏差	$s m x_{mon} = \sqrt{\sum_{d=1}^{N} (T_{mx,mon} - m m x_{mon})^2 / (N-1)}$	pcpSTAT
5	PCPD 月均降雨天数（d）	$d_{wet,i} = day_{wet,i} / yrs$	Excel
6	PCPMM 月日均降雨量（mm）	$R_{mon} = \sum_{d=1}^{N} R_{day,mon} / yrs$	Excel
7	PCPSKw 月日均降水量偏度系数	$g_{mon} = N \sum_{d=1}^{N} (R_{day,mon} - \bar{R}_{mon})^3 / (N-1)(n-2)\sigma_{mon}^3$	pcpSTAT

续　表

序号	变量名称(参数)	计算公式	计算方式
8	PCPSTD 月日均降水量标准偏差	$\sigma_{mon} = \sqrt{\sum_{d=1}^{N}(R_{day,mom} - \bar{R}_{mon})^2/(N-1)}$	pcpSTAT
9	PR_W1 月内干日日数(d)	$P_i(W/D) = (days_{W/D,i})/(days_{dry,i})$	pcpSTAT
10	PR_W2 月内湿日日数(d)	$P_i(W/W) = (days_{W/W,i})/(days_{wet,i})$	pcpSTAT
11	SOLARAV 月日均太阳辐射量 $(KJ/m^2 - day)$	$\mu raw_{mon} = \sum_{d=1}^{N} H_{day,mon}/N$	pcpSTAT
12	DEWPT 月日均露点温度(℃)	$\mu dew_{mon} = \sum_{d=1}^{N} T_{dew,mon}/N$	Dew & dew02
13	WNDAV 月日均平均风速(m/s)	$\mu wnd_{mon} = \sum_{d=1}^{N} T_{wnd,mon}/N$	pcpSTAT

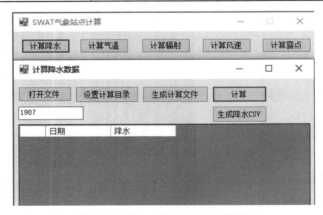

图 3.20　Swat Weather 工作界面

　　值得注意的是,Swat Weather 在计算过程中,需要的数据格式为 TXT 格式,且输入的所有数据中,除相对湿度外,数值均缩小为原来的十分之一。例如降水数据输入单位为 0.1 mm,温度输入单位为 0.1 ℃。露点温度的计算结果为多年月平均统计参数,且露点温度只能进行单站计算;太阳辐射计算结果有两列数据生成,一个是每天的太阳辐射,另一个是多年的统计参数,每天的太阳辐射对应的结果为最后一列 H,太阳辐射可以单站计算也可以同时进行多站(经纬度取中心经纬度)计算;Swat Weather 在处理降水时会选择更小的单位,因此得出的计算结果乘以 10 才是实际降雨量,所以,也可先将降雨量放大 10 倍后再导入软件计算。如果原始数据出现缺失,可以将缺失的数据替换成−99,软件将会自动根据其他特征值进行插补。

（2）构建土壤数据库

构建 SWAT 模型所需的土壤数据主要用于描述土壤的化学性质和物理性质,其中物理性质对水循环起主要作用,是构建土壤数据库的主要目的。

将准备好的土壤类型图加载到 ArcGIS 中,采用 WGS_1984_UMT_Zone_50N 进行投影转换,使土壤类型图、流域水系图、流域 DEM 高程数据图保持坐标一致。由于研究区面积较大,提取的土壤类型栅格图存在较多同类型的土壤,因此,首先对物理性质相同的土壤进行合并和重分类,并且根据 SWAT 的建模需要以及原始数据的现有情况,首先将不同类型的土壤分成两层,上层高 30 cm,下层高 70 cm,到地面高度为 100 cm;其次,对不同类型的土壤进行参数输入,需输入的参数及含义见表3.6。

表 3.6　模型土壤数据库参数表

变量名称	模型含义	注释
TITLE/TEXT	位于.sol 文件的第一行,用于说明文件	
SNAM	土壤名称	
NLAYERS	土壤分层数	
HYDGRP	土壤水文学分组(A、B、C 或 D)	
SOL_ZMX	土壤剖面最大根系深度(mm)	
ANION_EXCL	阴离子交换孔隙度	模型默认值为 0.5
SOL_CRK	土壤最大可压缩量,以所占总土壤体积的分数表示	模型默认值为 0.5,可选
TEXTURE	土壤层结构	
SOL_Z	各土壤层底层到土壤表层的深度(mm)	注意最后一层是前几层深度的总和
SOL_BD	土壤湿密度(mg/m³ 或 g/cm³)	
SOL_AWC	土壤层有效持水量(mm)	
SOL_K	饱和导水率/饱和水力传导系数(mm/h)	
SOL_CBN	土壤层中有机碳含量	一般由有机质含量乘 0.58
CLAY	黏土含量,直径<0.002 mm 的土壤颗粒组成	

续　表

变量名称	模型含义	注释
SILT	壤土含量,直径 0.002～0.05 mm 之间的土壤颗粒组成	
SAND	砂土含量,直径 0.05～2.0 mm 之间的土壤颗粒组成	
ROCK	砾石含量,直径＞2.0 mm 的土壤颗粒组成	
SOL_ALB	地表反射率(湿)	在中国没有相关可用来借鉴的好的经验公式来计算,在此默认为 0.01
USLE_K	USLE 方程中土壤侵蚀力因子	
SOL_EC	土壤电导率(dS/m)	默认为 0,在 HWSD 数据库中,可输入电导率 T_ECE
SOL_CAL(%)	碳酸钙含量	
SOL_PH	酸碱度	

表 3.6 中,除第 19 个参数土壤侵蚀力因子外的其他参数均可用 SPAW 软件结合原始数据计算得到,SPAW 的工作界面如图 3.21 所示。

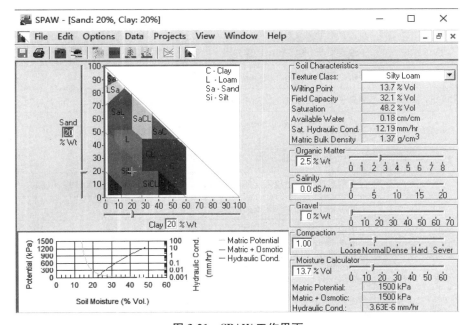

图 3.21　SPAW 工作界面

土壤侵蚀力因子是土壤抵抗水流侵蚀能力的一个综合指标,且两者呈反比例关系,K 越大,抗水流侵蚀能力越小;反之,则抗侵蚀能力越大。该参数无法用 SPAW 直接计算,需要通过 Excel 编写公式计算得出,K 值的计算公式为:

$$K_{USLE} = f_{csand} \times f_{cl\text{-}si} \times f_{orgc} \times f_{hisand} \tag{3.18}$$

其中,K 为土壤侵蚀力因子;f_{csand} 为粗沙土质的土壤侵蚀力因子;$f_{cl\text{-}si}$ 为黏壤土的土壤侵蚀力因子;f_{orgc} 为土壤有机质因子;f_{hisand} 为高沙土质土壤侵蚀力因子。

以上多个土壤侵蚀力因子的计算公式如下:

$$f_{csand} = 0.2 + 0.3 e^{\left[-0.256 \cdot sd \left(1 - \frac{si}{100}\right)\right]} \tag{3.19}$$

$$f_{cl\text{-}si} = \left(\frac{si}{si + cl}\right)^{0.3} \tag{3.20}$$

$$f_{orgc} = 1 - \frac{0.25c}{c + e^{(3.72 - 2.95c)}} \tag{3.21}$$

$$f_{hisand} = 1 - \frac{0.7\left(1 - \frac{sd}{100}\right)}{\left(1 - \frac{sd}{100}\right) + e^{\left[-5.51 + 22.9\left(1 - \frac{sd}{100}\right)\right]}} \tag{3.22}$$

其中,sd 为沙砾含量百分比;si 为粉粒含量百分比;cl 为黏粒含量百分比;c 为有机碳含量百分比。

土壤水文分组(A,B,C,D)由美国国家自然资源保护局(NRCS)以土壤的渗透特性为依据得出。将在相近的降水及覆盖条件下具有相近产流能力的土壤归类为一个水文分组。其具体分类方式见表 3.7,分级标准见表 3.8。

表 3.7　水文组不同分类的定义

土壤水文分组	土壤水文性质
A	1. 在完全湿润的条件下仍然具有高渗透率的土壤 2. 这类土壤主要由深厚的排水良好的砂或砾石组成 3. 输水能力高(产流力低)
B	1. 在完全湿润的条件下具有中等渗透率的土壤 2. 这类土壤主要由中等深厚到深厚、中等良好到良好排水的土壤组成,质地为中细到中粗 3. 输水能力属于中等

土壤水文分组	土壤水文性质
C	1. 在完全湿润的条件下具有低渗透率的土壤 2. 这类土壤大多有一个阻碍水流向下运动的层,质地为中细到细,下渗率慢 3. 输水能力低(产流力高)
D	1. 在完全湿润的条件下具有很低渗透率的土壤 2. 这类土壤主要由黏土组成,有很高的膨胀能力,有一个永久的高水位,有黏土底盘或黏土底层接近地表,浅层土壤覆盖在不透水物质上 3. 输水能力很低

表 3.8　土壤水文组分级标准

土壤水文组	稳定下渗率(mm/hr)	表层以下到 1 m 深的平均渗透率(mm/hr)	收缩—膨胀能力	基岩、粘合盘深度(mm)
A	7.6~11.4	>254.0	低	>1 016
B	3.8~7.6	84.0~254.0	低	>508
C	1.3~3.8	8.4~84.0	中等	>508
D	0~1.3	≤8.4	高,很高	<508

在 Spatial Analyst 工具箱中利用重分类工具,将物理性质相似的同一种土壤进行重分类,查阅土壤类型代码表,建立信江流域土壤类型索引表,如表 3.9 所示。

表 3.9　信江流域土壤类型索引表

序号	土壤类型	Name
1	高活性淋溶土	LUVISOLS
2	火山灰土	ANDOSOLS
3	雏形土	CAMBISOLS
4	薄层土	LEPTOSOLS
5	疏松岩性土	REGOSOLS
6	冲积土	FLUVISOLS
7	潜育土	GLEYSOLS
8	人为土	ANTHROSOLS
9	低活性强酸土	ACRISOLS
10	高活性强酸土	ALISOLS
11	水体	WATER

将表 3.9 连接到土壤类型图中,按照 Name 字段显示,得出完整的信江流域土壤

类型图，见图 3.22。

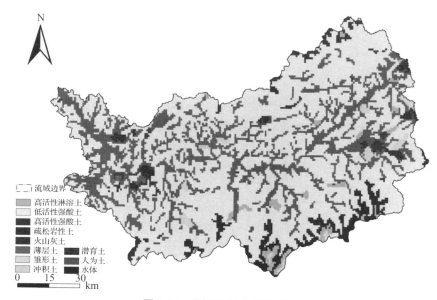

图 3.22　信江流域土壤类型图

3.3.2　SWAT 模型创建

SWAT 模型相对其他模型较为复杂，主要是由于构建该模型需要庞大的数据支撑，具体的模型构建技术路线如图 3.23 所示。

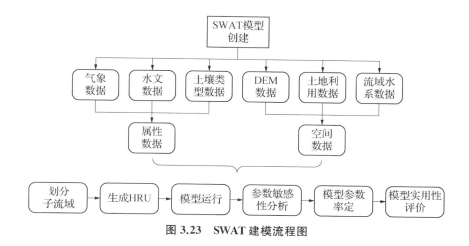

图 3.23　SWAT 建模流程图

确保收集到的建模相关数据的保存路径为纯英文,并且放在同一目录下,将构建好的气象数据库和土壤类型数据库复制到 ArcSWAT 的安装路径数据库下,便于重复使用。

(1)子流域划分

本章所建立的模型是基于 ArcGIS 10.2 版本的 SWAT 2012。在划分子流域时,首先新建一个 swat 工程,新建的 swat 工程会自动引用之前建立的土壤属性数据库,这里不需要再次建立属性数据库。子流域划分的流程见图 3.24。

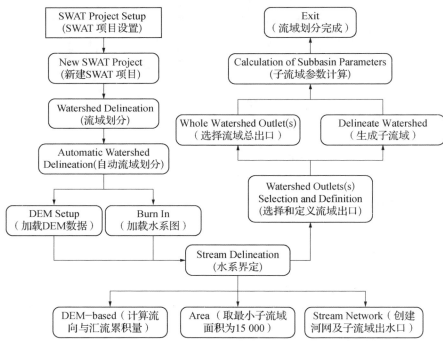

图 3.24　子流域划分流程图

关于子流域最小面积阈值的确定,要根据研究区的实际面积大小,结合 SWAT 计算出的面积范围进行确定。阈值过大会导致河网过细,子流域的数量减少,造成模型精度降低;阈值过小则会使得河网密度降低,子流域数量增加,脱离研究区实际情况,同时也会增大模型的运行负担。因此,结合信江流域的实际情况,本书选择最小子流域面积为 15 000 hm²,划分出的子流域为 55 个。详细的信江子流域划分见图 3.25。

图 3.25 信江子流域划分图

（2）水文响应单元划分

水文响应单元（HRU）是 SWAT 模型用来计算最小集水单元的模块，在已经划分完成的子流域的基础上，进一步计算得出各个子流域的 HRU。具有相同地类、植被、土壤类型和坡度的土地具有同样的水文特征。SWAT 模型对 HRU 的划分提供了四种方法：优势土被法、优势 HRU 法、目标 HRU 个数法、多种 HRU 法。

本书采用第四种方法对信江流域进行 HRU 划分，将子流域中的各数据进行组合，当某类面积较小时，对模拟精度不会产生较大影响，因此需要设置合适的阈值进行规范，大于设定阈值的数据则作为计算数据。结合研究区的实际情况，将每个子流域划分成两个 HRU，为土地利用类型、土壤类型及坡度分别设置阈值 20%、10%、20%，其中低于相应类型阈值的数据，则会被拆分重组到其他类型中。HRU 具体的划分流程见图 3.26。

（3）模型的运行

将之前准备好的气象数据按照 SWAT 模型所需的格式导入 SWAT 安装目录数据库中的 WGEN-user（用户气象数据）表格中，按照表格格式依次输入所需数据并保存。之后在打开运行的 SWAT 模型工具栏中点击选择 WGEN_user，即可完成气象数据的导入。

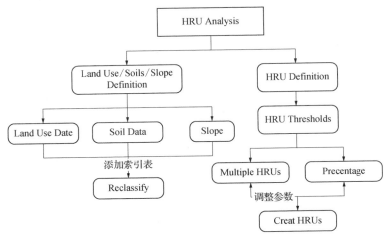

图 3.26   HRU 划分流程图

所有数据均导入完成之后,即可开始运行模型。由于数据有限,将模型的预热期设置为 1 年,选择模型的模拟时间为 2009—2018 年,选定模型的输出步长为月步长,开始运行。具体的运行流程见图 3.27。

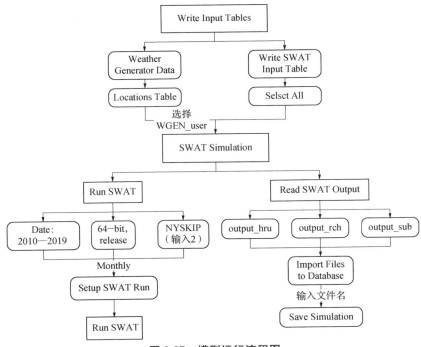

图 3.27   模型运行流程图

3.3.3　模型参数率定及验证

3.3.3.1　参数敏感性分析

为保证模型运行的精度,模型运行结束后还需要进行参数的敏感性分析,并对敏感参数进行率定及验证,使模型通过适用性评价。由于 SWAT 模型的参数众多,且不同的参数针对不同的模块产生的影响也大小不一,因此为避免不必要的重复运算和减轻计算机负荷,本部分针对径流率定选择对应的 14 个参数,参数赋值方式及其含义见表 3.10。赋值方式中 R 表示乘以模型中对应的参数,V 表示替换对应参数。

表 3.10　径流率定参数

序号	参数	含义	赋值方式	初始范围
1	SOL_AWC()	土壤有效含水量	R	$-0.5 \sim 0.5$
2	ALPHA_BNK	河岸蓄水基流 a 因子	V	$0 \sim 1$
3	CN2	SCS 径流曲线数	R	$0 \sim 0.2$
4	GW_DELAY	地下水的时间延迟	V	$0 \sim 500$
5	CH_K2	主河道冲积物的有效渗透系数	V	$-0.01 \sim 500$
6	CH_N2	主河道的曼宁系数	V	$-0.01 \sim 0.3$
7	GW_REVAP	地下水的 revap 系数	R	$-0.5 \sim 0.5$
8	ESCO	土壤蒸发补偿因子	V	$0 \sim 1$
9	CANMX	最大冠层截留量	R	$-0.5 \sim 0.5$
10	GWQMN	保证回流产生的浅蓄水层的极限深度	V	$-0.5 \sim 0.5$
11	SPCON	河道泥沙演算中计算新增的最 大泥沙量的线性参数	V	$0.000\,1 \sim 0.01$
12	SPEXP	河道泥沙演算中计算新增的最 大泥沙量的指数参数	R	$1 \sim 1.5$
13	USLE_P	USLE 中治理措施因子	R	$-0.5 \sim 0.5$
14	SOL_K()	土壤饱和导水率	R	$-0.5 \sim 0.5$

本部分借助 SWAT_CUP 中的 SUFI-2 算法对模型进行敏感性分析,设置模型预

热期为一年,验证期为 2009—2018 年。输入准备好的验证期径流数据,选择月尺度进行模拟。

以信江下游梅港水文控制站作为率定流域,流域编号为 10 号。对研究区进行参数敏感性分析,分析结果及参数最终值见表 3.11。其中区域内对径流最敏感的参数分别为河岸蓄水基流 a 因子 ALPHA_BNK 以及 SCS 径流曲线数 CN2,其中 CN2 直接决定了流域径流量,CN2 越大,径流量也越大。

表 3.11　敏感参数统计表

序号	参数	最终值
1	CANMX	−0.37
2	SOL_AWC()	0.98
3	GWQMN	0.17
4	GW_DELAY	271.50
5	GW_REVAP	−0.38
6	CH_N2	439.50
7	ESCO	0.13
8	CH_K2	0.95
9	CN2	0.30
10	ALPHA_BNK	0.18
11	SPCON	0.002
12	SPEXP	1.28
13	USLE_P	0.46
14	SOL_K()	0.1

3.3.3.2　模型适用性评价标准

SUFI-2 算法考虑了模型所有的不确定性来源,如驱动变量(空间、气象数据)、模型参数、实测数据等。这些不确定性均可通过 P-factor 值来衡量,包括在 95% 预测不确定性内的实测数据占比(95PPU)。另一种衡量不确定性的系数为 R-factor,利用 95PPU 条带的平均厚度除以实测数据标准差可得。当 P-factor 值为 1 和 R-factor 为 0 时,认为模拟数据和实测数据完全吻合。因此,当 P-factor 和 R-factor 取得相对最佳值时,参数通过不确定性检验,这里用模拟值与实测值的相对误差

(Re)、决定系数(R^2)以及纳什系数(E_{NS})进一步量化拟合度。各个系数的计算公式如下:

$$Re = \frac{\sum\limits_{i=1}^{n}(Q_p - Q_0)}{\sum\limits_{i=1}^{n} Q_0} \times 100\% \qquad (3.23)$$

$$R^2 = \frac{\left[\sum\limits_{i=1}^{n}(Q_0 - \overline{Q}_0)(Q_p - \overline{Q}_p)\right]^2}{\sum\limits_{i=1}^{n}(Q_0 - \overline{Q}_0)^2 \sum\limits_{i=1}^{n}(Q_p - \overline{Q}_p)} \qquad (3.24)$$

$$E_{NS} = 1 - \frac{\sum\limits_{i=1}^{n}(Q_0 - Q_p)^2}{\sum\limits_{i=1}^{n}(Q_0 - \overline{Q}_0)^2} \qquad (3.25)$$

其中,Q_p 为模拟值;Q_0 为实测值;$\overline{Q}_p$ 为多年平均模拟值;$\overline{Q}_0$ 为多年平均实测值;n 为实测数据的个数。若 $Re > 0$,表示该模型模拟值偏大;反之则偏小;$Re = 0$,表示该模型模拟值等于实测值。R^2 越接近于1,表示该模型实测数据与模拟数据吻合度越高。E_{NS} 越接近于1,表示模拟状态越好;如果 $E_{NS} < 0$,则表示模型模拟精度较低,实际数据平均值更可靠。普遍认为,当一个模型满足$|Re| < 20\%$、$R^2 > 0.6$、$E_{NS} > 0.5$时,该模型通过适用性评价,适用于相关流域。

3.3.3.3　径流率定与验证

将通过敏感性分析的最优参数带入 SWAT 中进行修改,并重新运行 SWAT 模型,分别模拟率定期(2009—2013 年)和验证期(2014—2018 年)的月平均径流量,并与各时段实测值进行比较,率定期、验证期的实测数据与模拟数据的线性分析散点图、流量对比曲线分别见图 3.28、3.29。

由表 3.12 可知梅港水文控制站率定期和验证期的相对误差(Re)均小于 20%,决定系数(R^2)以及纳什系数(E_{NS})均在 0~1 之间,更接近 1,证明该模型满足精度要求,适用于信江流域。

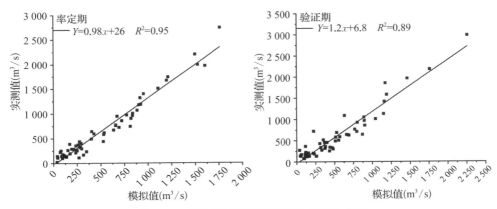

图 3.28　梅港控制站径流量线性分析散点图

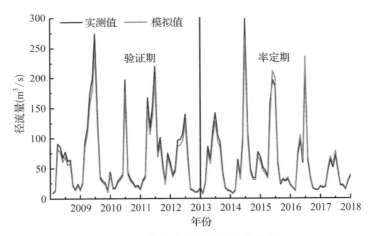

图 3.29　梅港控制站径流拟合曲线

表 3.12　径流量模拟结果

站点	时段	Re	R^2	E_{NS}
梅港站	率定期（2009—2013 年）	15.1%	0.95	0.83
	验证期（2014—2018 年）	18.40%	0.89	0.8

3.3.3.4　泥沙率定与验证

分别模拟率定期（2009—2013 年）和验证期（2014—2018 年）的月平均输沙量，并与各时段实测值进行比较，绘制率定期、验证期（率定期和验证期的年份一般平均分配，当精度达不到时，率定期年份可适当多于验证期）的实测数据与模拟数据的线性分析散点图、流量对比曲线，见图 3.30、3.31。

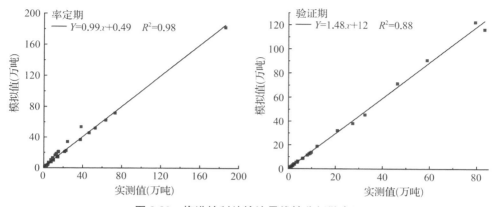

图 3.30 梅港控制站输沙量线性分析散点图

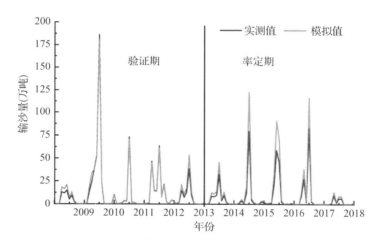

图 3.31 梅港控制站输沙量拟合曲线

由表 3.13 可知梅港水文控制站率定期和验证期的相对误差(Re)均小于 20%,决定系数(R^2)以及纳什系数(E_{NS})均在 $0\sim1$ 之间,更接近 1,证明该模型满足精度要求,适用于信江流域。

表 3.13 输沙量模拟结果

站点	时段	Re	R^2	E_{NS}
梅港站	率定期(2009—2013 年)	12.1%	0.98	0.79
	验证期(2014—2018 年)	18.40%	0.88	0.72

3.4　信江流域土地利用变化对流域水沙的影响分析

3.4.1　土地利用变化分析

3.4.1.1　土地利用数量变化分析

信江流域 1988—2018 年的土地利用类型如图 3.32 所示。

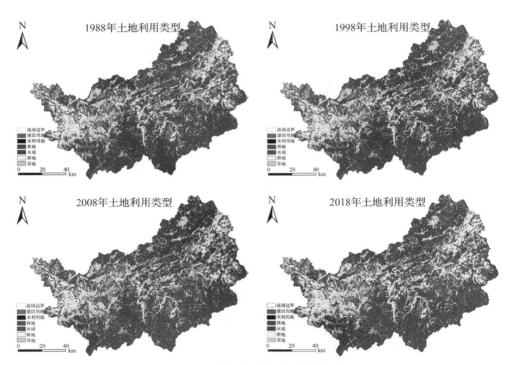

图 3.32　信江流域土地利用类型图

借助 ArcGIS 平台将收集到的栅格数据进行处理。首先,选用转换工具箱将栅格数据转换为面数据,注意要勾选简化面;其次,利用数据管理工具箱中的制图综合工具选择融合,将相同字段的地类融合成一类;最后,利用分析工具箱中的叠加分析选择相交工具。在数据属性表中为处理完毕的数据添加面积字段,选用 WGS_1984_UTM_Zone_50N 坐标系,计算发生变化的土地利用类型面积。将 1988、1998、2008、2018 年的土地利用数据属性表转出为 excel 表格,整理得出各个时期的地类面积数量及其变化量,见表 3.14。

表 3.14　信江流域 1988—2018 年土地利用变化表

单位:km²

地类	面积				变化量			
	1988 年	1998 年	2008 年	2018 年	1988— 1998	1998— 2008	2008— 2018	1988— 2018
耕地	3 648.752	3 538.340	3 623.083	3 647.136	−110.412	84.743	24.053	−1.616
林地	8 580.337	8 528.725	8 583.334	8 579.555	−51.612	54.609	−3.779	−0.782
草地	477.454	450.340	469.221	477.705	−27.114	18.881	8.484	0.251
水域	244.768	277.395	255.210	245.103	32.627	−22.185	−10.107	0.335
建设用地	173.387	333.915	197.220	175.192	160.528	−136.695	−22.028	1.805
未利用地	1.626	1.084	1.729	1.631	−0.542	0.645	−0.098	0.005

从表 3.14 及图 3.32 均可看出,研究区四个时期内的土地利用现状主要以林地和耕地为主,林地分别占流域总面积的 65.37%、64.97%、65.39%、65.36%,耕地分别占总面积的 27.80%、26.96%、27.60%、27.78%。从各用地类型的变化量看,在研究期的前 21 年内,耕地、草地和林地均呈先减后增趋势,建设用地和水域的变化趋势则与之相反。1988—1998 年,耕地、林地、草地分别减少 110.412 km²、51.612 km²、27.114 km²,建设用地和水域分别增加 160.528 km²、32.627 km²,耕地面积减少量占1988 年总耕地面积的 3.03%,建设用地变化量最大,占 1988 年总建设用地的48.07%,该段时期森林覆盖率为 65.37%。1998—2008 年内建设用地变化量占比最大,增加了 92.58%,其次为水域,增加了 13.33%;降幅最大的为未利用地,达到了37.34%。2008—2018 年间建设用地变化幅度最大,减少量占 2008 年的 40.94%,增幅最大的为草地,为 4.19%。总体上看,1988—2018 年研究区内草地、耕地、林地的变化量基本不大,分别占 1988 年各地类总量的 0.05%、−0.04%、−0.01%;水域、未利用地、建设用地变化量相对较大,分别占 1988 年各地类总量的 0.14%、0.31%、1.04%,其中林地的减少量最小(0.782 km²)、建设用地的增加量最大(1.805 km²)。究其原因,可能是近年城镇化进程加快导致建设用地面积变动幅度大,退耕政策同样对耕地和林地的变化有一定的影响,但是信江流域的森林覆盖率在近 31 年内均保持在 65%左右。

3.4.1.2　单一土地利用类型动态分析

某一确定的时期内,单一土地利用类型的变化速率可以用单一土地利用动态度来衡量。动态度的计算公式如下所示：

$$K = \frac{S_a - S_b}{S_a} \times \frac{1}{T} \times 100\% \tag{3.26}$$

其中，K 为研究期内某一地类的单一土地利用动态度；S_a 为研究期内 a 时刻某种地类面积(km^2)；S_b 为研究期内 b 时刻某种地类面积(km^2)；T 为研究期时长。$K>0$，表示流域内该类型的土地面积处于增长状态；$K=0$，表示流域内该类型土地的面积不发生变化；$K<0$，表示该类型土地面积处于减少状态。利用公式 3.26 计算得出三期各地类的单一土地利用动态度，如表 3.15 所示。

表 3.15　土地利用动态度

地类	1988—1998 年		1998—2008 年		2008—2018 年		1988—2018 年	
	变化量 (km^2)	$K(\%)$	变化量 (km^2)	$K(\%)$	变化量 (km^2)	$K(\%)$	变化量 (km^2)	$K(\%)$
耕地	−110.412	−0.28	84.743	0.22	24.053	0.06	−1.616	0
林地	−51.612	−0.05	54.609	0.06	−3.779	0	−0.782	0
草地	−27.114	−0.52	18.882	0.38	8.484	0.16	0.251	0
水域	32.627	1.21	−22.185	−0.73	−10.107	−0.36	0.335	0.01
建设用地	160.528	8.42	−136.694	−3.72	−22.028	−1.02	1.805	0.09
未利用地	−0.542	−3.03	0.646	5.42	−0.098	−0.52	0.006	0.03

由表 3.15 可得，1988—1998 年，建设用地的面积变化最大，动态度为 8.42%，面积增加 160.528 km^2；其次为未利用地，动态度为 −3.03%，面积减少 0.542 km^2。1998—2008 年，未利用地的面积变化最大，动态度为 5.42%，面积增加 0.646 km^2；其次为建设用地，动态度为 −3.72%，面积减少 136.694 km^2。2008—2018 年，面积变化量最大的为建设用地，动态度为 −1.02%，面积减少量为 22.028 km^2；其次为未利用地，动态度为 −0.52%，面积减少量为 0.098 km^2。且耕地、林地、草地三个地类的变化趋势相同，均呈减—增—增的趋势变化；水域和建设用地两类呈增—减—减的趋势变化；未利用地则呈减—增交替变化趋势。从不同的时间段上看，1988—1998 年，建设用地和水域增加最多，可能是因为地方政府对城镇化的积极响应，以及 1998 年的特大洪水导致鄱阳湖的水位上涨、河岸淹没。1998—2008 年，未利用地增加量最大，推测是因为洪水回落，河床和河岸裸露。2008—2018

年,各个地类的动态度变化都不大,其中变化最大的是建设用地,动态度为-1.02%。

从整体上看,1988—2018 年 31 年研究期内,K 值变化不大,地类面积波动速率较小。信江流域土地利用动态度变化如图 3.33 所示:

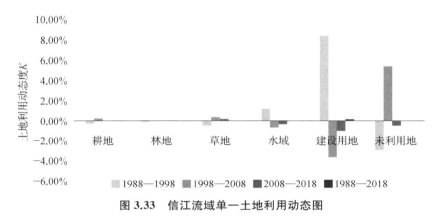

图 3.33　信江流域单一土地利用动态图

3.4.1.3　土地利用转移矩阵

流域面积保持不变,对地类面积变化和动态度的分析仅能得出单一的土地利用类型变化特征,而土地利用转移矩阵则可以对同时期内不同地类之间的互相转化进行动态分析,可以更加直观地看出各个地类的转入和转出面积对比。土地转移矩阵表达式为:

$$S_{ij} = \begin{bmatrix} S_{11} & S_{12} & \cdots & S_{13} \\ S_{21} & S_{22} & \cdots & S_{23} \\ \cdots & \cdots & \cdots & \cdots \\ S_{n1} & S_{n2} & \cdots & S_{nn} \end{bmatrix} \tag{3.27}$$

其中,S_{ij} 为第 i 种地类转化为第 j 种地类的面积数(km^2);n 为地类总数。

在图 3.32 所示栅格数据的基础上,打开属性表,添加面积字段,选择几何计算,计算出转移地类的面积,将属性表导出为 Excel 表格,制作成数据透视表,即可得出1988—1998 年、1998—2008 年、2008—2018 年以及研究期 1988—2018 年全 31 年的土地利用类型转移矩阵,分别见表 3.16、3.17、3.18、3.19。

表 3.16　1988—1998 年土地利用转移矩阵

单位:km²

		1988 年转出						1988 年总计
		草地	耕地	建设用地	林地	水域	未利用地	
1998 年转入	草地		1.056	0.004	1.255	0.067	0	2.382
	耕地	1.157		0.065	5.791	7.085	0	14.098
	建设用地	1.217	14.715		5.68	0.502	0	22.114
	林地	8.394	12.645	0.015		0.085	0	21.139
	水域	0.291	10.032	0.008	7.494		0	17.825
	未利用地	0	0	0	0.098	0		0.098
1998 年总计		11.059	38.448	0.092	20.318	7.739	0	77.656

结合表 3.14 和表 3.16 可得,1988 年地类转出轨迹为:草地主要转为林地、建设用地和耕地,转出面积分别为 8.394 km²、1.157 km²、1.215 km²,分别占 1988 年草地总面积的 1.79%、0.25%、0.26%;耕地主要转出为建设用地、林地和水域,分别占 1988 年耕地总面积的 0.41%、0.35%、0.28%;建设用地转化量非常少,最大转化量为 0.065 km²,转化成耕地;林地主要转化为水域、建设用地和耕地,分别占 1988 年林地总面积的 0.09%、0.07%、0.07%;水域主要转化为耕地,占当年水域面积总量的 2.78%;未利用地没有发生转出,且在这期间只有林地转入 0.098 km²。

总体上看:耕地转出面积最多为 38.45 km²,其次为林地转出 20.32 km²,因此转入地类的面积主要来源于耕地和林地;其中未利用地没有转出。

表 3.17　1998—2008 年土地利用转移矩阵

单位:km²

		1998 年转出						1998 年总计
		草地	耕地	建设用地	林地	水域	未利用地	
2008 年转入	草地		2.515	0.340	5.085	1.38	0	9.320
	耕地	3.123		6.765	36.358	8.464	0.337	55.047
	建设用地	10.866	78.86		54.96	2.462	0.354	147.502
	林地	12.340	32.179	1.838		2.280	0.005	48.642
	水域	1.872	26.234	1.865	6.712		0.088	36.771
	未利用地	0	0.004	0	0.136	0		0.14
2008 年总计		28.201	139.792	10.808	103.251	14.586	0.784	297.422

结合表 3.14 和表 3.17 可得,1998 年各地类转出轨迹为:草地主要转为林地和建

设用地,转出面积分别占当年草地总面积的 2.74% 和 2.41%,没有向未利用地转化;耕地与上期转出路径基本一致,主要转为建设用地、林地和水域,分别占当年耕地总面积的 2.23%、0.91%、0.74%;建设用地主要转出为耕地,占当年建设用地面积总量的 2.03%,没有向未利用地转化;林地主要转为建设用地和耕地,非别占当年林地面积总量的 0.64%、0.43%,其中有 0.136 km² 转为未利用地;水域主要转出为耕地,占当年水域面积总量的 3.05%,且没有向未利用地转化;未利用地主要转出为耕地和建设用地,转出面积大致相同,占比均为 32%,且没有向草地转化。

总体上看:耕地转出面积最多为 139.78 km²,其次为林地转出 103.252 km²,因此,同上期一样,转入地类的面积主要来源于耕地和林地。

表 3.18　2008—2018 年土地利用转移矩阵

单位:km²

		2008 年转出						2008 年总计
		草地	耕地	建设用地	林地	水域	未利用地	
2018 年转入	草地		8.719	12.225	25.561	2.511	0	49.016
	耕地	9.138		97.442	100.851	36.818	0.006	244.255
	建设用地	0.310	10.067		2.247	1.320	0	13.944
	林地	11.63	97.507	61.195		17.443	0.258	188.033
	水域	0.614	16.928	3.247	4.785		0	25.574
	未利用地	0	0.337	0.349	0.031	0.089		0.806
2018 年总计		21.692	133.558	174.458	133.475	58.181	0.264	521.628

结合表 3.14 和表 3.18 可得,2008 年各地类转出轨迹为:草地主要转为林地、耕地,分别占当年草地总面积的 2.44%、1.91%,没有向未利用地转化;耕地与前两期转出路径保持一致,主要转为建设用地、林地和水域,分别占当年耕地总面积的 0.28%、2.67%、0.46%;建设用地主要转出为耕地及林地,占当年建设用地面积总量的56.2%、36.9%,有 0.349 km² 转移为未利用地;林地主要转为草地和耕地,分别占当年林地面积总量的 0.3%、1.18%,其中有 0.031 km² 转为未利用地;水域主要转出为耕地和林地,占当年水域面积总量的 15.04%、7.13%,其中有 0.089 km² 转为未利用地;未利用地主要转出为林地及耕地,占比为 23.80%、0.55%,且没有向草地、建设用地、水域转化。

总体上看:建筑用地转出面积最多为 174.46 km²,其次为林地和耕地分别转出 133.47 km²、133.56 km²,因此,转入地类的面积主要来源于耕地和林地和建筑用地。

表 3.19 1988—2018 年土地利用转移矩阵

单位：km²

		2008 年转出						1988 年总计
		草地	耕地	建设用地	林地	水域	未利用地	
2018 年转入	草地		6.071	0.272	6.797	0.56	0	13.700
	耕地	6.222		7.641	71.615	4.792	0.014	90.284
	建设用地	0.229	6.15		1.331	0.268	0.003	7.981
	林地	6.963	71.721	1.547		4.179	0.036	84.446
	水域	0.537	4.715	0.323	3.887		0.007	9.469
	未利用地	0	0.012	0.003	0.034	0.005		0.054
1998 年总计		13.951	88.669	9.786	83.664	9.804	0.060	205.934

由表 3.19 可得，草地、建筑用地、未利用地的转出面积均很少；耕地和林地互相转换 71 km²；水域分别相耕地和林地各转出 4 km²；且草地和未利用地没有互相转换。

总体上看，转出面积最多的地类发你别为耕地和林地，分别转出 88.67 km²、88.03 km²，且这 31 年间各地类的面积虽有不同程度的波动，但是都保持动态平衡。

3.4.2 土地利用变化对流域水沙的影响

3.4.2.1 土地利用情景设定

土地利用情景是指以现有地类数据为基准，对土地利用类型进行重分类，从而得出不同的土地利用类型的面积分布数据。本部分将土地利用背景设定为退耕还林背景。通过控制模型的气象数据、土壤数据，以及最优模型参数等不变，仅改变土地利用数据，重新运行 SWAT 模型，进而得出不同地类情景下的径流模拟数据，最后比较土地利用类型变化对信江流域径流产生的影响。

针对我国森林生态建设和自然保护提出的退耕还林政策，旨在保护生态环境、减少水土流失。按照国家林业和草原局标准，以坡度为基准将耕地划分为不同坡度的耕地类型：坡度在 0°～5° 的划为平坡耕地；5°～15° 为缓坡耕地；15°～25° 为坡地耕地；25° 以上为陡坡耕地。但信江流域主要以丘陵为主，因此，将流域内坡度在 25° 以上的耕地及坡度在 15° 以上的耕地分别转化为林地。借助 GIS 平台地图代数重分类算法，计算得出各个坡度的耕地面积，以及不同情景下土地利用面积的变化，见表 3.20。设定退耕还林、退耕还草背景下的土地利用情景如下：

情景一(S1)：保持 2018 年的土地利用数据不变，作为基准参照；

情景二(S2):退耕还草,将情景一中 25°以上的耕地转化为草地;

情景三(S3):退耕还草,将情景一中 15°以上的耕地转化为草地;

情景四(S4):退耕还林,将情景一中 25°以上的耕地转化为林地;

情景五(S5):退耕还林,将情景一中 15°以上的耕地转化为林地。

表 3.20　不同情景下土地利用面积变化情况

单位:km²

情景	土地利用类型						总面积
	耕地	林地	草地	水域	建设用地	未利用地	
情景 1(S1)	3 647.17	8 579.56	477.71	245.10	175.19	1.63	
情景 2(S2)	3 647.17−38.07	8 579.56	477.71+38.07	245.10	175.19	1.63	
情景 3(S3)	3 647.17−162.56	8 579.56	477.71+162.56	245.10	175.19	1.63	13 124.73
情景 4(S4)	3 647.17−38.07	8 579.56+38.07	477.71	245.10	175.19	1.63	
情景 5(S5)	3 647.17−162.56	8 579.56+162.56	477.71	245.10	175.19	1.63	

通过 ArcGIS 平台,加载流域 DEM 数据,利用 3D 分析工具进行栅格表面分析,得出流域的坡度数据,见图 3.34。

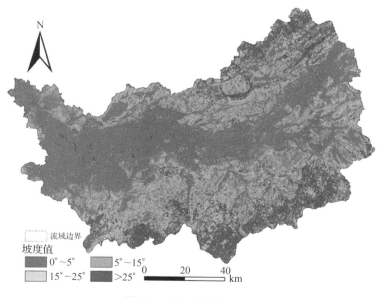

图 3.34　信江流域坡度图

3.4.2.2 退耕还林政策下的径流模拟

（1）径流时间变化

将四种不同地类情景（S2～S5）下的流域径流量和实际地类现状（S1）的年径流量进行比较，绘制如图 3.35 所示点线图。由图 3.35 可得，去除预热期 1 年后的 2009—2018 年四种情景下的年均径流量变化趋势大体一致。但不同情景下的径流变化还是有一定差距，且情景 S2～S5 的年均径流量均小于 S1。由此可得，退耕还林和退耕还草政策对改善流域水土流失有帮助，其中可能因为信江流域地势（图 3.1）相对平坦，耕地大部分集中在 0°～15°之间，坡度在 25°以上的耕地面积仅有 38.07 km²。因此，情景 S2 和 S4 的年均径流量变化相较情景 S1 的年均径流量变化并不明显，但大体上可以看出这两种情景下的年均径流量不高于 S1，情景 S2 和 S4 的年均径流量变化率相对情景 S1 年均径流量均在 0.6％左右；情景 S3 和 S5 为由于坡度限制较小，耕地面积相对较大，面积为 162.56 km²，因此情景 S3 和 S5 年均径流量比情景 S2 和 S4 的年均径流量变化更加明显，且情景 S3 和 S5 重合度非常高，两种情景下的平均变化率较 S1 为 3.5％左右。

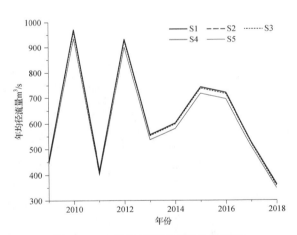

图 3.35 土地利用变化对径流的影响

（2）径流空间分布

截取 2018 年不同情景下各个子流域的年均径流量进行空间分析，结果如图 3.36 所示。由图 3.36 可知：不同情景下各子流域的年均径流量在空间变化上保持一致，均为靠近下游入湖（鄱阳湖）口的余干县至鹰潭市干流河段的几个子流域年均径流量最大，上游玉山、上饶及铅山一带支流子流域的年均径流量最小，中游河段的子流域年均径流量居中。情景 S2、S4 的最大径流量均出现在入湖口子流域;情景 S3、S5 的年均径流量空间分布与情景 S2、S4 保持高度一致。

结合图 3.35 和图 3.36 可得,同等坡度下退耕还林对改善信江流域地表径流流失的效果略微好于退耕还草,但优势非常小。因此,可以依据流域实况以及退耕成本,随机选择其中一种退耕方法进行治理。

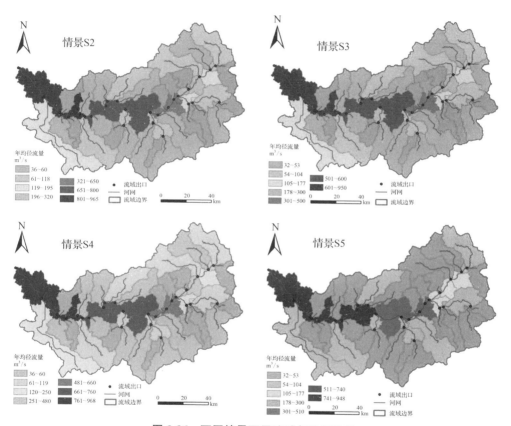

图 3.36　不同情景下子流域年均径流量

3.4.2.3　退耕还林政策下的输沙模拟

（1）输沙时间变化

在不同地类变化情景下,从时间角度分析流域年均输沙量,结果见图 3.37。由图 3.37 可知,除去预热期 1 年后,2009—2018 年 10 年研究期内,各情景下流域的输沙量变化趋势在时间上保持高度一致,且情景 S2~S5 的年均输沙量均小于情景 S1 的年均输沙量。但不同情景下,输沙量有一定差距。其中情景 S2 和 S4 由于地类面积变化较少,年均输沙量仅发生了细微变化,两者变化率分别为 0.35％ 和 0.71％;情景 S3 和 S5 的年均输沙量则明显低于情景 S1 年均输沙量,两者年均输沙量变化率分别为 3.23％ 和 5.24％。由此可得,相同坡度下退耕还林对改善土壤流失的效果要明显优于退耕还草。

结合图 3.35 和图 3.37 可得,相同情景下流域年均径流量以及年均输沙量在时间上呈正相关趋势变化,2010 年流域年均径流量和年均输沙量均为近 10 年最大,2018 年的年均径流量和年均输沙量均为近 10 年最小,说明信江流域在时间上满足“水多沙多”的水沙分布规律。

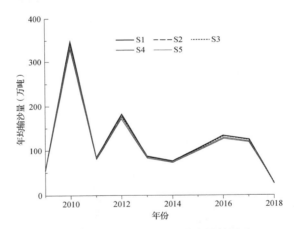

图 3.37　土地利用变化对输沙量的影响

（2）输沙空间分布

截取 2018 年不同情景下各个子流域输沙量进行空间分析,结果如图 3.38 所示,由图 3.38 可知:年均输沙量最多的流域主要集中在下游入湖口至贵溪市干流河段,而上游上饶至源头玉山县河段的干流和支流年均输沙量均较小,中游鹰潭市至上饶市河段的干流及支流子流域的年均输沙量介于中间。这与年均径流量在空间上的分布规律保持一致。

结合图 3.36 和图 3.38 可得,相同情景下在距离干流较远的支流子流域以及上流干流子流域的年均输沙量和年均径流量均低于下游干流和支流河段,说明信江流域水沙分布在空间上同样满足“水多沙多”的规律。

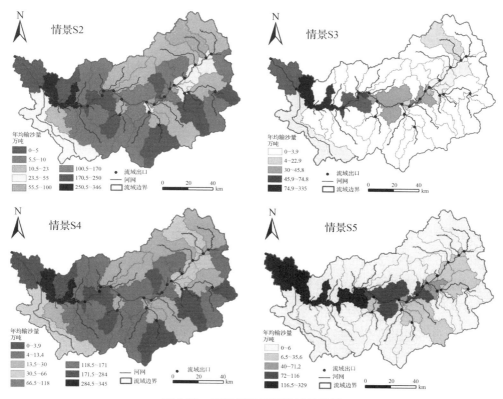

图 3.38　不同情景下子流域输沙量

3.5　小　结

本部分收集信江流域三个基本气象站贵溪、上饶、玉山 1988—2018 年 31 年的日步长降水数据、余干梅港水文控制站同时期的日步长径流量和输沙量以及 30 m 精度的土地利用数据,运用线性趋势分析法、Mann-Kendall 检验法、滑动 T 检验、小波分析、不均匀性分析等方法分别厘清了信江全流域降水、径流、输沙的年际趋势变化和年内分配情况,以及贵溪、上饶、玉山三个站点和全流域降水量的突变情况、周期性变化情况,同时对比了降水、径流、输沙三者之间的相关性,并借助动态系数和转移矩阵单独对流域土地利用变化情况进行了量化分析。利用 2008—2018 年 11 年的气象数据以及 30 m 精度的空间数据、土地利用数据,构建 SWAT 模型,并结合退耕还林政策,设定不同的土

地利用情景,分析不同情景下政策对流域水沙产生的影响。通过以上研究,主要得出以下结论:

(1) 研究结果表明,1988—2018 年期间,信江流域内多年降水量、多年径流量、多年输沙量三者年际变化特征均呈减少趋势,其中多年降水量减少趋势最弱,多年输沙量减少趋势最强,多年径流量的减少趋势介于二者之间。对三者进行皮尔逊相关性分析,得出三者在 0.01 水平上显著相关。三者年内分配及年内不均匀性分析结果表明:三者的年内分配在时间上保持高度一致,均呈中间(4—7 月)高两边(1—3 月、7—12 月)低的单峰分布态势。三者的年内分布都呈现不均匀态势,其中 1988 年的降水年内分布是 31 年中最均匀的一年,不均匀系数为 0.86;2011 年的降水年内分布是最不均匀的一年,不均匀系数为 1.58。多年径流量、多年输沙量的不均匀性则保持高度一致,2018 年的年径流量、年输沙量在年内分布最均匀,1998 年的年径流量、年输沙量在年内分布最不均匀,总体上来看,信江流域水沙分布在时间上满足"水多沙多"的分布规律。

(2) 土地利用变化定量分析可得:在 1988—1998 年间,信江流域土地利用面积减少量最多的地类为耕地,减少了 110.41 km²,增量最多的是建设用地,为 160.53 km²;转出面积最多的为耕地和林地;面积变化率最大的是建设用地,最小的是林地。1998—2008 年,面积减少最多的地类为建设用地,减少了 136.69 km²,增量最多的是耕地,为 84.7 km²;转出面积最多的同样为耕地和林地;面积变化率最大的是未利用地,最小的是林地。2008—2018 年,面积减少量最多的地类为建设用地,减少了 22.03 km²,增量最多的是耕地,为 24.05 km²;转出最多的是建设用地;面积变化率最大的为建设用地,最小为林地。在 1988—2018 年 31 年研究期内,面积减少量最多的地类为耕地,增量最多的是建设用地;转出面积最大的为耕地和林地,变化量最大的为建设用地。

(3) 基于 25°以上退耕还林(S4)、退耕还草(S2)背景下的水沙时空分析得出:在时间分布上,情景 S2、S4 的年均径流量和年均输沙量均小于情景 S1 的年均径流量和年均输沙量,但是由于流域地势相对平坦,25°以上的耕地面积仅有 38 km²,因此情景 S2、S4 的水沙变化不明显,年均径流量变化率均在 0.6% 左右,年均输沙量变化率分别为 0.35%、0.71%。在空间分布上,靠近下游入湖(鄱阳湖)口余干县至鹰潭市干流河段的几个子流域年均径流量、年均输沙量最大,上游玉山、上饶及铅山一带支流子流域的年均径流量、年均输沙量最小,中游河段的子流域年均径流量、年均输沙量居中。基于 15°以上退耕还林(S5)、退耕还草(S3)背景下的水沙分析得出:情景 S3、S5 的年均径流量和年均输沙量同样小于情景 S1 的年均径流量和年均输沙量,且因为 15°以上耕地面积为 168 km^2,约是 25°以上耕地面积的 4 倍,因此,情景 S3、S5 对流域的水土流失的改善效果相对明显,年均径流量变化率均在3.5%,情景 S5 相较情景 S1 的年均径流量、年均输沙量的变化率分别为 3.23%、5.24%。在空间分布上,情景 S3、S5 的年均径流量、年均输沙量与情景 S2、S4 的年均径流量、年均输沙量保持一致。总体上看,相同坡度的不同情景对改善水分流失的效果相差不大,但是对于改善土壤流失,退耕还林效果明显优于退耕还草。因此,可以根据想要改善的对象及退耕成本选择不同的退耕方式。

第4章 土地利用变化下流域
面源污染负荷模拟[①]

根据《2017年江西省水资源公报》的数据显示,江西省河湖主要的污染物为氨氮和总磷,鄱阳湖在4~9营养化评分值为48,属于中度富营养化。可以看出,江西省河流水质虽然总体状况良好,但某些地段水污染情况仍较为严重,因此,有必要对此进行深入研究。面源污染的来源十分广泛,降雨形成的地表径流是最主要的来源,土壤侵蚀与流失、化肥和农药的使用、农田污水灌溉、禽畜粪便、水体养殖、大气沉降、底泥二次污染等也是其形成的原因,面源污染涉及范围广、治理难度大,目前已经成为水污染最重要的污染方式。影响面源污染的因素很多,其中降雨是主要因素,但是土地利用的变化同样会对面源污染时空负荷量的分布产生影响。近年来,随着经济的快速发展,城镇化进程不断推进,以及"退耕还林"政策的推行,导致土地利用已经发生了较大的改变,因此,有必要针对土地利用变化对面源污染的影响进行相关研究。

鄱阳湖流域根据分水线可以分为抚河、赣江、饶河、信江和修水五大流域,其中抚河流域在五大流域中居第三位,目前,针对抚河流域面源污染问题的研究较少。因此,本部分以抚河流域作为研究区域,收集流域内的相关资料,建立适用于抚河流域的 SWAT 模型,通过三个不同时期的土地利用图对抚河流域的面源污染进行模拟,研究分析不同时期面源污染负荷量的时空分布,以期对未来抚河流域的土地规划和水生态环境优化提供参考依据。

---

① 改编自毛安琪. 基于 SWAT 模型的土地利用演变对抚河流域非点源污染研究[D].南昌:南昌大学,2020。

4.1 鄱阳湖流域农业面源污染现状分析

4.1.1 污染物估算方法

输出系数法是 20 世纪 70 年代初期美国、加拿大在研究土地利用—营养负荷—湖泊富营养化关系的过程中提出的,针对该方法精确度不够、代表性不强等缺陷,许多学者对此进行了更为细致和系统性的研究。其中以 Johnes 的研究最具有代表性,1989 年 Johnes 将土地利用类型分为林地、农业用地、城市用地和其他用地,通过取不同输出系数对研究区域污染物做了更为精确的计算。1996 年,该方法进行了改进,引入了畜禽养殖、肥料流失、人类生活固体废弃物和生活污水污染。本部分主要利用输出系数法估算鄱阳湖流域的总氮(TN)、总磷(TP)、化学需氧量(COD)污染负荷,公式为:

$$L_j = E_{ij} A_i \tag{4.1}$$

式中:L 为污染物在区域的总负荷量;j 为区域中的污染物类型,包括 COD、TN、TP 3 种;E 为污染物排放系数,g/头(人);i 为区域中的污染源类型,包括农村生活垃圾、畜禽养殖、种植业或水产养殖;A 为区域中个体数量,头(人)。

(1) 生活污水

根据《第一次全国污染源普查生活源产排污系数手册》中的四区三类标准,得到生活污水污染物排放系数,如表 4.1 所示。

表 4.1 生活污水污染物排放系数

项目	污水	TN	TP	COD
无水冲厕所	24.3	0.70	0.14	17.1
有水冲厕所	42.3	3.61	0.30	31.4

根据《中国卫生健康统计年鉴》,得到 2014—2018 年江西省厕所覆盖率,将生活污水排放系数取不同值,同时对上式(4.1)进行修正,得到江西省生活污水排放公式:

$$L_j = E_{1j} A W + E_{2j} A (1 - W) \tag{4.2}$$

式中:L 为污染物在区域的总负荷量;j 为污染物类型;E_1 为有水冲厕所的污染物排放系数;E_2 为无水冲厕所的污染物排放系数;A 为区域人口数;W 为厕所覆盖率。

（2）生活垃圾

根据《第一次全国污染源普查生活源产排污系数手册》中的三区五类标准,生活垃圾系数取 0.54 kg/（人·d）,根据江西省水资源保护规划技术细则,生活垃圾和固体废弃物中 TN 占 0.21%、TP 占 0.22%。

（3）畜禽养殖

根据《全国规模化畜禽养殖业污染情况调查及防治对策》,畜禽每年排泄粪便中的污染物含量如表 4.2 所示。

表 4.2　每头畜禽每年排泄粪便中的污染物含量

项目	牛(kg/a)		猪(kg/a)		羊粪(kg/a)	家禽(kg/a)
	粪	尿	粪	尿		
TN	31.90	29.20	2.34	2.17	2.28	0.275
TP	8.61	1.46	1.36	0.34	0.45	0.115
COD	226.30	21.90	20.7	5.91	4.40	1.165

注:家禽为鸡鸭量的平均值。

（4）种植业污染

由于不同耕地形式对于化肥流失系数取值存在差异,所以对输出系数法进行适应性修正,得到化肥流失方程:

$$T_i = \sum_{i=1}^{n} E_{ij}A_j \tag{4.3}$$

式中:T 为化肥流失量;i 为污染物类型;E 为流失系数;j 为耕地类型;A 为耕地面积。

根据不同耕地模式,查阅《第一次全国污染源普查农业污染源肥料流失系数手册》,分别选取模式 31（南方山地丘陵区—缓坡地—梯田—水田—稻油轮作）、模式 40（南方山地丘陵区—缓坡地—梯田—旱地—大田两熟及以上）、模式 62（南方湿润平原区—平地—水田—稻油轮作）计算鄱阳湖流域化肥流失量。具体流失量系数如表 4.3 所示:

表 4.3　不同模式下的化肥排放系数

项目	模式 31(南方山地丘陵区—缓坡地—梯田—水田—稻油轮作)	模式 40(南方山地丘陵区—缓坡地—梯田—旱地—大田两熟及以上)	模式 62(南方湿润平原区—平地—水田—稻油轮作)
总氮(TN)	1.162	0.991	1.301
总磷(TP)	0.031	0.062	0.055

由邵华等学者的研究可知,鄱阳湖流域上述三种模式的耕地占比分别为 61.2%、18.4%、20.4%。

4.1.2　等标污染负荷法

等标污染负荷法是把污染物的排放标准作为评价标准的一种方法,通过将各污染物放在这同一标准下进行评价,从而达到反映各污染物污染程度的目的,计算公式如下:

$$P_i = \frac{c_i}{c_{0i}} \tag{4.4}$$

$$P_n = \sum_{j=1}^{n} \frac{c_i}{c_{0i}} \tag{4.5}$$

式中:P_i 为某种污染物的等标污染负荷(t/d);c_i 为某种污染物的排放量;c_{oi} 为某种污染物排放的标准浓度(mg/m³);P_n 表示某污染源排放 n 种污染物所对应的等标污染物负荷。

根据 2002 年颁布的《地表水环境质量标准》(GB 3838—2002),Ⅲ类水水质标准限值为 TN 浓度≤1.0 mg/L、TP 浓度≤0.2 mg/L、COD 浓度≤20 mg/L,以此估算得到各污染物的等标污染负荷。

4.1.3　鄱阳湖流域农业面源污染时间分布特征分析

农村面源污染可分为农村生活区面源污染和农业面源污染,其中农村生活区面源污染主要分为生活污水污染和生活固体垃圾污染;农业面源污染主要分为种植业污染、畜禽养殖污染和水产养殖污染。农村生活固体污染物、生活污水污染物和农村人口呈正相关关系。2019 年,鄱阳湖流域 TN、TP 和 COD 总排放量分别为 11.18 万 t、2.52 万 t 和 42.55 万 t。其中生活污染物 TN、TP 和 COD 排放量分别为 3.48 万 t、

1.08 万 t 和 23.06 万 t,畜禽养殖污染物 TN、TP 和 COD 排放量分别为 4.23 万 t、1.31 万 t 和 19.50 万 t,种植业污染物 TN 和 TP 排放量分别为 3.53 万 t 和 0.13 万 t。

（1）鄱阳湖流域生活污染特征分析

2014—2019 年农村生活污染物负荷随时间变化曲线图如图 4.1 所示,随着城镇化的加快,江西省作为外出劳务大省,农村常住人口逐年下降,导致农村生活固体废弃物和生活污水排放量常年下降,污染物负荷总量呈下降趋势。2014 年,农村污染物 TN、TP 和 COD 排放量分别为 3.65 万 t、1.21 万 t 和 24.62 万 t,截至 2019 年,污染物 TN、TP 和 COD 排放总量分别为 3.43 万 t、1.08 万 t 和 23.05 万 t,如表 4.4 所示。2014—2019 年,总污染物排放平均每年下降 0.38 万 t,下降幅度为 1.55%。

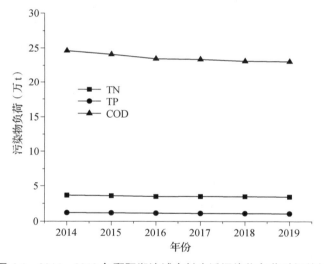

图 4.1　2014—2019 年鄱阳湖流域农村生活污染物负荷时间特征

表 4.4　鄱阳湖流域农村生活污染负荷量

年份	TN(万 t)	TP(万 t)	COD(万 t)
2014 年	3.65	1.21	24.62
2015 年	3.58	1.19	24.09
2016 年	3.48	1.16	23.46
2017 年	3.50	1.13	23.38
2018 年	3.48	1.11	23.12
2019 年	3.43	1.08	23.05

（2）鄱阳湖流域农业污染物分析

据研究表明,鄱阳湖流域分散式畜禽养殖占总养殖数的 10％,根据相关系数估算鄱阳湖流域畜禽养殖业和种植业污染物排放量。如表 4.5 所示,畜禽养殖排放的TN、TP 和 COD 在 2015 年达到峰值,分别为 4.92 万 t、1.45 万 t 和 22.85 万 t,种植业排放的污染物总量较为平稳,总氮(TN)排放保持在 3.52 万～3.54 万 t 之间,污染物总磷排放维持在 0.13 万 t。

表 4.5 2014—2019 年鄱阳湖流域农村农业面源污染负荷

单位:万 t

污染负荷	畜禽养殖业			种植业	
	TN	TP	COD	TN	TP
2014 年	4.81	1.43	22.50	3.52	0.13
2015 年	4.92	1.45	22.85	3.52	0.13
2016 年	4.73	1.39	21.98	3.54	0.13
2017 年	4.14	1.29	19.61	3.53	0.13
2018 年	4.19	1.30	19.77	3.53	0.13
2019 年	4.23	1.31	19.50	3.53	0.13

（3）污染物负荷贡献率特征分析

估算鄱阳湖流域农村面源污染现状,得到 2009—2019 年各污染物负荷贡献率,如图 4.2 所示,鄱阳湖流域 TN 贡献率随时间整体呈现上升的趋势,而 TP 和 COD 污染贡献率随时间整体呈下降趋势,但总体污染物下降幅度较小。

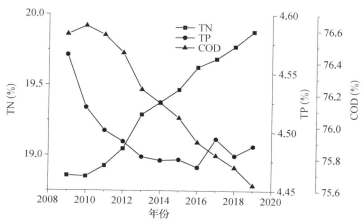

图 4.2 污染物负荷贡献率时间特征

（4）等标污染负荷分析

根据 2002 年颁布的《地表水环境质量标准》（GB 3838—2002），用等标污染负荷法对 TN、TP 和 COD 进行等标污染负荷计算，得到 2014—2019 年 TN、TP 和 COD 的等标污染负荷总量，如图 4.3 所示。由结果可知，鄱阳湖流域农村面源污染中 TN 和 TP 是水环境污染主因，近五年污染平均贡献率分别占污染总量的 42.90% 和 48.83%，而 COD 贡献率仅为 8.26%，鄱阳湖流域水环境的污染防治应该重点放在 TN 和 TP 上。

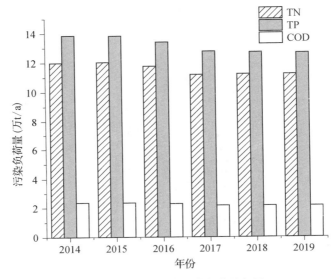

图 4.3　污染物等标污染负荷特征图

4.1.4　鄱阳湖流域农业面源污染空间分布特征分析

（1）鄱阳湖流域各地区污染物排放总量

2019 年鄱阳湖流域农业面源污染各市 TN、TP、COD 的排放量如图 4.4 所示，由图可知：鄱阳湖流域 2019 年污染物排放量最大的区域为赣州市，总排放量为 13.65 万 t，占全流域农业污染物排放物总量的 20.07%，其 COD、TP、TN 排放量分别为 9.93 万 t、3.14 万 t 和 0.58 万 t；其次是吉安市和宜春市，污染物排放总量分别达到 10.75 万 t 和 10.45 万 t，分别占全流域污染物排放总量的 15.79% 和 15.35%；新余市和景德镇市为污染物排放总量较小的地区，污染物排放总量分别为 1.40 万 t 和 0.94 万 t，占全流域排放总量的 2.05% 和 1.38%。

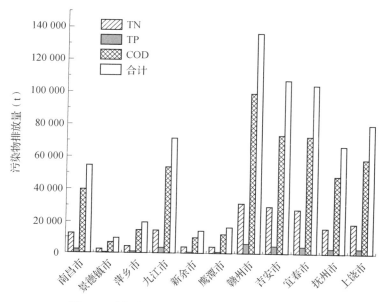

图 4.4　鄱阳湖流域农业面源污染各地区排放量

（2）鄱阳湖流域各地区排放强度

2019 年鄱阳湖流域各地区不同污染物排放强度和分布图如表 4.6 和图 4.5 所示。由图可知,排放强度较大的地区都集中在赣北和赣中地区,其中南昌市尤为严重,TN、TP 和 COD 排放强度均占全流域首位,其 TN、TP、COD 排放强度分别为 17.01 kg/hm²、3.03 kg/hm² 和 53.70 kg/hm²,宜春市的各污染物排放强度也较大,景德镇市的污染物排放强度在整个流域最轻,其 TN、TP 和 COD 排放强度仅为 4.48 kg/hm²、0.71 kg/hm² 和 12.76 kg/hm²,农业污染程度较低。

表 4.6　各地区污染物排放强度

单位:kg/hm²

	TN	TP	COD
南昌市	17.01	3.03	53.70
景德镇市	4.48	0.71	12.76
萍乡市	10.82	2.21	38.03
九江市	7.64	1.76	28.55
新余市	12.02	1.71	30.37
鹰潭市	10.99	1.82	32.91

续　表

	TN	TP	COD
赣州市	7.98	1.48	25.22
吉安市	11.68	1.76	29.08
宜春市	14.81	2.20	38.95
抚州市	8.27	1.58	25.65
上饶市	8.04	1.34	25.72

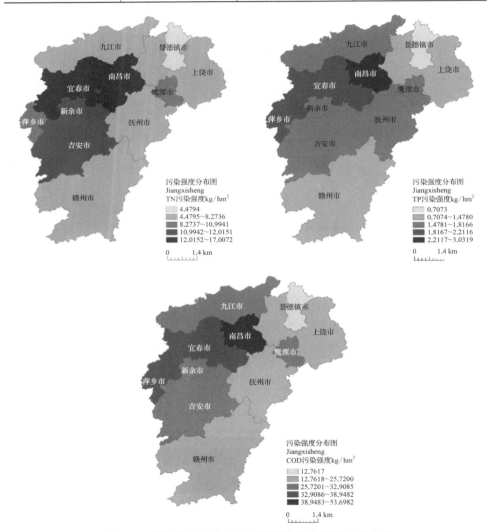

图 4.5　鄱阳湖流域各地区不同污染物排放强度分布图

4.1.5　研究区污染现状概况

抚河，位于江西省东部，是鄱阳湖水系五河流之一，发源于武夷山脉西麓的广昌县驿前乡血木岭，全长 312 km。流域东临福建省的闽江，南毗梅江，西靠清丰沂江、山溪、乌江，东北依信江，北入鄱阳湖。

抚河流域是传统的农业地域，农业生产活动频繁，化肥的使用量较大，是农业面源污染的主要源头。针对面源污染估算的传统方式很多，大致可以分为四种：实测负荷减电源负荷、水文估算法、输出系数法和模型估算法，根据研究区实际情况，本章选用应用较多的输出系数法分别估算农村生活污水、化肥农田、禽畜养殖三个方面。由于流域内只涉及进贤县的一小部分，因此，本章只对抚州市的广昌县、南丰县、南城县、黎川县、资溪县、金溪县、宜黄县、乐安县、崇仁县、东乡区、临川区一共 11 个县（区）进行负荷估算，数据来自《2017 抚州统计年鉴》。

（1）生活污染

由于城镇有统一的排污系统，因此，对生活污水的计算只针对农业人口，产污系数采用了全国污染源普查小组发布的《第一次全国污染源普查：城镇生活源产污排污系数手册》，生活污染系数如表 4.7 所示，通过 Excel 进行计算，可以得到抚河流域 11 个县（区）的生活污染物排放量，如表 4.8 所示。

表 4.7　农村人口生活产排污系数

名称	生活排污系数
生活污水量	160 升/（人·天）
氨氮	7.6 升/（人·天）
TP	0.78 升/（人·天）
TN	10.9 升/（人·天）

表 4.8　抚河流域生活污染物排放量

地区	农业人口（人）	生活污水量（t/a）	氨氮（kg/a）	TP （kg/a）	TN（kg/a）
临川区	709 908	41 458 627.20	1 969 284.79	202 110.81	2 824 368.98
南城县	224 746	13 125 166.40	623 445.40	63 985.19	894 151.96
黎川县	180 528	10 542 835.20	500 784.67	51 396.32	718 230.65

地区	农业人口(人)	生活污水量 (t/a)	氨氮(kg/a)	TP（kg/a）	TN(kg/a)
南丰县	245 279	14 324 293.60	680 403.95	69 830.93	975 842.50
崇仁县	313 099	18 284 981.60	868 536.63	89 139.29	1 245 664.37
乐安县	244 339	14 269 397.60	677 796.39	69 563.31	972 102.71
宜黄县	184 964	10 801 897.60	513 090.14	52 659.25	735 879.27
金溪县	245 036	14 310 102.40	679 729.86	69 761.75	974 875.73
资溪县	91 613	5 350 199.20	254 134.46	26 082.22	364 482.32
东乡区	313 554	18 311 553.60	869 798.80	89 268.82	1 247 474.59
广昌县	142 309	8 310 845.60	394 765.17	40 515.37	566 176.36

（2）化肥农田

由于抚州地处长江下游江南腹地,三面环山,一面是鄱阳湖平原,气候四季分明、雨量充沛、阳光充足,因此十分有利于农业生产,是农作物多熟制地区。同时,化肥的使用十分广泛,而任何一种化肥都无法被植物完全吸收,一般来说,化肥的氮利用率为25％～40％,磷利用率为2％～25％,未被植物及时吸收利用的氮化合物,如果不能被土壤胶体吸附,将以 NH_4-N 的形式存在,随下渗的土壤水逐渐转移至根系密集层以下,进而造成水体污染。农业化肥的污染是面源污染的主要来源,其直接导致河流、湖泊和内海的富营养化;同时土壤受到污染,物理性质恶化。表 4.9 展示了抚州2017 年的化肥农田施用量。

表 4.9　抚河流域化肥农田施用量

地区	农业化肥施用量		
	氮肥(t)	磷肥(t)	复合肥(t)
临川区	11 257	5 657	18 694
南城县	6 586	4 369	3 356
黎川县	4 684	2 658	3 257
南丰县	7 021	2 914	4 236
崇仁县	4 929	3 017	13 258
乐安县	6 071	2 975	3 359
宜黄县	1 846	997	3 104

续　表

地区	农业化肥施用量		
	氮肥（t）	磷肥（t）	复合肥（t）
金溪县	5 129	4 911	12 011
资溪县	893	378	485
东乡区	6 867	3 286	9 785
广昌县	3 974	1 462	2 019

（3）禽畜养殖

根据《第一次全国污染源普查：畜禽养殖业源产排污系数手册》确定抚河流域各类禽畜尿液和粪便的产排污系数，见表 4.10。本章主要统计了猪（出栏）、牛（存栏）、羊（存栏）、兔（出栏）和家禽（出栏）五类禽畜，牛羊的生长周期大于一年，以 365 天计算，其他禽畜的生长周期均小于 1 年，其中猪、兔、家禽分别按照 199 天、90 天和 210 天进行计算，为了方便计算，各类禽畜污染量统一按照猪粪当量进行换算，表 4.11 展示了流域内各地区的禽畜养殖产生的污染物负荷量。

表 4.10　各类禽畜排污系数

禽畜种类		猪		牛		羊	兔	家禽
类型		粪便	尿液	粪便	尿液	粪便	粪便	粪便
产排污系数 （kg/头·d）		1.84	3.52	21.46	10.46	2.38	0.11	0.11
污染物含量 （kg/t）	NH_4-N	3.08	1.43	1.71	3.47	0.80	0.80	2.75
	TN	5.88	3.30	4.34	8.00	7.50	7.50	10.10
	TP	3.41	0.52	1.18	0.40	2.60	2.60	5.78

表 4.11　禽畜养殖污染物排放量

地区	NH_4-N（t）	TN（t）	TP（t）
临川区	3 286.83	6 274.87	3 639.00
南城县	1 999.40	3 817.04	2 213.62
黎川县	1 550.10	2 959.28	1 716.18
南丰县	746.54	1 425.22	826.53
崇仁县	10 977.43	20 956.91	12 153.58
乐安县	1 615.19	3 083.55	1 788.25

续　表

地区	NH₄-N(t)	TN(t)	TP(t)
宜黄县	722.91	1 380.10	800.36
金溪县	1 479.58	2 824.65	1 638.11
资溪县	152.04	290.26	168.33
东乡区	3 872.66	7 393.26	4 287.59
广昌县	1 226.33	2 341.18	1 357.73

地区列的NH₄-N应为 $NH_4\text{-}N(t)$。

4.2　抚河流域土地利用变化特征

4.2.1　数据预处理

4.2.1.1　遥感图来源

由于 2003 年之前的遥感图像数量少且云量多,不适宜进行遥感解译图像,而最新遥感数据更新至 2017 年,因此,为了准确掌握近十几年流域内的土地利用变化规律,本章选取抚河流域 2003 年、2010 年及 2017 年的遥感影像进行解译。本章下载的遥感影像来自地理空间数据云(http://www.gscloud.cn),通过该网站下载了三期一共 11 幅分辨率为 30 m 的遥感影像图,分别是 2003 年 7 月 30 日的四幅 Landsat7 ETM+影像;2010 年 11 月 6 日的四幅 Landsat7 ETM+影像;2017 年 11 月 1 日的三幅 Landsat8 OLI_TIRS 影像。抚河流域遥感图的详细信息可见表 4.12。

表 4.12　抚河流域遥感影像图信息

序号	日期	轨道号	卫星名称	传感器	平均云量
1	2003/7/30	120—41	Landsat7	ETM+	1.49
2	2010/11/06	120—41	Landsat7	ETM+	0.33
3	2017/11/01	120—41	Landsat8	OLI_TIRS	0.04

注:遥感影像图的选取应该遵循日期获取一致和云量少的原则,但 2003 年 Landsat7 机载扫描行校正器故障,出现了数据重叠及丢失的情况,因此 8—12 月的图像无法获取,故选择 2003 年 7 月的遥感图像。

4.2.1.2　影像图预处理

(1)条带去除

2003 年 5 月 31 日,Landsat7 ETM+机载扫描行校正器(SLC)出现故障,导致之后获取的图像出现了数据条带的丢失,严重影响了 Landsat ETM 遥感影像的获取使用。本章使用了两幅来自 Landsat7 ETM+的遥感图,因此需要去除条带,在ENVI5.1 中使用条带去除插件(landsat_gapfill)去除条带。

（2）辐射定标

辐射定标是将图像的数字量化值转化为辐射亮度值或反射率或表面温度等物理量的一种处理过程。辐射定标的各项参数一般存放于元数据文件中,ENVI 中的辐射定标功能(Radiometric Calibration)可以自动从元数据文件中读取到参数,从而完成辐射定标。

（3）大气校正

太阳辐射通过大气时以某种方式入射到物体表面,然后再次反射回传感器,由于邻近地物、地形和大气气溶胶等影像,使得最初的原始影像包含了太阳的信息、大气和物体表面等信息的综合。

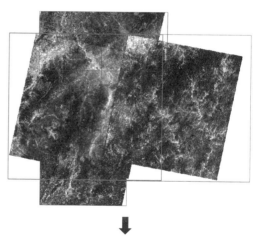

（4）图像镶嵌和图像剪裁

由于抚河流域较大,每期一共 4 幅影像图,因此需要进行图像的拼接,利用 ENVI5.1 软件中的无缝镶嵌工具 Seamless Mosaic,经过均色处理、接边线与羽化程序,可得到完整的遥感影像图。为了减少软件运行的时间,需要对得到的完整的遥感影像图进行裁剪处理。完整的流程图如图 4.6 所示。

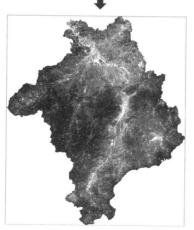

（5）图像增强

由于经过处理的图像存在灰度值,对后期的遥感影像监督分类不利,因此,为了达到改善图像视觉效果的

图 4.6　研究区域裁切流程图

目的,可以采用 ENVI 中常用的拉伸方法——Linear 2%(2%线性拉伸),即通过直方图统计,获取计像元个数所占百分比位于 2% 和 98% 的 DN 值(与置信区间计算相同)作为最小值和最大值进行线性拉伸。

(6)波段组合

在监督分类选择训练样本的过程中,为了精准地选取样本,需要采用不同的波段组合,不同的波段组合会凸显相应地类的识别。本章主要采用了 Landsat7 ETM+ 和 Landsat8 OLI,不同波段组合的用途如表 4.13 所示。

表 4.13　不同传感器波段组合

ETM+	OLI	主要用途	图片
3、2、1	4、3、2	自然真彩色,地物接近真实图像,色调灰暗、色彩不饱和	
4、3、2	5、4、3	标准假彩色,色彩地物鲜明,植物呈红色,有利于水体识别	

ETM+	OLI	主要用途	图片
4、5、3	5、6、4	非标准假彩色图像,强调水体,植物显示较好,但不容易细分	
7、5、4	7、6、5	大气穿透能力强,可以移除受大气影响的自然表面	
5、4、1	6、5、2	强调植被,类型丰富,用于植被分类	

4.2.2　土地利用遥感解译分类

根据第二次全国土地调查(土地利用现状分类)标准,结合抚河流域实际情况,选取抚河流域训练样本。根据前人学者的研究,本章采用最大似然法进行监督分类,用已确认类别的样本像元再去识别其他未知类别像元。一般在分类之前,通过野外调查和目视判读对需要解译图像上的样区中影像的类别属性有了经验知识,每一种类别选择一定数量的训练样本,程序会计算每种训练样区的统计数据或其他信息,同时用这些确定的类别对判决函数进行训练,使其可以符合各种子类别分类要求,随后使用训练好的判决函数对其他未分类数据进行分类。将每个像元和训练样本进行比较,按不同规则划分到和其最为相似的样本类,以此完成对整个图像的分类。

4.2.2.1　遥感影像的监督分类

(1)判定类别

根据本次研究的目的、影像自身的特点以及 SWAT 模型对土地利用种类的要求,通过 RGB 三种不同波段的组合显示,选取的土地类型分为 6 类:耕地、林地、草地、城镇用地、水体和未利用地。

(2)训练样本的选择

通过本次分类选择训练样本,训练样本的选择应遵循以下原则:① 准确性,要选择纯净的训练样本,避免选取像元混淆不清的区域,利用 Google Earth 的历史图像功能,可以保证不同时期的遥感影像训练样本选择的精确性;② 代表性,训练样本要选取代表性的像元;③ 统计性,根据区域的大小选择一定数量的样本,而且样本要均匀地分布在整个研究区域。

所有的地类训练样本选择结束后,为了验证样本的精确度,通过 ENVI 5.1 中的 Compute ROI Separability 功能得到对各个样本之间可分离性的数值,两个值的参数范围为 0~2,参数值大于 1.9 说明样本可分离度好,属于合格样本;小于 1.8 需要重新选择训练样本或者编辑样本;小于 1 需要考虑将两种地类样本合并为一个地类。本次研究样本可分离度大于 1.8,均属于合格样本,具体参数值可见图 4.7。

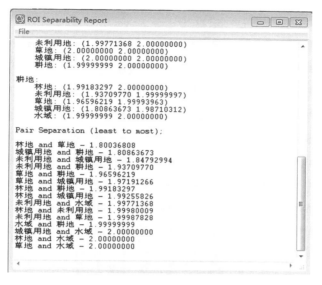

图 4.7　样本可分离度

（3）分类器的选择

依据分类的精度要求、复杂度等需要确定使用哪一个分类器。目前 ENVI 的监督分类可以基于传统统计分析学分类，包括平行六面体、最小距离、马氏距离、最大似然，基于神经网络模式识别的，包括支持向量机、模糊分类等，针对高光谱有波谱角（SAM）、二进制编码、光谱信息散度。本次研究根据研究目的，采用了最大似然法（Maximum Likelihood）进行遥感影像的解译工作。图 4.8 是对 ENVI 中 7 种分类器的简单介绍。

4.2.2.2　分类后处理

通过最大似然分类法进行监督分类得到的土地利用图只是初步结果，精度难以直接用于模型当中，需要进行分类后处理。在分类结果中难免会产生一些小图斑，一般采用聚类处理功能（Clump）可以很好地处理这些孤立小图斑，将图像中的小斑块融合至周围的大斑块；对于错分、漏分的像元也可以通过手动进行修改，将一定范围内的像元归为其他地类。

分类器	工作方式
平行六面体 （Parallelepiped）	根据训练样本的亮度值形成一个 n 维的平行六面体数据空间，其他像元的光谱值如果落在平行六面体任何一个训练样本所对应的区域，就被划分到其对应的类别中。
最小距离 （Minimum Distance）	利用训练样本数据计算出每一类的均值向量和标准差向量，然后以均值向量作为该类在特征空间中的中心位置，计算输入图像中每个像元到各类中心的距离，到哪一类中心的距离最小，该像元就归到哪一类。
马氏距离 （Mahalanobis Distance）	计算输入图像到各训练样本的协方差距离（一种有效的计算各未知样本集的相似度的方法），最终协方差距离最小的为此类别。
最大似然 （Maximum Likelihood）	假设每一个波段的每一类统计都呈正态分布，计算给定像元属于某一训练样本的似然度，像元最终被归并到似然度最大的一类当中。
神经网络 （Neural Net）	指用计算机模拟人脑的结构，用许多小的处理单元模拟生物的神经元，用算法实现人脑的识别、记忆、思考过程。
支持向量机 （Support Vector Machine）	支持向量机分类是一种建立在统计学习理论基础上的机器学习方法。SVM 可以自动寻找那些对分类有较大区分能力的支持向量，由此构造出分类器，可以将类与类之间的间隔最大化，因而有较好的推广性和较高的分类准确率。
波谱角 （Spectral Angle Mapper）	它是在 N 维空间将像元与参照波谱进行匹配，计算波谱间的相似度，之后对波谱之间相似度进行角度的对比，较小的角度表示更大的相似度。

图 4.8 各类分类器介绍

4.2.2.3 精度验证

ENVI 有两种方式可以用于精度验证：一是 ROC 曲线；二是混淆矩阵。混淆矩阵较为常用，ROC 曲线是用图形的方式来表达分类精度，比较抽象。而混淆矩阵有两种方式：第一种是用标准的分类图；第二种是选择验证区样本。由于没有标准的土地利用分类图，因此本章选择验证区样本进行精度验证，验证区样本选取的方法和训练样本类似。三次精度分类中总体分类精度（Overall Accuracy）82.6％以上，Kappa 系数 0.81，精度验证相对理想。最终得到 2003 年、2010 年和 2017 年的土地利用分类图，见图 4.9。

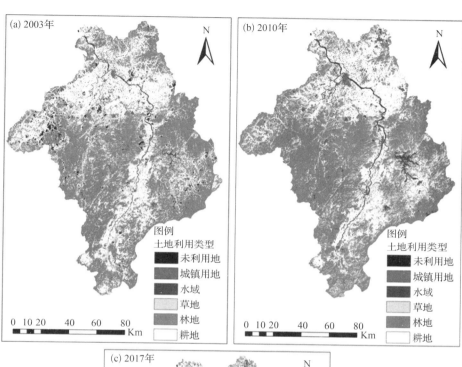

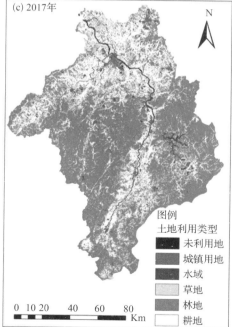

图 4.9 抚河流域 2003 年、2010 年和 2017 年土地利用类型图

4.2.3 抚河流域土地利用变化过程

4.2.3.1 土地利用数量变化分析

基于 ENVI 软件的分类统计功能(Class statistics)对抚河流域 2003 年、2010 年和 2017 年三个时期的各类用地面积进行统计,结果如表 4.14 所示。

表 4.14 抚河流域 2003—2017 年土地利用变化面积统计

单位:km^2

土地类型	2003 年	2010 年	2017 年	2003—2010 年	2010—2017 年	2003—2017 年
	面积	面积	面积	变化量	变化量	变化量
耕地	5 955.14	5 666.30	5 337.62	−288.84	−328.67	−617.52
林地	7 209.74	7 936.32	8 553.38	726.59	617.06	1 343.65
草地	1 608.36	1 215.20	838.04	−393.16	−377.17	−770.32
水域	249.74	243.77	236.64	−5.97	−7.13	−13.10
城镇用地	418.83	476.10	622.44	57.27	146.34	203.61
未利用地	210.40	114.50	64.07	−95.90	−50.43	−146.33

从表 4.14 得知,耕地和林地是抚河流域最主要的用地类型,2003 年、2010 年和 2017 年分别占流域总面积的 84.1%、87.0% 和 89.0%。从各地类的变化情况来看,耕地、水域、草地及未利用地面积呈现不断减小的趋势,其中耕地面积减少的幅度最大,2003 年到 2010 年减少了 288.84 km^2,2010 年到 2017 年又减少了 328.67 km^2,年减少率约−0.78%;面积减少幅度较大的是草地,2003 年到 2010 年间减少了 393.16 km^2,2010 年与 2017 年间面积减小了 377.17 km^2,2003 年到 2017 年一共降低了 770.32 km^2,年减少率约−4.55%;未利用地面积的减幅较小,2003 年至 2010 年间减少了 95.90 km^2,2010 年到 2017 年减少了 50.43 km^2,面积总共减少了 146.33 km^2,年减少率约−8.14%;面积减幅最小的是水域,从 2003 年到 2017 年面积总共减少了 13.10 km^2,年减少率约−0.38%。反之,林地和城镇用地的面积一直处于增加的状态,其中林地从 2003 年的 7 209.74 km^2 增至 2017 年的 8 553.38 km^2,平均每年增加的面积达到 671.825 km^2,年增加率约为 1.23%;城镇用地的面积同样从 2003 年的 418.83 km^2 增至 2017 年的 622.44 km^2,平均每年增加的面积为 13.57 km^2,年增长率约为 2.87%。

总体情况来看,在耕地、草地、水域和未利用地这四类用地面积中,草地面积减少幅度最大,共减少了 770.32 km²;而未利用地面积减少率最大,达到 -8.14%。反观面积增加的林地和城镇用地,城镇用地的增加率最高,为 2.87%。耕地、草地的减少和林地的增加绝大部分是由于地方政府不断加强巩固退耕还林政策,使得抚河流域在 2018 年的森林覆盖率达到了 66.14%。而城镇用地面积的不断攀升则是由于经济不断发展,抚河流域的城镇化率目前是 49.81%,已经连续三年超过了江西省平均水平。

4.2.3.2　单一土地利用类型动态度

本文采用土地利用动态度对研究区土地利用变化情况进行研究,该方法可反映一定时期内某种地类的变化速率,其表达公式为:

$$K = \frac{S_b - S_a}{S_a} \times \frac{1}{T} \times 100\% \tag{4.6}$$

式中,K 为研究时段内某一种土地利用单一土地利用的动态度;S_a 为研究初期 a 时刻某种土地利用/覆被类型的面积(km²);S_b 为研究初期 b 时刻某种土地利用/覆被类型的面积(km²);T 为表示研究期时长,若单位为年时,K 表示的是该研究区在研究时段内某种土地类型的年动态度。当 $K > 0$ 时,表示该地类的面积在一定时段内处于增长阶段;$K = 0$ 时,表示该地类的面积在此时段内没有变化;$K < 0$ 时,表示该地类的面积在此时段内处于减少的阶段。通过 Excel 2013 计算出三个时期各地类的土地利用动态度,表 4.15 和图4.10是抚河流域 6 类土地利用类型的动态度。

从图表中可以看出,耕地、水域、草地和未利用地的面积一直处于减少阶段,2003—2010 年当中,动态度从大到小依次为未利用地、草地、耕地和水域,相对应数值分别为 -6.51%、-3.49%、-0.69% 和 -0.34%,未利用地和草地的土地利用变化速率最快,耕地和水域的变化则相对较小。与之相反,林地和城镇用地的面积在这段时间处于增加的状态,城镇用地的动态度是 1.95%,比林地(1.44%)的数值高。2010—2017 年,耕地、草地、林地和未利用地的面积同样处于减少的状态,未利用地的动态度略减少到 -6.29%;草地的动态度则上升到 -4.43%;耕地和水域没有显著的变化;林地面积的变化速率较上阶段放缓到 1.11%;城镇用地在此期间的变化速率明显上升,达到了 4.39%。从 2003—2017 年总体情况来看,各类地物面积的变化有着明显的规律,林地和城镇用地一直保持着较高的增长速率,但城镇用地的增长速度明显加快,这和国家城镇化一直加快有着密切的联系,未利用地的动态度最高,达到-9.94%;草地的动态度(-6.84%)较高;耕地和水域的动态度分别是-1.48%、-0.75%,相对较小,这与"退耕还林"的政策有着很大的关联。

表 4.15　土地利用动态度

土地类型	2003—2010 年		2010—2017 年		2003—2017 年	
	变化量(km²)	$K(\%)$	变化量(km²)	$K(\%)$	变化量(km²)	$K(\%)$
耕地	-288.84	-0.69	-328.67	-0.83	-617.52	-1.48
林地	726.59	1.44	617.06	1.11	1 343.65	2.66
草地	-393.16	-3.49	-377.17	-4.43	-770.32	-6.84
水域	-5.97	-0.34	-7.13	-0.42	-13.10	-0.75
城镇用地	57.27	1.95	146.34	4.39	203.61	6.94
未利用地	-95.90	-6.51	-50.43	-6.29	-146.33	-9.94

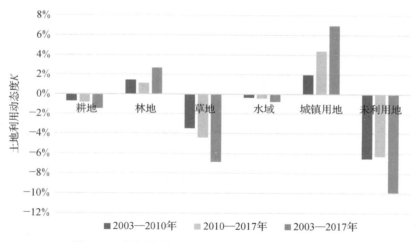

图 4.10　抚河流域 2003—2017 年土地利用变化速度

4.2.3.3　土地利用转移矩阵

土地利用数量的变化和动态度的分析只能得知某地类的单一变化情况,而流域的总面积是不变的,不同时期不同土地类型内部的变化可以通过分析转移矩阵表得知。土地利用转移矩阵可以反映一段时间内各种地类之间转化的动态信息,从而得知某用地面积在一定时段内的转入和转出面积。转移矩阵的表达式通常如下:

$$S_{ij} = \begin{bmatrix} S_{11} & S_{12} & \cdots & S_{1n} \\ S_{21} & S_{22} & \cdots & S_{2n} \\ \cdots & \cdots & \cdots & \cdots \\ S_{n1} & S_{n2} & \cdots & S_{nn} \end{bmatrix} \tag{4.7}$$

式中，S_{ij} 表示第 i 种土地利用类型转化为第 j 种土地利用类型的面积，n 表示土地利用类型的总数。

利用 Arcgis 中的 Raster Calculator 功能输入计算公式生成转移矩阵的属性表，将属性表导入 Excel 中，调整数值即可得到 2003—2010 年、2010—2017 年和 2003—2017 年的土地利用转移矩阵，经过分析处理得到表 4.16。

从表 4.16 可以得知 2003 年转出情况：耕地主要转出为林地（1 009.19 km²）；林地向耕地和草地转移较多，分别达到 714.22 km²、591.28 km²；草地绝大部分转向耕地和林地，总数占草地面积的 82.35%；水域面积的 17.43% 主要转向了耕地；城镇用地主要转向耕地和林地，分别是 122.72 km²、111.39 km²；未利用地 108.73 km² 的面积转入林地。2010 年转入的情况：耕地面积的转入主要来自林地和草地，分别达到 714.22 km² 和 502.09 km²；其中有 1 009.19 km² 的耕地和 822.39 km² 的草地转入了林地；草地的面积主要由耕地和林地转入，占草地总面积的 73.85%；水域有 82.28 km² 的面积来自耕地；城镇用地面积的转入主要来自耕地，达到 243.15 km²；未利用地的转入面积有 64.02 km² 来自耕地。

表 4.16　2003—2010 年土地利用转移矩阵

单位：km²

		2003 年转出						2010 年总计
		耕地	林地	草地	水域	城镇用地	未利用地	
2010 年转入	耕地	4 250.30	714.22	502.09	43.53	122.72	33.44	5 666.30
	林地	1 009.19	5 857.61	822.39	27.00	111.39	108.73	7 936.32
	草地	306.19	591.28	261.83	0.68	13.41	41.80	1 215.20
	水域	82.28	3.53	4.32	142.96	7.26	3.42	243.77
	城镇用地	243.15	28.75	13.06	26.87	156.33	7.95	476.10
	未利用地	64.02	14.33	4.67	8.70	7.73	15.06	114.50
2003 年总计		5 955.13	7 209.74	1 608.36	249.74	418.83	210.40	15 652.20

综合来看,耕地、林地和草地转出的面积最多,分别转出了 1 704.83 km²、1 352.13 km² 和 1 346.53 km²,因此,转入的用地类型也主要来自这三项地类。其他用地类型转入、转出的面积相对较小。

由表 4.17 可知,2010—2017 年期间,从转出情况来看,耕地面积主要转出为林地,达到 983.57 km²;有 828.59 km² 的草地转出为林地;有 750.36 km² 的林地转出为耕地。从转入来看,耕地面积有 750.36 km² 由林地转入;除去林地未改变的面积外,有来自 983.57 km² 的耕地和 828.59 km² 的草地转入林地;草地主要由耕地和林地转入,分别是 248.43 km² 和 375.90 km²;2017 年城镇用地面积大幅增加,主要来自耕地,有 241.62 km²;水域和未利用地转入、转出面积并不明显。

表 4.17 2010—2017 年土地利用转移矩阵

单位:km²

		2010 年转出						2017 年总计
		耕地	林地	草地	水域	城镇用地	未利用地	
2017 年转入	耕地	4 152.56	750.36	175.77	16.84	183.06	59.04	5 337.62
	林地	983.57	6 707.87	828.59	2.90	18.15	12.30	8 553.38
	草地	248.43	375.90	198.14	4.06	8.02	3.50	838.04
	水域	14.37	18.53	0.41	171.74	24.30	7.30	236.64
	城镇用地	241.62	75.95	9.98	42.64	235.23	17.02	622.44
	未利用地	25.75	7.73	2.31	5.60	7.34	15.34	64.07
2010 年总计		5 666.30	7 936.32	1 215.20	243.77	476.10	114.50	15 652.20

以上分别从两个时间段来观察土地利用类型内部的变化情况,为了更好地分析抚河流域土地利用面积的变化规律,对 2003—2017 年进行土地利用转移矩阵分析,见表 4.18。十五年间,抚河流域中的各类土地利用类型中,从 2003 年转出的情况来看:耕地有 1 082.42 km² 转出为林地;林地主要转出为耕地和草地,分别为 534.84 km²、330.86 km²;草地有 463.36 km² 和 987.55 km² 的面积分别转出为耕地和林地;水域有 51.94 km² 转出为耕地;城镇用地主要有 166.50 km² 转出为耕地;未利用地有 124.90 km² 转出为林地。

从 2017 年转入的情况看:转入耕地的面积大部分来自林地和草地,分别为 534.84 km²、463.36 km²;林地面积的增加主要是耕地和草地的转入,分别为 1 082.42 km²、987.55 km²;草地大部分由耕地和林地转入,分别达到 331.34 km² 和

330.86 km²;水域面积主要来自耕地转入,达到 79.59 km²;转入城镇用地的面积主要来自耕地,有 339.80 km²;转入未利用地的面积较多来自耕地,有 31.78 km²。

综上所述,转出的用地类型面积较大的主要是耕地(1 864.93 km²)、林地(946.67 km²)和草地(1 492.36 km²),其中草地转出的面积比例最大,达到 92.79%,耕地是转向其他用地类型的最主要来源。

表 4.18　2003—2017 年土地利用转移矩阵

单位:km²

		2003 年转出						2017 年总计
		耕地	林地	草地	水域	城镇用地	未利用地	
2017 年转入	耕地	4 090.20	534.84	463.36	51.94	166.50	30.78	5 337.62
	林地	1 082.42	6 263.07	987.55	9.76	85.68	124.90	8 553.38
	草地	331.34	330.86	116.00	6.51	24.01	29.32	838.04
	水域	79.59	5.95	4.71	133.30	7.63	5.46	236.64
	城镇用地	339.80	67.11	32.60	38.90	133.03	10.99	622.44
	未利用地	31.78	7.90	4.14	9.35	1.97	8.94	64.07
2003 年总计		5 955.13	7 209.74	1 608.36	249.74	418.83	210.40	15 652.20

4.3　构建 SWAT 模型

4.3.1　SWAT 模型的介绍

SWAT 模型属于分布式模型,可以针对降水、土地利用、坡度等多种因素进行模拟,适用于大中型流域尺度的模拟,本章对抚河流域的面源污染研究则采用此模型,该模型 2000 年左右在国内起步,通过大量的国内外学者研究改进,SWAT 模型对国内环境适应情况较好。

SWAT(Soil and Water Assessment Tool)最初在 1994 年由美国农业部(USDA)的农业研究中心 Jeff 博士开发。模型开发的最初目的是模拟在流域内多样的土壤类型、土地利用和各种管理措施条件下,土地管理对径流、泥沙和化学物质的长期影响。SWAT 为基于过程和物理原理的半分布式水文模型,适用于长序列的水文及相关过程模拟,不适用于短期洪水模拟。SWAT 模型的计算单元为 HRU(Hydrologic Response Unit),

HRU 为子流域中有相同土地利用类型、土壤类型和坡度范围的区域。

SWAT 模型可以模拟的过程非常多,如天气发生器、水文循环、氮磷和农药迁移转化、土壤侵蚀、植物生长和管理措施等。一般应用于流域水平衡核算、河流氮磷点源非点源贡献、管理措施对流域水质水量的影响、用地类型改变对流域水质水量的影响等。但是也存在两个问题:一是不适合像洪水这类的短期模拟,二是模型参数和水文过程在水文响应单元上概化和均化,属于准物理性模型。

4.3.2 数据准备

为了达到本次研究目的,SWAT 模型需要的地理空间数据有数字高程模型、土地利用图、土壤图和其他类型空间数据,其他空间数据是为了确定流域出、入口位置及流域内水文、泥沙等水文站的空间位置,为了准确模拟还需要流域水系图、气象站以及降水、温度、湿度、风速和太阳辐射等测站的空间位置。除此之外,模型还要构建研究区非空间属性的数据库,SWAT 模型一共有 7 个数据库来存储气象信息、农药信息、土地利用、土壤数据库、植被生长、肥料信息、耕作。

其中空间数据需要统一的地理坐标与投影,本章采用了 WGS_84 坐标,抚河流域的地理位置为 $115°36'\sim117°10'$E,$26°30'\sim28°20'$N,投影坐标采用了 UMT 投影,全称叫做"通用横轴墨卡托投影",许多遥感数据(如 Landsat 和 Aster 数据)都是使用 UTM 投影进行发布,本章选择的具体投影坐标系为 WGS_1984_UMT_Zone_50N。

本章所需的数据来源以及基本信息如表 4.19 所示。

表 4.19 数据来源及基本信息

数据名称	数据来源	基本信息
数字高程模型	地理空间数据云	GDEMDEM 30 m 分辨率
土地利用图	地理空间数据云	Landsat8 OIL、Landsat7 EMT+
土壤类型图	HWSD 中国区土壤	—
流域水系图	google earth	—
气象	中国气象数据网	逐日数据
径流	江西省水文局	逐月数据
总氮、氨氮	江西省水文局	逐月数据
农业管理	调研、文献、农业资料	—

（1）数字高程模型

DEM 是 SWAT 模型最基础也是最重要的数据，但由于误差或者存在某些特殊的地理构造，导致与真实地形不同，原始的 DEM 数据不能直接使用，需要经过洼地处理填充，才能得到较真实的 DEM 数据。本章的 DEM 数据下载于地理空间数据云（http://www.gscloud.cn），由于流域范围较大，一共下载了 6 幅30 m 分辨率的数字高程图，数据标识分别为 ASTGTM＿N26E115、ASTGTM＿N26E116、ASTGTM＿N27E115、ASTGTM＿N27E116、ASTGTM＿N27E117 和 ASTGTM＿N28E116，通过Arcgis 进行镶嵌裁剪和投影转换处理，结果如图 4.11 所示，抚河流域的高程在－76～1 668 m 之间。

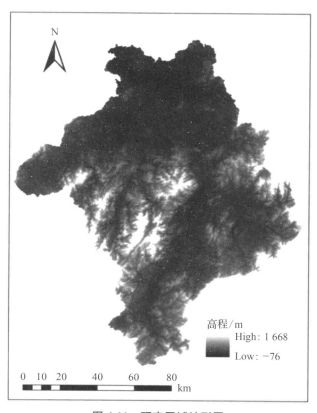

图 4.11 研究区域地形图

（2）土地利用数据

为了适应 SWAT 模型模拟的需求，本章将土地利用分为了 6 类，分别是耕地、林地、草地、水域、城镇用地和未利用地。抚河流域的遥感影像图经过条带去除、辐射定标、大气校正、图像镶嵌和剪裁、图像增强和波段组合一系列的操作后，分别得到了2003 年、2010 年和 2017 年抚河流域的土地利用数据，如表 4.20 所示。

表 4.20　研究区土地利用类型面积

Value 值	用地类型	2003 年 面积（km²）	占总面积 百分比（%）	2010 年 面积（km²）	占总面积 百分比（%）	2017 年 面积（km²）	占总面积 百分比（%）	SWAT 编码
1	未利用地	210.40	1.34	114.50	0.73	64.07	0.41	SWRN
2	城镇用地	418.83	2.68	476.10	3.04	622.44	3.98	URLD
3	水域	249.74	1.60	243.77	1.56	236.64	1.51	WATR
4	草地	1 608.36	10.27	1 215.20	7.77	838.04	5.35	PAST
5	林地	7 209.74	46.06	7 936.32	50.70	8 553.38	54.65	FRST
6	耕地	5 955.13	38.05	5 666.30	36.20	5 337.62	34.10	AGRL

土地利用图需要建立索引表，才能将栅格文件的图形和 SWAT 中自带的土地利用类型与植被覆盖类型数据库联系起来，将 Value 值与土地利用栅格图中的 Value 相对应，SWAT 模型中用地类型的编码同样要与 Value 相对应，土地利用索引表如图4.12 所示。

图 4.12　土地利用索引表

（3）流域水系图

由于抚河流域所在地区为平原地区，基于 DEM 生成的水系图会产生较大的偏差，因此在 SWAT 模型中可以利用"burn-in"的命令来辅助修正所需要的河网水系。

本次研究利用 google earth 软件将地图中的河流数字化，然后利用 Arcgis 的

Quick Import 工具将 KML 文件转化为 SWAT 可以识别的 shp 文件,可得到流域水系图,如图 4.13 所示。

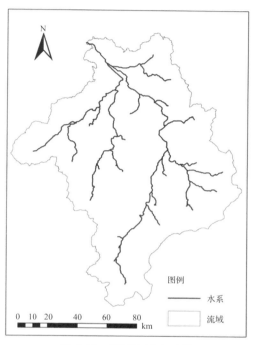

图 4.13　抚河流域水系图

（4）水文水质数据

水文和水质的数据均来自江西省水文局,由于没有获得 2017 年水文和水质的数据,因此现有的数据时间范围为 2012—2016 年。本章选取了流域上、下游各一个水文站——上游沙子岭水文站和流域的总出口李家渡水文站。其中,水文数据得到了月尺度的径流和泥沙数据,水质数据是月尺度的总磷和氨氮数据,水文和水质数据主要为了后期率定和验证。

（5）农业管理措施

流域内农业种植种类繁多,根据现场调研、农业部门发布的资料和当地文献资料确定流域内主要以水稻、柑橘和油菜为主要农作物,具体信息如表 4.21 所示。

表 4.21　不同作物化肥施用表

作物类型	水稻	柑橘	油菜
种植时间	早稻:4 月中下旬 晚稻:7 月中下旬	3 月下旬	10 月下旬至 11 月上旬
施肥	早稻:氮肥:8～10 公斤/亩 磷肥:4～5 公斤/亩 晚稻:氮肥:10～15 公斤/亩 磷肥:4～6 公斤/亩	氮肥:25～35 公斤/亩 磷肥:10～15 公斤/亩	氮肥:10～12 公斤/亩 磷肥:5～7 公斤/亩
收获时间	7 月下旬 10 月下旬	10 月下旬	翌年 4 月下旬至 5 月上旬

4.3.3　属性数据库

4.3.3.1　气象数据库的建立

气象数据对于 SWAT 模型面源污染的模拟十分重要,在 SWAT 模型中必不可少的气象三类数据为天气发生器、温度数据和降雨数据。本章的气象数据主要来自中国气象数据网(http://data.cma.cn/),为了与水文和水质数据相对应,再加上两年预热期,气象数据的时间段在 2010—2016 年,根据研究区域的地理位置,本次选择了 16 个气象站,具体信息可见表 4.22。

表 4.22　抚河流域气象站信息表

顺序	测站名	经度(°)	纬度(°)	时间段
1	广昌	116.34	26.84	2010—2016
2	南城	116.64	27.56	2010—2016
3	樟树	115.56	28.05	2010—2016
4	李家渡	116.17	28.22	2010—2016
5	沙子岭	116.35	26.88	2010—2016
6	廖家湾	116.40	27.98	2010—2016
7	娄家村	116.30	27.98	2010—2016
8	东乡	116.60	28.27	2010—2016
9	临川	116.37	28.00	2010—2016
10	乐安	115.83	27.43	2010—2016
11	崇仁	116.05	27.77	2010—2016

顺序	测站名	经度(°)	纬度(°)	时间段
12	金溪	116.78	27.92	2010—2016
13	资溪	117.07	27.72	2010—2016
14	宜黄	116.23	27.55	2010—2016
15	南丰	116.53	27.22	2010—2016
16	黎川	116.93	27.30	2010—2016

天气发生器是模型内置数据库,需要输入 156 个参数,主要的数据有露点温度、最高气温标准偏差、月平均最高气温、月平均最低气温、月平均降雨量、月内干日日数、降雨量标准偏差、月平均太阳辐射量等,天气发生器具体参数的计算公式可见表 4.23。在缺少实测的情况下,天气发生器可以弥补气象数据的缺失,本次建立四个气象站站点。部分参数可以利用 Excel 等工具进行计算,但 PR_W1 和 PR_W2 很困难,逐个计算则工作量十分繁杂,一般常用的是 pcpSTAT 和 dew & dew02 小程序,本次采用了数字流域实验室硕士杨岩集成各类参数的公式建立了简单易操作的运算程序——Swat Weather.exe,其界面如图 4.14。

表 4.23　天气发生器计算公式

参数	含义(单位)	公式
TMPMN	月日均最低气温(℃)	$\mu mn_{mon} = \sum_{d=1}^{N} T_{mn,mon}/N$
TMPMX	月日均最高气温(℃)	$\mu mx_{mon} = \sum_{d=1}^{N} T_{mx,mon}/N$
TMPSTDMN	月日均最低气温标准偏差	$\sigma mn_{mon} = \sqrt{\sum_{d=1}^{N}(T_{mn,mon}-\mu mn_{mon})^2/(N-1)}$
TMPSTDMX	月日均最高气温标准偏差	$smx_{mon} = \sqrt{\sum_{d=1}^{N}(T_{mx,mon}-mmx_{mon})^2/(N-1)}$
PCPMM	月日均降雨量(mm)	$\bar{R}_{mon} = \sum_{d=1}^{N} R_{day,mon}/yrs$
PCPD	月均降雨天数(d)	$\bar{d}_{wet,i} = day_{wet,i}/yrs$
PCPSTD	月日均降水量标准偏差	$\sigma_{mon} = \sqrt{\sum_{d=1}^{N}(R_{day,mon}-R_{mon})^2/(N-1)}$

参数	含义（单位）	公式
PCPSKW	月日均降水量偏度系数	$g_{mon} = N \sum\limits_{d=1}^{N} (R_{day,mon} - \bar{R}_{mon})^3 / (N-1)(n-2)(\sigma_{mon})^3$
PR_W1	月内干日日数（d）	$P_i(W/D) = (days_{W/D,i})/(days_{dry,i})$
PR_W2	月内湿日日数（d）	$P_i(W/W) = (days_{W/W,i})/(days_{wet,i})$
DEWPT	月日均露点温度（℃）	$\mu dew_{mon} = \sum\limits_{d=1}^{N} T_{dew,mon}/N$
SOLARAV	月日均太阳辐射量（KJ/m²day）	$\mu rad_{mon} = \sum\limits_{d=1}^{N} H_{day,mon}/N$
WNDAV	月日均平均风速（m/s）	$\mu wnd_{mon} = \sum\limits_{d=1}^{N} T_{wnd,mon}/N$

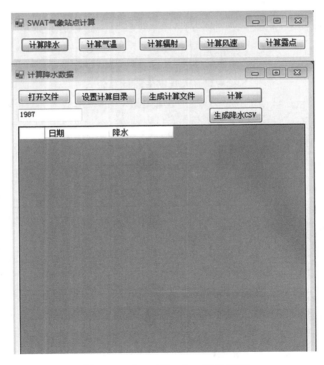

图 4.14　Swat Weather 操作界面

　　在模型的气象输入文件中,因为降水对径流和蒸散发具有重要的影响,天气发生器虽然可以对降水和气温进行模拟,但对模型的使用来说,真实的气温和降雨数据是必需的文件。降水需要长时间序列和尽可能多的实测站点,时间序列必须要是连续的,没有测量值通常用−99 代替,一般是 dBase 或者 ASCII 格式。

　　本次收集到 16 个雨量站的降雨数据,16 个温度、湿度、风速测站点,为了将数据写入 SWAT 模型中,需要建立各类气象数据索引表,图 4.15 为降水测站索引表,其他类型气象数据格式一致。

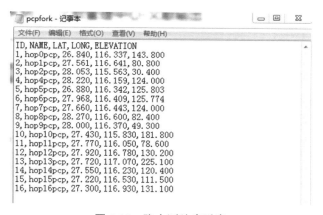

图 4.15　降水测站索引表

4.3.3.2　土壤数据库的建立

　　SWAT 模型中各项土壤数据是主要的输入参数之一,土壤数据的准确性会对模型的模拟结果产生十分重要的影响,由于土壤的物理属性确定了土壤剖面中气和水的运动状况,并且对 HRU 中的水循环有着重要的作用。物理属性主要包括有机质、酸碱度、土壤深度、砾石含量、黏土含量、砂石含量和导电率等,物理属性是必要的数据,化学属性则主要给模型赋予初始值,是可选的。

　　本次研究采用的土壤数据来自旱区科学数据中心网站下载的 HWSD 中国区土壤(http://westdc.westgis.ac.cn/),HWSD 中国区土壤数据源来自第二次全国土地调查南京土壤所提供的 1∶100 万土壤数据,数据格式为 GRID 栅格格式,投影统一采用 WGS_1984_UMT_Zone_50N,土壤分类系统为 FAO‐90。在 SWAT2012 数据库中的 usersoil 数据库中有以下参数需要填入,根据实际情况对土壤进行定义,第一层 300 mm 及第二层 1 000 mm,土壤参数含义可见表 4.24。

表 4.24 土壤数据库参数表

变量名称	模型含义	注释
TITLE/TEXT	位于.sol 文件的第一行,用于说明文件	
SNAM	土壤名称	
NLAYERS	土壤分层数	
HYDGRP	土壤水文学分组(A、B、C 或 D)	
SOL_ZMX	土壤剖面最大根系深度(mm)	
ANION_EXCL	阴离子交换孔隙度	模型默认值为 0.5
SOL_CRK	土壤最大可压缩量,以所占总土壤体积的分数表示	模型默认值为 0.5,可选
TEXTURE	土壤层结构	
SOL_Z	各土壤层底层到土壤表层的深度(mm)	注意:最后一层是前几层深度的总和
SOL_BD	土壤湿密度(mg/m^3 或 g/cm^3)	
SOL_AWC	土壤层有效持水量(mm)	
SOL_K	饱和导水率/饱和水力传导系数(mm/h)	
SOL_CBN	土壤层中有机碳含量	一般由有机质含量乘以 0.58
CLAY	黏土含量,直径<0.002 mm 的土壤颗粒组成	
SILT	壤土含量,直径 0.002～0.05 mm 之间的土壤颗粒组成	
SAND	砂土含量,直径 0.05～2.0 mm 之间的土壤颗粒组成	
ROCK	砾石含量,直径>2.0 mm 的土壤颗粒组成	
SOL_ALB	地表反射率(湿)	在中国没有相关可用来借鉴的好的经验公式,在此默认为 0.01
USLE_K	USLE 方程中土壤侵蚀力因子	
SOL_EC	土壤电导率(dS/m)	默认为 0,在 HWSD 数据库中,可输入电导率 T_ECE
SOL_CAL(%)	碳酸钙含量	
SOL_PH	酸碱度	

表中 SOL_AWC、SOL_K、SOL_BD 三个变量的计算由 SPAW 软件进行。该软件通过使用其中土壤水分特征(Soil Water Characteristics)模块,根据土壤中砂砾(Gravel)、黏土(Clay)、有机质含量(Organic Matter)、砂土(Sand)、盐度(Salinity)等含

量来计算土壤数据库中所需的饱和导水率 SOL_K(SPAW 计算即 Sat · Hydraulic Cond)、有效持水量 SOL_AWC(SPAW 计算得 available water)、土壤湿密度 SOL_BD (SPAW 计算得 Bulk Density)等参数,目前这些参数都是我国土壤数据所缺乏的,其 SPAW 软件操作界面如图 4.16 所示。

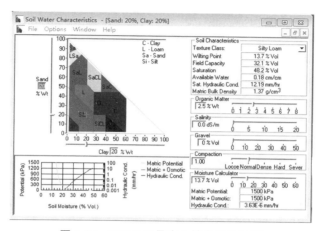

图 4.16　SPAW 工具中土壤参数的计算

美国国家自然资源保护局(NRCS)依据土壤的渗透特性,将具有相似径流能力的土壤分为四个土壤水文组(A,B,C,D),该分组主要根据 SOL_K 即饱和水力传导系数确定属于哪一组,土壤的水文分组定义如表 4.25 所示。

表 4.25　土壤水文分组

土壤类型	最小下渗率(mm/h)	渗透率	土壤质地
A	>7.26	较高	沙土、粗质沙壤土
B	3.81~7.26	中等	壤土、粉沙壤土
C	1.27~3.81	较低	沙质黏壤土
D	0.00~1.27	很低	黏土、盐渍土

此外,最后一个需要确定的参数 USLE_K,其中土壤可蚀性 K 值是土壤抵抗水蚀能力强弱的一个相对综合指标,K 值越大,抗水蚀能力越弱;反之,K 值越小,抗水蚀能力越大。Williams 等利用 EPIC 模型在原公式的基础上改进了土壤可蚀性因子 K 值的估算方法,该公式只需要土壤颗粒和有机碳组成数据就可计算。计算公式如下所示:

$$K_{USLE} = f_{csand} \cdot f_{cl\text{-}si} \cdot f_{orgc} \cdot f_{hisand} \tag{4.8}$$

其中，f_{csand} 为粗糙沙土质地土壤侵蚀因子；$f_{cl\text{-}si}$ 为黏壤土土壤侵蚀因子；f_{orgc} 为土壤有机质因子；f_{hisand} 为高沙质土壤侵蚀因子。

$$f_{csand} = 0.2 + 0.3 \times e^{\left[-0.256 \times sd \cdot \left(1 - \frac{si}{100}\right)\right]}$$

$$f_{cl\text{-}si} = \left(\frac{si}{si + cl}\right)^{0.3}$$

$$f_{orgc} = 1 - \frac{0.25 \times c}{c + e^{(3.72 - 2.95 \times c)}} \tag{4.9}$$

$$f_{hisand} = 1 - \frac{0.7 \times \left(1 - \frac{sd}{100}\right)}{\left(1 - \frac{sd}{100}\right) + e^{\left(-5.51 + 22.9 \times \left(1 - \frac{sd}{100}\right)\right)}}$$

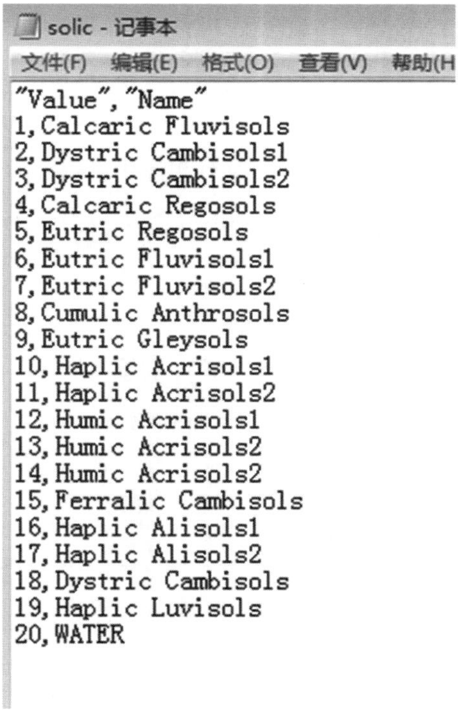

图 4.17　土壤索引表

sd 为砂粒含量百分数；si 为粉粒含量百分数；cl 为黏粒含量百分数；c 为有机碳含量百分数。

HWSD 中国区土壤利用图经裁切后得到抚河流域土壤，根据各土壤代码数可以分为 FLc(石灰性冲积土)、CMd(不饱和雏形土)、RGc(石灰性疏松岩性土)、RGd(不饱和疏松岩性土)、RGe(饱和疏松岩性土)、FLe(饱和冲积土)、ATc(人为土)、ACh(简育低活性强酸土)等。SWAT 模型中抚河流域土壤数据库建立完成后，同样需要建立土壤索引表将土壤利用图与模型相关联，按照"Value"中的顺序，且索引表中的"Name"要与数据库中的"SNAM"完全一致，才能保证模型的正常运行，土壤索引表和抚河流域土壤图分别如图 4.17 和图 4.18 所示。

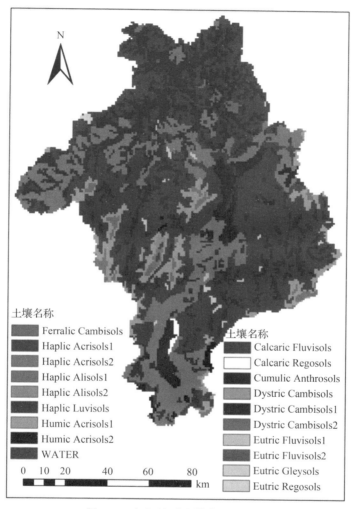

土壤名称
- Ferralic Cambisols
- Haplic Acrisols1
- Haplic Acrisols2
- Haplic Alisols1
- Haplic Alisols2
- Haplic Luvisols
- Humic Acrisols1
- Humic Acrisols2
- WATER

土壤名称
- Calcaric Fluvisols
- Calcaric Regosols
- Cumulic Anthrosols
- Dystric Cambisols
- Dystric Cambisols1
- Dystric Cambisols2
- Eutric Fluvisols1
- Eutric Fluvisols2
- Eutric Gleysols
- Eutric Regosols

0 10 20   40   60   80
km

图 4.18 抚河流域土壤类型分布图

4.3.4 SWAT 模型的运行

（1）流域划分

首先，新建一个 SWAT 工程文件，输入准备好的 DEM，使用"burn-in"的命令加载数字水系；其次，DEM 预处理完成后，结合前人的研究经验和模型模拟的需求，将流域阈值设定为 18 000；再次，加载子流域出口位置表；最后，选择流域最上面的白点作为流域的总出口,点击运行后,软件自动开始子流域的划分,本次一共划分了 47 个子流域,最终得到的划分结果如图 4.19 所示。

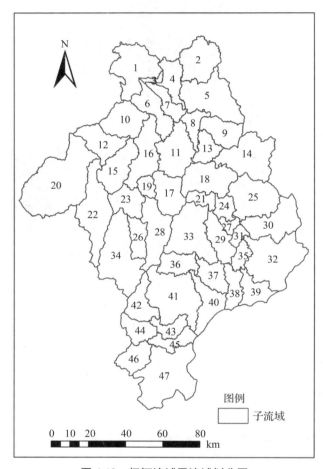

图 4.19　抚河流域子流域划分图

（2）水文响应单位定义

子流域划分结束后,依次输入土地利用、土壤的栅格图和坡度的分类,针对水文响应单元的划分,SWAT 模型提供了 3 种定义模式,为了更好地了解流域内面源污染的迁移,本章选择了 Multiple HRUs 模式,这就意味着每个子流域将有多个水文响应单元。也正是因为子流域内土地利用类型、土壤类型和坡度的分类繁多,从计算的效率来考虑,如果某种类型的面积所占比例很小,对整个流域的模拟不会产生较大影响,可以通过分别对土地利用、土壤和坡度进行阈值的设定,大于该值的类型会被保留,而小于该值的类型以面积比的大小被分配到保留的类型当中去。前人的研究认为土地利用阈值对总氮的模拟影响最大,土壤阈值和坡度阈值对模拟影响较小,因此,在兼顾模型精度、运算效率和模拟目的的考虑下,本章土地利用阈值设定为 0,土壤和坡度的阈值参考文献分别设定为 20% 和 10%。

（3）模型运行模拟

输入真实的降水、温度、风速和相对湿度索引表,数据的时间范围必须保持一致,否则会导致模型运行出错,缺少的太阳辐射数据可以由天气模拟器自动生成,完成后即可开始模型的运行模拟。本次模拟时段为 2010—2016 年。SWAT 模型运行结束后会生成许多文件,针对后续的率定和验证,本次主要选择主河道输出文件（output.rch）、子流域输出文件（output.sub）、水文响应单元输出文件（output.hru）。

4.3.5　SWAT 模型参数敏感性分析和模型适用性评价指标

4.3.5.1　模型参数敏感性分析

SWAT 模型模拟的结果和真实数据不可避免地会产生偏差,为了提高模型的适用性,需要对 SWAT 模型进行率定和验证工作,率定是指调整模型的参数、边界和初始条件以及各种限制条件的过程,验证是评价模型适用性的方法。SWAT 模型可以调整一系列数量巨大的参数,逐一去调整这些参数的方法并不可取,通过前人研究发现,某些参数对模型的运行结果基本没有影响,而某些参数却对模拟结果起到了重要的作用,因此,对模型参数的敏感性评价是必需的过程。

本次对 SWAT 模型参数敏感性分析,主要使用 SWAT-CUP 中的 SUFI-2 算法来实现,本章选取了几十种参数进行率定,表 4.26 是径流、氨氮和总磷敏感性排名前十的分析结果。

表 4.26　抚河流域李家渡水文站径流、氨氮和总磷敏感性分析结果

排序	李家渡水文站		
	径流	氨氮	总磷
1	CN2.mgt	ERORGN.hru	BIOMIX.mgt
2	ALPHA_BNK.rte	CN2.mgt	ERORGP.hru

排序	李家渡水文站		
	径流	氨氮	总磷
3	CH_N2.rte	ALPHA_BNK.rte	ALPHA_BNK.rte
4	CANMX.rte	SOL_ORGN.chm	CN2.mgt
5	CH_K2.rte	AI2.wwq	CH_N2.rte
6	GW_DELAY.gw	BC1.swq	CH_K2.rte
7	ESCO.hru	RCN.bsn	BC4.swq
8	SOL_AWC.sol	SDNCO.bsn	SOL_ORGP.chm
9	GWQMN.gw	BC2.swq	SOL_BD.sol
10	GW_REVAP.gw	CDN.bsn	BC1.swq

表 4.27 为各参数对应的物理意义和调参方式。

表 4.27　参数的定义

调参方式	参数	定义
R	CN2	潮湿条件下 SCS 径流曲线数
V	ALPHA_BNK	河岸蓄水基流 a 因子
V	CH_N2	主河道曼宁系数
V	CANMX	最大冠层蓄水量
V	CH_K2	干流有效水力传导率
V	GW_DELAY	地下水迟滞
V	ESCO	土壤蒸发补偿系数
R	SOL_AWC	土壤可供水量
R	SOL_BD	土壤湿密度
V	GWQMN	保证回流产生的浅蓄水层的极限深度
V	GW_REVAP	地下水再蒸发系数
V	BIOMIX	生物混合率
V	ERORGN	有机氮富集率
V	ERORGP	有机磷富集率
V	SOL_ORGN	土壤中有机氮的浓度
V	SOL_ORGP	土壤中有机磷的浓度
V	AI2	藻类生物质中磷的比例
V	BC1	氨氮生物氧化速度常数

调参方式	参数	定义
V	BC2	亚硝氮生物氧化速度常数
V	BC4	有机磷矿化速度常数
V	RCN	雨水中硝酸盐含量
V	SDNCO	发生硝化作用的止壤含水量阈值
V	CDN	反硝化作用速率系数

注:调参方式中 R 表示乘以某个数值,V 表示替换。

4.3.5.2　模型适用性评级指标

模型效率的高低反映模型在研究区域的适用性,本次选取了 3 个评价指标对模型进行适用性判定,分别是决定系数 R^2、相对误差 Re 和 E_{NS} 系数,其公式如下:

$$Re = \frac{\sum\limits_{i=1}^{n}(Q_p - Q_0)}{\sum\limits_{i=1}^{n}(Q_0)} \times 100\% \tag{4.10}$$

$$R^2 = \frac{\left[\sum\limits_{i=1}^{n}(Q_0 - \overline{Q_0})(Q_p - \overline{Q_p})\right]^2}{\sum\limits_{i=1}^{n}(Q_0 - \overline{Q_0})^2 \sum\limits_{i=1}^{n}(Q_p - \overline{Q_p})^2} \tag{4.11}$$

$$E_{NS} = 1 - \frac{\sum\limits_{i=1}^{n}(Q_0 - Q_p)^2}{\sum\limits_{i=1}^{n}(Q_0 - \overline{Q_0})^2} \tag{4.12}$$

式中,Q_p 表示模拟值;Q_0 表示实际值;$\overline{Q_p}$ 为多年平均模拟值;$\overline{Q_0}$ 为多年平均实际值,n 表示实测数据的个数。Re 表示模拟值与实际值的相对误差,如果 Re 值为正值,说明模型模拟结果偏大,反之模型模拟结果偏小,若 $Re=0$,说明模拟结果与实际值相同。R^2 用来进一步得出实际值与模拟值之间的吻合程度,R^2 值越接近 1,表示吻合程度越高。E_{NS} 值越接近 1,表示模拟状态越好,如果 E_{NS} 为负值,则表示模型平均模拟值比直接使用实际平均值的可信度要低。一般认为,模型相对误差 $|Re| \leqslant 20\%$,决定系数 $R^2 \geqslant 0.6$,且 $E_{NS} \geqslant 0.5$,表示模型适用于该流域。

4.3.6　SWAT 模型的率定与验证

在模型运行初期,很多变量(如土壤含水量)的原始值为零,这种情况对模型的运行结果会产生很大影响,因此在绝大部分的情况下,需要设置一段时间作为模型运行的预热期,用来合理估计模型的原始变量。本次研究中模型的率定与验证数据均来自抚河流域控制站李家渡水文站,径流量、氨氮和总磷均以 2010—2011 年为预热期,2012—2014 年作为率定期,最后 2015—2016 年作为验证期,率定的顺序遵循先校准径流,后率定污染物,率定径流和污染物的步骤如图 4.20 所示。

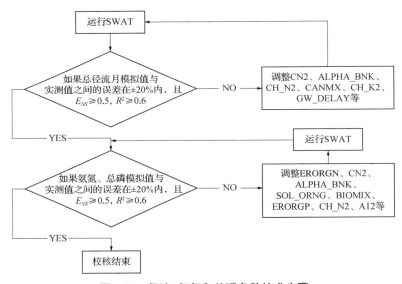

图 4.20　径流、氨氮和总磷参数校准步骤

4.3.6.1　月径流的率定与验证

率定期间根据敏感性参数分析结果使用 SWAT-CUP 每次 500 次进行迭代,直到获取满意结果为止,将参数带回 SWAT 模型中,如图 4.21、图 4.22 所示。图 4.23、4.24 分别为李家渡水文站率定期、验证期的模拟结果,根据表 4.28 的评价结果可知,李家渡水文站率定期和验证期的 R^2 分别为 0.92、0.88,E_{NS} 分别为 0.87、0.94,相对误差 $|Re|$ 均小于 20%,其中率定期和验证期的 Re 均大于 0,这是由于李家渡处于赣抚平原,经济较发达,人口数量多,且该水文站附近设置了取水口。总体来说,结果精度较高,达到了模型最低要求,表明该模型在抚河流域的适用性较好。

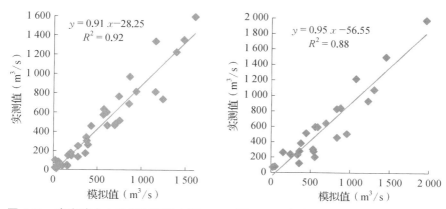

图 4.21　李家渡水文站率定期散点图　　图 4.22　李家渡水文站验证期散点图

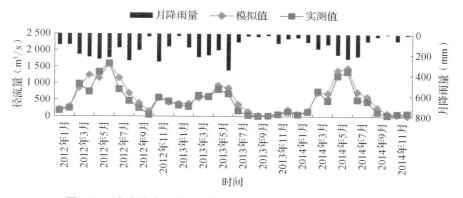

图 4.23　李家渡水文站率定期(2012—2014 年)月径流拟合曲线

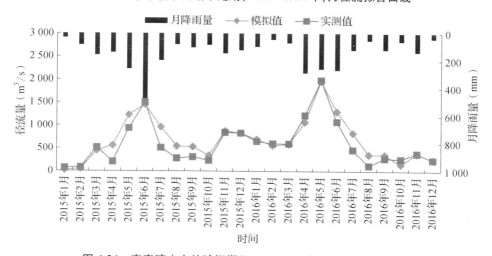

图 4.24　李家渡水文站验证期(2015—2016 年)月径流拟合曲线

表 4.28　月径流模拟结果评价

水文站名称	模拟时期	Re	R^2	E_{NS}
李家渡	2012—2014 年(率定期)	16.41%	0.92	0.87
	2015—2016 年(验证期)	15.13%	0.88	0.94

4.3.6.2　氨氮的率定与验证

选取 ERORGN、CN2、ALPHA_BNK、SOL_ORGN 等对氨氮模拟结果进行率定与验证,直到获取满意结果为止,将参数带回 SWAT 模型中,结果如图 4.25、图 4.26 所示。图 4.27 和图 4.28 分别为李家渡水文站氨氮的率定期、验证期模拟结果,R^2 分别为 0.74、0.72,E_{NS} 分别为 0.75、0.73,率定期的相对误差 Re 是 -6.76%,验证期为 7.12%,如表 4.29 所示。三个评价指标均满足要求,结果精度较高,表明该模型在抚河流域对氨氮模拟的适用性较好。

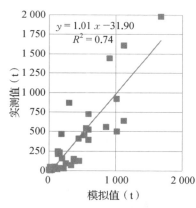

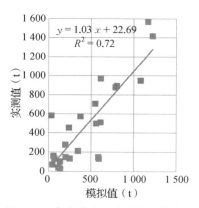

图 4.25　李家渡水文站率定期散点图　**图 4.26　李家渡水文站验证期散点图**

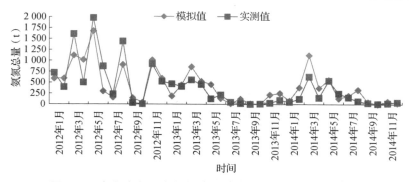

图 4.27　李家渡水文站率定期(2012—2014 年)氨氮拟合曲线

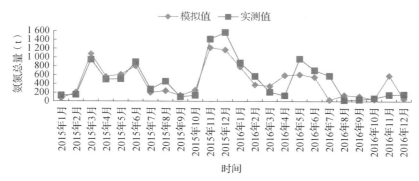

图 4.28　李家渡水文站验证期(2015—2016 年)氨氮拟合曲线

表 4.29　氨氮模拟结果评价

水文站名称	模拟时期	Re	R^2	E_{NS}
李家渡	2012—2014 年(率定期)	−6.76%	0.74	0.75
	2015—2016 年(验证期)	7.12%	0.72	0.73

4.3.6.3　总磷的率定与验证

根据参数敏感性分析,选取 BIOMIX、ERORGP、ALPHA_BNK、CN2、CH_N2 等对总磷模拟结果进行率定与验证,直到获取满意结果为止,将参数带回 SWAT 模型中进行再次模拟,如图 4.29、图 4.30 所示。图 4.31 和图 4.32 分别为李家渡水文站对总磷的率定期、验证期模拟结果,R^2 分别为 0.74、0.83,E_{NS} 分别为 0.71、0.81,相对误差 Re 在率定期是−19.13%,在验证期为−0.89%(表 4.30),与径流和氨氮三个评价指标均满足要求,总体来说,结果精度较高,表明该模型在抚河流域对总磷模拟的适用性较好。

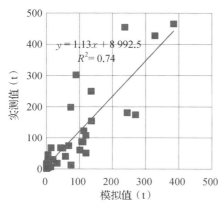

图 4.29　李家渡水文站率定期散点图

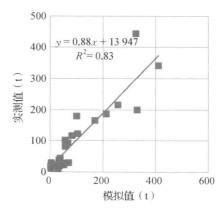

图 4.30　李家渡水文站验证期散点图

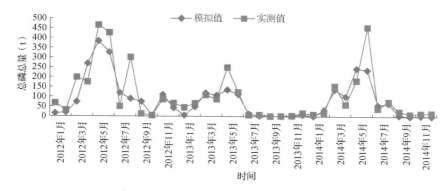

图 4.31　李家渡水文站率定期(2012—2014 年)总磷拟合曲线

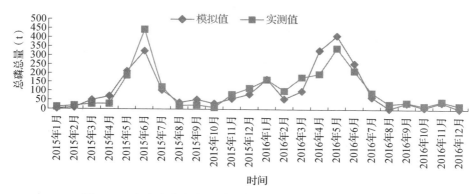

图 4.32　李家渡水文站验证期(2015—2016 年)总磷拟合曲线

表 4.30　总磷模拟结果评价

水文站名称	模拟时期	Re	R^2	E_{NS}
李家渡	2012—2014 年(率定期)	−19.13%	0.74	0.71
	2015—2016 年(验证期)	−0.89%	0.83	0.81

4.4　土地利用变化下抚河流域面源污染负荷

为了分析土地利用变化对径流和面源污染的影响,要去掉点源数据,在率定好的 SWAT 模型中分别输入 2003 年、2010 年和 2017 年的土地利用图,同时保持输入的各项数据和阈值不变,剔除模型计算误差影响,分别以月尺度和年尺度为步长得到子流域输出文件(output.sub)、主河道输出文件(output.rch)和 HRU 输出文件(output.hru),分别从时间和空间的角度研究土地利用变化下径流与污染物的变化,以及不同地物类型对径流及污染物的贡献量。

4.4.1 研究区不同时期土地利用对径流的影响

4.4.1.1 年尺度下模拟结果分析

为了分析土地利用变化对径流的影响,需要对径流进行模拟,首先将 2017 年的土地利用图载入 SWAT 模型中进行月尺度率定和验证,然后再输入 2003 年、2010 年和 2017 年的土地利用图,同时保持其他输入数据和阈值不变,消除模型计算误差的影响,得到三期土地利用下的流域总出口年径流量变化,见图 4.33。

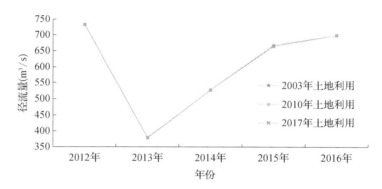

图 4.33 三期土地利用情景下年径流量变化

从图中可以看出,2012—2016 年,径流量的变化大致呈现"V"字形规律,尽管三个时期的土地利用面积差别很大,但是年径流量却没有显著的变化,可见研究区域土地利用的变化对径流的影响并不显著,但从输出数据仍可以发现,2003 年到 2010 年直至 2017 年的土地利用情境下,流域出口的径流量表现出缓慢减少的状态。

4.4.1.2 月尺度下模拟结果分析

月尺度下的模拟过程与年尺度下的模拟过程类似,最终得到不同时期多年平均月径流量,如图 4.34 所示,可以得知,年内降雨量的变化与径流量的波动有着明显的正相关,三期土地利用情景下月径流量变化情况一致,均呈现先升后降的趋势。其中3—8 月份的径流量较大,占全年径流量的 75% 左右,其余月份径流量相对较小,5 月份达到月径流量的最大值,随后月径流量逐渐减少,10 月份处于月径流量的最小值,11 月份又开始有所回升。

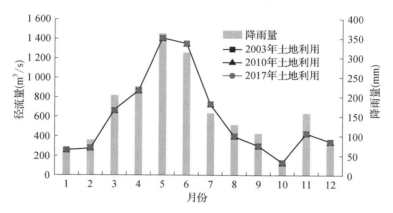

图 4.34   三期土地利用情景下月径流模拟结果

在模拟年份内,抚河流域多年平均月径流量在 600.92 m³/s 左右,2010 情景年比 2003 情景年的多年平均月径流量降低 0.65 m³/s,2017 情景年的多年平均月径流量较 2010 情景年降低 0.41 m³/s,这说明土地利用的变化与径流是相关联的。其中耕地、林地和草地面积占流域总面积的 90% 以上,根据土地利用变化情况,林地面积的增加、耕地和草地面积的减小导致了月径流量的减小,而 2010—2017 年较 2003—2010 年的多年平均月径流量差异减小,是因为后一段时期林地的增长减缓和城镇用地的增长加快有关。

4.4.1.3   平均径流系数的空间分布特征

基于 SWAT 的模拟结果,用多年平均径流系数来分析抚河流域空间尺度下的径流特点,径流系数公式如下:

$$\alpha = \frac{R}{P} \tag{4.13}$$

其中 α 表示径流系数;R 表示流域多年径流深,mm;P 表示流域多年平均降雨量,mm。

径流系数受多种因素影响,综合反映了降雨量与径流深之间的关系,径流系数越大,则表示降雨越不容易被土壤吸收,城市地区的径流系数最高可达到 0.8 以上,一般很容易发生内涝。抚河流域平均径流系数在 0.61 左右,从图 4.35 可知,抚河下游地区的 1 号、7 号、8 号和 13 号以及子流域东南部的 24 号、27 号、30 号、31 号和 35 号的径流系数较高,在 0.666 以上,其中 1 号子流域的径流系数甚至达到 0.75。流域下游径流系数偏高是由于径流量较大,而流域东南部的南城县的洪门水库也会使得该地区径流系数偏高。

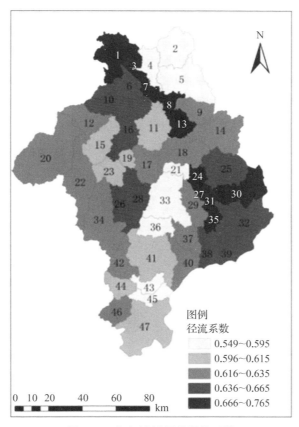

图 4.35 抚河流域平均径流系数

图 4.36 显示了两个时间段流域空间上径流系数的变化幅度,土地利用的变化导致了径流系数的变化。第一阶段(2003—2010 年),抚河流域大部分地区的径流系数处于减少的状态,降幅为 0~2.00%,所有子流域中 17 号子流域的降幅最为明显,达到了 1.90%,流域北部的 2、4 和 5 号子流域的径流系数增幅较大,为 0.41%~1.00%;第二阶段(2010—2017 年),径流系数变大的地区较上一阶段开始增多,多集中在抚河

的西边,增幅一般在 0~0.72% 范围内,其中 10、12 和 20 号子流域的增幅最大,9 号子流域降幅最大,达到 0.85%,降幅在 0~0.86% 之间,总体来看,第二阶段无论是增幅还是降幅都比第一阶段小。

以第一阶段径流系数降幅最大的 17 号子流域、第二阶段增幅最大的 12 号子流域和径流系数先增后降的 2 号子流域进行土地利用变化分析,得到如表 4.31 所示结果。通过表 4.31 发现,未利用地和水域由于占比很小可忽略,径流系数升高一般是因为耕地、城镇用地面积增加或者林地面积减少,林地和草地面积的增加对径流系数有降低的效果。林地可以起到保水、蓄水的作用,城镇用地不透水地面使得地表会快速形成径流。综合来看,林地、草地可以起到保水、蓄水的作用;城镇用地的不透水地面难以吸收降雨,使得地表会快速形成径流;耕地会导致土壤结构受到破坏,土壤渗水量增加,径流量也相应增加。强降雨可能会导致径流系数偏高的地区发生洪涝灾害,需注意防范。

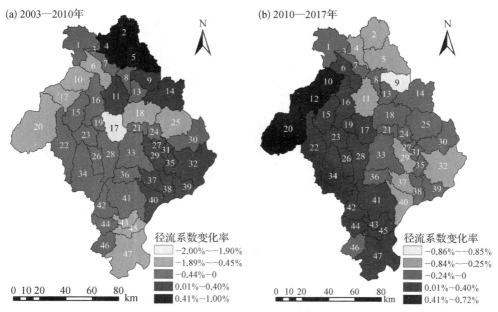

图 4.36 2003—2017 年径流系数变化图

表 4.31　子流域土地利用类型面积比例

单位:%

土地利用类型	17 号子流域			12 号子流域			2 号子流域				
	2003 年	2010 年	变化率	2010 年	2017 年	变化率	2003 年	2010 年	2017 年	2003—2010 年变化率	2010—2017 年变化率
未利用地	1.08	0.00	−1.08	1.62	0.35	−1.27	0.00	0.09	0.30	0.08	0.22
城镇用地	0.90	0.52	−0.38	5.06	9.17	4.11	6.25	11.05	17.51	4.80	6.46
水域	0.23	0.10	−0.14	2.26	2.63	0.37	1.43	3.34	2.32	1.91	−1.02
草地	8.63	0.74	−7.89	10.32	13.10	2.79	8.74	4.41	15.10	−4.33	10.69
林地	74.41	87.19	12.78	37.99	25.17	−12.82	41.60	23.32	18.04	−18.29	−5.28
耕地	14.75	11.44	−3.30	42.74	49.57	6.83	41.97	57.79	46.72	15.82	−11.07

4.4.2　研究区不同时期土地利用对氨氮的影响

4.4.2.1　年尺度下模拟结果分析

根据三个不同土地利用时期,在年尺度输出文件的基础上进行分析,得到 2012—2016 年间流域总出口氨氮年负荷量的变化情况,如图 4.37 所示。从图中可以看出,2012—2016 年,氨氮年负荷量呈现不规则的变化规律,以 2017 期的土地利用图的负荷量为例,其中 2012 年的负荷量最高,高达 8 161.90 t,而 2013 年则降至最低,负荷量为 3 234.36 t,氨氮在 2012—2016 年的年均负荷量为 5 097.28 t。

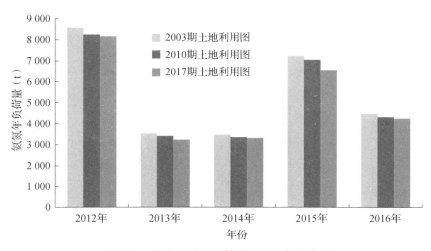

图 4.37　三期土地利用情景下氨氮年负荷量

分析三个不同土地利用时期的负荷量,可以看出年负荷量的变化有着明显的规律,均处于不断减少的状态,氨氮年均负荷量从 2003 期土地利用图的 5 454.50 t 降至 2010 期的 5 270.89 t,最后降至 2017 期的 5 097.28 t。在第一阶段 2003—2010 期与第二阶段 2010—2017 期,氨氮年负荷量的降幅在 0.94%~7.73%之间,下降幅度最小的发生在第二阶段的 2012 年,降幅为 0.94%,减少了 77.12 t,降幅最大的在第二阶段的 2015 年,降幅达到 7.58%,减少了 504.65 t。

4.4.2.2　月尺度下模拟结果分析

月尺度下的模拟过程同年尺度下的模拟类似,以研究区域总出口的氨氮污染负荷量进行分析,得到图 4.38。图中分析可以得出,氨氮负荷量分别在 3 月、5 月和 11 月出现了高峰,主要是由于研究区域在这三个时期处于当地经济作物施肥的高峰期。以 2017 期的土地利用为例,氨氮负荷量在 3 月份达到负荷量最大值,随后负荷量下降,在 5 月份又达到一个小的巅峰,负荷量达到 782.50 t 后开始减少,在 11 月份的施肥高峰期又有所回升,负荷量为 620.41 t。研究区的降雨主要集中在 3—7 月,利用 Excel 将降雨量与氨氮月均负荷量进行相关分析,可以发现相关性很弱,由此可知,降雨量的变化对氨氮流入河道没有明显的作用,氨氮负荷量的波动变化与施肥量有着密切的关系。

相较来说,土地利用变化对氨氮负荷量的影响不如施肥量带来的影响明显。从图 4.38 分析得出,土地利用变化对氨氮负荷量产生的影响较小,但呈现出规律的变化,整

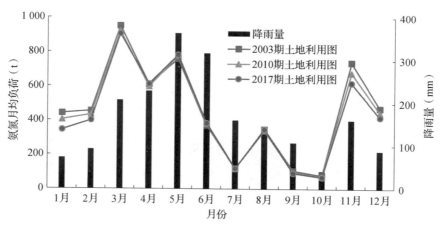

图 4.38　三期土地利用情景下多年平均氨氮月均负荷量

体来说,氨氮负荷量的月平均值从 2003 期到 2010 期直至 2017 期,是不断降低的,月平均值从 2003 期的 454.54 t 降至 2010 期的 439.24 t,最后降至 2017 期的 424.77 t。

4.4.2.3　氨氮空间分布特征

由于子流域间的面积均不相同,为了方便分析,本次研究采用单位负荷量这一概念。通过年尺度下的主河道输出文件(output.rch),同时利用 Excel 计算三个不同时期下不同子流域的单位氨氮年均负荷量,如图 4.39。

根据计算结果,单位面积氨氮年均负荷总体上呈下降的趋势,负荷量从 2003 年的 53.53 kg/hm² 不断降至 2010 年的 50.46 kg/hm²,最后降至 2017 年的 46.77 kg/hm²。空间分布上,2003 年所有子流域的单位氨氮年均负荷量在 0.31~1 098 kg/hm² 范围内,污染较为严重的都集中分布在流域中下游的干流处及流域出口。其中有 6 个子流域的单位年均负荷量在 100 kg/hm² 以上,分别是 1、3、7、8、13 和 21 号子流域,其中 3 号和 8 号子流域的污染负荷量较高,分别为 1 097.37 kg/hm²、207.61 kg/hm²,3 号子流域负荷最严重,这是由于 3 号子流域处在流域的下游,汇集了河道断面以上进入河道的负荷量和本身产生的负荷量,氨氮负荷污染年均总量较大,同时 3 号子流域的面积小,因此该子流域的单位面积氨氮负荷量较 8 号子流域高出 5 倍左右。

2010 年单位污染负荷量较 2003 年的单位负荷量低,负荷量较大的区域仍集中在流域中下游的干流处以及流域出口处,污染负荷较严重的子流域与 2003 年的个数与编号相同,3 号和 8 号子流域仍是单位负荷量最大的两个子流域,分别达到 1 011.63 kg/hm² 和 205.52 kg/hm²,但单位面积负荷量均有所下降,其中 3 号子流域的降幅较大,达到 7.81%。同时,有极少部分子流域的单位负荷量有所增加,其中 2 号子流域的负荷量上升最为明显,从 2003 年的 0.86 kg/hm² 增加到 2010 年的 1.35 kg/hm²,增幅高达 56.98%。

2017 年仍有 6 个子流域的单位氨氮年均负荷量超过了 100 kg/hm²,与 2003 年子流域的个数和编号保持一致且呈现下降的趋势,其中 8 号子流域的单位氨氮年均负荷量在 200 kg/hm² 以下,降至 183.27 kg/hm²。3 号子流域仍是流域内单位负荷量最多的子流域,为 946.27 kg/hm²,较 2010 年下降了 6.46%,降幅最大的是 12 号子流域,达到 19.87%;与 2010 年相比,有 2 个子流域的负荷量有所上升,其中 20 号子流域增幅最大,达到 52.17%。污染物的输出量与降雨量、地形、人类活动和土地利用有着密切的关联,根据模拟结果,抚河流域的土地利用变化是此次研究的主要因素。

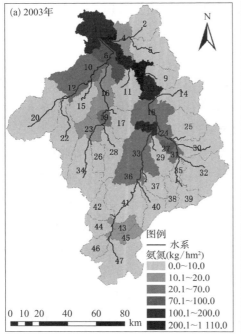

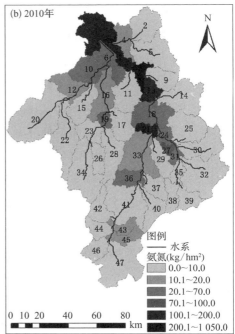

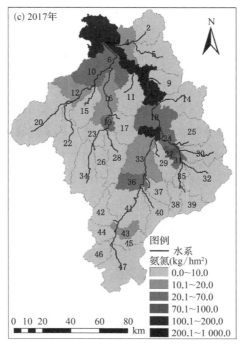

图 4.39　三期土地利用情景下的单位氨氮年均负荷量

4.4.3　研究区不同时期土地利用对总磷的影响

4.4.3.1　年尺度下模拟结果分析

对抚河流域总磷负荷量面源污染三个不同时期的变化特征进行分析,主要利用SWAT 模型进行率定后再分别输入 2003 年、2010 年和 2017 年土地利用图,以抚河流域总出口输出的污染负荷量为主,结果如图 4.40 所示。

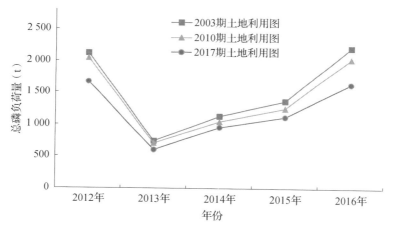

图 4.40　三期土地利用情景下总磷年负荷量

在 2012—2016 年间,三个时期总磷的负荷量均呈"V"字形,变化规律一致。以2017 期的土地利用图为例,2012 年和 2016 年的总磷负荷量最高,分别达到了 1 670 t、1 632 t,均超出负荷量平均值的 36%,其他年份则低于平均值,尤其在 2013 年最少,为599.3 t,低于平均值的 49.9%。

从三个不同时期的总磷负荷量分析,2003 期、2010 期和 2017 期的年负荷量在2012—2016 年期间每年均呈现减少的状态,其中 2003 期的总磷年负荷量是最高的,平均值达到 1 516.04 t,2010 期和 2017 期不断降低至 1 419.36 t 和 1 196.62 t;2003 期与 2010 期总磷负荷的减少量平均值为 96.68 t,2010 期与 2017 期总磷负荷的减少量平均值达到 222.74 t,磷总量减少更多;2003 期与 2010 期的负荷量在 2015 年和 2016年降低得较多,分别达到了 111 t、178 t,而 2010 期与 2017 期总磷负荷量减少最明显的是 2012 年和 2016 年,分别超过减少量平均值的 69.27% 和 82.72%。总体而言,2003 期与 2017 期之间减少较为明显的是 2012 年与 2016 年,分别下降了 452 t、585 t。

4.4.3.2　月尺度下模拟结果分析

月尺度下的模拟过程同年尺度下的模拟类似,以研究区域总出口的总磷污染负荷量为分析对象,得到图 4.41。图中分析可以得出,月降雨量与总磷月均负荷量的变化规律是一致的。利用 Excel 散点图对 2017 期土地利用图输出的总磷负荷量和降雨量进行相关性分析,相关性系数 R^2 高达 0.91,可知降雨量与总磷负荷量呈正相关关系。2003 期、2010 期和 2017 期三期土地利用图的多年月平均负荷量的变化规律相似,以 2003 期土地利用图输出的总磷负荷量为例分析,从 2 月份开始一直处于上升的状态,在 5 月份达到了最大值,负荷量为 349.58 t,同时降雨量也在 5 月份增加到最大值(362.6 mm)。随后负荷量和降雨量均处于减少的状态,在 10 月份两者均达到了一年中的最小值,总磷负荷量在 10 月份降至 14.99 t,降雨量降至 41.59 mm。总体来说,在 2—5 月份,总磷负荷量处于上升的趋势,随后直至 10 月份降至最低点,这是由于 2—5 月降雨量较多,污染物质会随着雨水大量汇入河中,降雨量减少时,污染物入河量也随之降低。

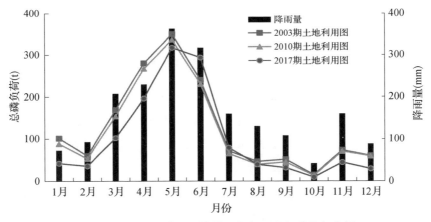

图 4.41　三期土地利用情景下多年平均总磷月负荷量

相较来说,土地利用变化对总磷负荷量的影响不如降雨量带来的影响明显,但从图 4.41 中分析得出,土地利用变化对总磷负荷量有一定的影响。整体来说,总磷负荷量月平均值从 2003 期至 2010 期到 2017 期,负荷量是不断降低的,月平均值从 2003 期的 126.34 t 降至 2010 期的 118.29 t,最后降至 2017 期的 101.59 t,这种变化趋势和年尺度下的总磷负荷量变化是一致的。两个时间段(2003 期—2010 期与 2010 期—

2017 期)比较而言,后者总磷负荷的减少量较前者更多,尤其在 3 月份和 4 月份,后者的总磷负荷减少量均超过了 50 t。

4.4.3.3   总磷空间分布特征

输入三期土地利用图,获得 SWAT 模型模拟的输出结果,分别得到 2003 年、2010 年和 2017 年各子流域的单位总磷年均负荷量,如图 4.42。

三个时期得到的单位总磷年均负荷量的变化规律与单位氨氮年均负荷量的变化规律相似,总体上呈下降的趋势,负荷量从 2003 年的 23.88 kg/hm² 不断降至 2010 年的 22.01 kg/hm²,最后降至 2017 年的 17.47 kg/hm²。空间分布上,2003 年子流域的单位总磷年均负荷量在 1.41~314.27 kg/hm² 的范围内,污染较为严重的都集中分布在流域中下游的干流处。单位年均负荷量在 40 kg/hm² 以上的子流域有 9 个,分别是 3、7、8、13、19、21、24、27 和 31 号子流域,其中 3 号和 27 号子流域的污染负荷量最大,分别为 314.26 kg/hm²、91.35 kg/hm²,3 号子流域单位面积负荷量大是该流域汇集了较大的负荷量且面积小导致的。

2010 年单位污染负荷量较 2003 年总体较低,负荷量较大的区域仍集中在流域中下游的干流处,污染负荷较严重的子流域个数有所下降,2010 年单位负荷量在 40 kg/hm² 以上的有 8 个子流域,分别是 3、7、8、13、21、24、27 和 31 号子流域。其中 3 号子流域的单位负荷量达到 291.54 kg/hm²,比 2003 年的负荷量下降了 7.23%,下降幅度最大的是 47 号子流域,降幅为 39.34%;有极少部分子流域的单位总磷负荷量较 2003 年有上升的趋势,其中 4 号子流域的单位负荷量增加较为明显。

2017 年共有 8 个子流域的单位总磷负荷量超过了 40 kg/hm²,与 2010 年的情况保持一致,但这 8 个子流域的单位总磷年均负荷量均有所下降。其中 3 号子流域仍是流域内单位负荷量最多的子流域,达到 241.25 kg/hm²,较 2010 年下降了 5.06%,降幅最大的是 42 号子流域,达到 53.98%;与 2010 年相比,2017 年有 5 个子流域的负荷量有所上升,其中 2 号子流域的增幅最大,达到 8.04%。污染物的输出量与土地利用变化有着密切的关联,根据模拟结果,抚河流域的土地利用布局趋于合理,污染物的负荷量正逐步降低。

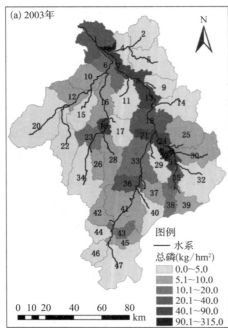

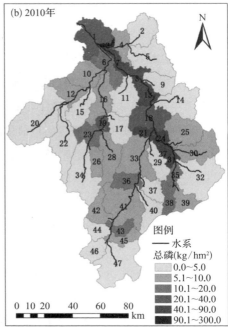

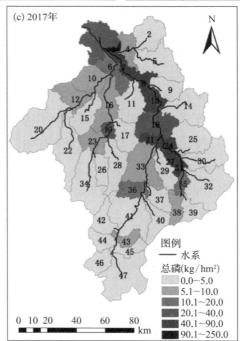

图 4.42 三期土地利用情景下单位总磷年均负荷量

4.4.4　不同用地类型对径流及污染物的贡献量

根据 HRU 输出文件(output.hru),可以得到不同土地利用类型在每个水文响应单元下的径流量及污染物负荷量,由于不同土地利用时期在时间上的变化呈现相同的规律,因此,以 2017 年的 HRU 输出文件为例,统计各类地物对径流及污染物的贡献。研究区域的未利用地面积较小,因此本章主要对耕地、林地、草地和城镇用地这四种类型进行分析。由于在 output.hru 文件中没有氨氮这一指标,因此对污染物的研究仅限于对总磷的统计分析。

(1) 不同用地类型对径流的贡献

径流按照其流动方式可以分为地表径流和地下径流,利用多年平均径流量得出不同土地利用类型产生的地表径流(SURQ_GEN)、地下径流(GW_Q)和径流总量(WYLD)。从图 4.43 中可以看出,林地产生的地表径流量最少,但地下径流量却是最高的,而城镇用地的情况相反,地表径流量最高,地下径流量最少,这是由于林地可以有效截留地表径流,减少径流量,涵养水源,而城镇用地由于不透水地面,地面渗透率低,会快速形成地表径流。地表径流的贡献量排序:城镇用地>耕地>草地>林地,地下径流的贡献量顺序:林地>草地>耕地>城镇用地,径流总量相对来说差别不大,但耕地和城镇用地对总径流量的贡献均比草地和林地要大。

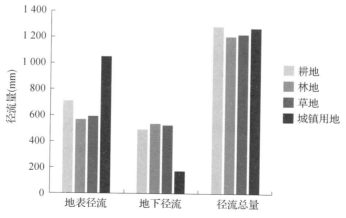

图 4.43　不同土地利用类型对径流的贡献量

（2）不同用地类型对总磷负荷量的贡献

从图 4.44 可以看出，总磷负荷量在耕地上最高，达到 8.72 kg/hm²，其次分别是草地、城镇用地和林地，林地的负荷量是最低的，由此可以得出，总磷负荷主要来自耕地，林地的负荷量最小，因此林地面积的增加与耕地面积的减少有利于减少污染物的输出。

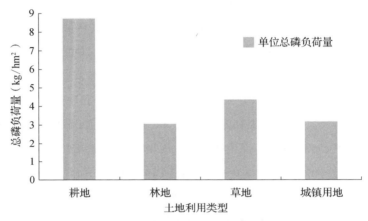

图 4.44　不同土地利用类型对总磷的贡献量

4.5　小　结

本章通过收集流域内的数字高程模型、水系图、水文水质数据、农业管理措施、土壤图制备土壤数据、气象数据与气象数据库、土壤数据库，同时利用 ENVI 对遥感图进行解译获得土地利用图等一系列的资料，构建可以针对研究区域使用的 SWAT 模型，通过 SWAT-CUP 对参数进行敏感性分析后，再按照先径流后水质的顺序对径流量、氨氮和总磷进行率定与验证，得到了适用抚河流域的 SWAT 模型，再输入 2003 年、2010 年和 2017 年三个不同的土地利用图，对抚河流域的面源污染进行模拟，同时对输出结果进行分析，依据最后的研究结果，可以得出以下结论：

（1）研究区域土地利用的演变导致了径流量、氨氮和总磷负荷的减少，其中土地利用变化引起的径流量变化不明显，2010 期较 2003 期的多年平均月径流量降低 0.65 m³/s，2017 期的多年平均月径流量较 2010 期相比降低 0.41 m³/s。而氨氮和总磷负荷的降幅较为明显,氨氮月均负荷量从 2003 期的 454.54 t 降至 2010 期的 439.24 t,最后降至 2017 期的 424.77 t,总磷月均负荷量从 2003 期的 126.34 t 降至 2010 期的 118.29 t,最后降至 2017 期的 101.59 t。施肥对月均氨氮负荷量起着显著的作用,在 3 月、5 月和 11 月的施肥时间段荷量上升,与降雨量的相关性弱,而总磷月均负荷量和降雨量呈正相关,在 2—5 月份,总磷负荷量随着降雨量的增加处于上升的趋势。

(2) 空间分布上,流域下游及流域东南部径流系数偏高,表示降雨不易被土壤吸收,暴雨季节容易发生洪涝灾害;氨氮和总磷单位负荷量在空间分布上较为一致,污染严重的地方均集中在流域中下游干流附近,这是由于:一方面,上游子流域产生的污染物最后全部汇聚在流域出口;另一方面,污染严重的区域也是耕地面积占比较大的地区,施肥量和降雨量使得单位面积负荷量偏高。整体而言,从 2003 期到 2010 期直至 2017 期,大部分子流域的单位负荷量均呈现下降的趋势,极少数子流域有所增加。

(3) 不同土地利用类型对径流和总磷的贡献量有所差异,其中地表径流的贡献量排序:城镇用地>耕地>草地>林地,地下径流的贡献量顺序:林地>草地>耕地>城镇用地,这是由于林地可以起到保水、蓄水的作用,城镇用地不透水地面使得地表会快速形成径流。耕地对总磷的贡献量是最多的,林地贡献量最低,贡献量排序:耕地>草地>城镇用地>林地,"退耕还林"可以很好地保护水生态环境,降低污染负荷量。

第 5 章　土壤侵蚀条件下鄱阳湖流域
生境质量时空变化分析①

  鄱阳湖流域是以鄱阳湖为主的平原区,总面积约 4 000 km²,对江西省和长江中下游的经济发展具有非常重要的作用。在 1980—2018 年期间,伴随着经济社会发展,区域内城镇化进程加快、耕地不断减少,其余各类土地类型也都发生了不同程度的转移和变化。不断变化的土地利用类型,对区域内土壤保持和生境质量带来了不利影响,同时也导致区域内自然的生态系统服务功能受到破坏,对区域生态安全、人类经济发展、社会福祉、自然环境产生较大的负面影响。

  健康的生态服务功能对区域社会经济发展来说具有重要战略意义,因此,研究鄱阳湖流域土壤侵蚀和生境质量退化,分析流域生态系统服务的影响因素,为改善流域生态服务功能提供了科学依据,具有重要的现实意义。

5.1　土壤侵蚀和生境质量的基本理论及研究方法

  在本章,有关土壤侵蚀与生境质量的分析都依靠 InVEST 模型进行,InVEST 模型全称是生态系统服务和权衡的综合评估模型(Integrated Valuation of Ecosystem Services and Tradeoffs),由美国斯坦福大学、大自然保护协会(TNC)以及世界自然基金会(WWF)合作开发,该模型能够定量化地计算生态系统服务功能的物质量和价值量。与其他模型相比,InVEST 模型可以将模型结果空间分布可视化,解决了以往评估生

---

  ①　改编自王乐志.基于 InVEST 模型的鄱阳湖流域土壤保持和生境质量变化研究[D].南昌:南昌大学,2020:11 - 66。

态系统服务功能只能采用抽象文字表达的缺点。InVEST 模型可以结合 3S 技术,通过输入当前或未来自然数据和社会经济数据,对不同情境下生态服务功能的分布及变化进行分析和预测,实现生态系统服务功能的动态评估。由模型指导手册可知,InVEST 模型包含了海洋、陆地和淡水多种生态系统服务功能评估系统,其中淡水系统包含了产水量、洪峰调节、水质净化和土壤侵蚀 4 个子系统;陆地生态系统包含了生物多样性(生境质量)、碳储量、作物授粉和木材生产量 4 个子系统;海洋系统包含了生成海岸线、海岸保护、美感评估、水产养殖、生境风险评估、叠置分析、波能评估 7 个子系统。而本章采用的是淡水评估系统中的土壤侵蚀模块和陆地评估系统中的生物多样性(生境质量)模块,研究鄱阳湖流域土壤保持和生境质量。

5.1.1　土壤侵蚀

土壤侵蚀最早是由国外地理学家提出的,用以描述土壤外营力产生的移平作用,随着研究的不断深入,土壤侵蚀的含义也在发生改变。当前指在内外营力的作用下,土壤及其母质被破坏、剥蚀、搬运和沉积的过程。土壤侵蚀极易造成水体污染、土壤流失、肥力减弱等退化现象,因此,土壤侵蚀对土壤保持功能的研究至关重要。若不以土壤侵蚀防治为核心,将很难达到土壤保持的根本目的。

InVEST 模型土壤侵蚀模块是在通用水土流失方程(USLE)的基础上引入了不同土地利用类型对泥沙滞留的影响,从而对流域土壤侵蚀或土壤保持状况进行评估和估算,使得计算结果更加符合实际情况。模型运行结果包括了潜在土壤侵蚀量和实际土壤侵蚀量,用潜在土壤侵蚀量减去实际土壤侵蚀量即土壤保持量,计算公式如下:

$$RKLS_i = R_i \times K_i \times LS_i \tag{5.1}$$

$$ULSE_i = R_i \times K_i \times LS_i \times C_i \times P_i \tag{5.2}$$

式中,$RKLS_i$ 表示第 i 个栅格单元的潜在土壤侵蚀量,$ULSE_i$ 表示第 i 个栅格单元的实际土壤侵蚀量;R_i、K_i、LS_i、C_i 和 P_i 分别为第 i 个栅格单元的降水侵蚀力因子、土壤侵蚀力因子、坡度坡长因子、植被覆盖因子和土壤保持措施因子。

5.1.2　生境质量

生境质量在某种程度上能够代表区域的生物多样性情况,是指生态系统为个体和种群提供适宜、持续性生存条件的能力。生境也称栖息地,栖息地的适宜性对于保护生物多样性具有重要的意义,而生境质量的高低可以决定栖息地的适宜程度。生境质量与人类社会的发展息息相关,它的高低反映了人类生存环境的优劣,包括自然资源和整个生态环境的各种要素。土地利用类型的变化不仅推动社会和经济发展,而且严重影响着生境区域之间物质和能量的交换过程。

如今,随着工业化、城市化和农业现代化的快速发展,资源配置的流动性不断增强,这些因素对区域土地利用的空间结构产生了重大影响。因此,评估和模拟由于土地利用变化引起的生境质量变化是目前国内外生态学和地理学领域研究的热点,研究土地利用变化与生境质量变化之间的关系,为促进区域生态保护和发展、制定区域生态保护政策和推动土地资源的可持续利用提供了依据。

在 InVEST 模型中,生境质量模块利用土地与威胁源之间的联系这一特性对区域生境质量进行评估,得到的结果即生境质量的高低,而区域生境质量的高低可以在某种程度上反映该区域的生物多样性。模型运行之前,首先需要区分威胁源和生境类型,建设用地和耕地是人类生产生活中比较集中的地类,因此这两种地类会对区域生境质量造成严重的威胁,因此本章选择建设用地和耕地作为威胁区域生物多样性的影响因子。InVEST 模型结合生境的适宜度、外界威胁源的强度以及敏感度来计算生境质量。首先计算生境退化度:

$$D_{xj} = \sum_{r=1}^{R} \sum_{y=1}^{Y_r} \left(w_r / \sum_{r=1}^{R} w_r \right) r_y i_{rxy} \beta_x S_{jr} \tag{5.3}$$

$$i_{rxy} = 1 - d_{xy}/d_{r\max} \tag{5.4}$$

$$i_{raxy} = \exp(-2.99/d_{r\max}) \tag{5.5}$$

公式中:R 为威胁源个数;w_r 为威胁源 r 的权重;Y_r 为威胁源的栅格个数;r_y 为栅格 y 的胁迫值;i_{rxy} 为栅格 y 的胁迫值 i_{raxy} 对栅格 x 的胁迫水平;β_x 为威胁源对栅格 x 的可达性,该值大于 0 小于 1,值越大表示越容易达到;S_{jr} 为生境类型 j 对威胁源 r 的敏感度;d_{xy} 为栅格 x 和栅格 y 的直线距离;$d_{r\max}$ 为威胁源 r 的最大影响距离。

在此基础上就可以计算出生境质量指数:

$$Q_{xj} = H_j \left(1 - \frac{D_{xj}^z}{D_{xj}^z + k^2} \right) \tag{5.6}$$

公式中:H_j 为生境类型 j 的生境适宜度,值为 $[0,1]$;Z 为模型默认参数的归一化常量,k 为半饱和常数,k 的默认值为 0.5,但是可以被设置为任何一个正数值。不管 k 值如何设定,生境质量栅格的原有次序是不变的,k 值的选择仅仅取决于生境质量得分值的扩散和居中趋势。

5.2 研究区概况

5.2.1 地理位置

鄱阳湖位于江西省境内,是长江主要支流之一,由于其具有调节长江洪水及自身在流域内防洪等其他作用,所以在长江流域中占有重要的地位。鄱阳湖上游承接赣江、抚河、信江、饶河和修水五大水系和其他小河流,整体构成了鄱阳湖水系。鄱阳湖流域总面积大约有 171 755 km²,其中江西省内大约有 156 743 km²,流域面积与江西省行政辖区基本重叠,因此本章采用江西省行政区域代替鄱阳湖流域进行研究(图 5.1)。

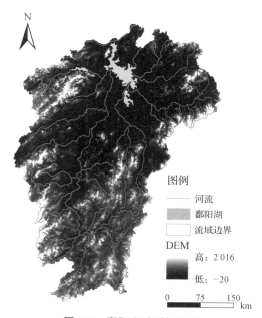

图 5.1 鄱阳湖流域概况图

5.2.2 地形地貌

鄱阳湖流域基本上和江西省行政区域重叠,其中流域的东部、西部、南部三面被山环绕,流域的中部交叉分布着丘陵和河谷平原,而北部是流域内著名的赣抚平原区。流域内海拔高于 300 m 的区域约占流域总面积的 30%,而海拔低于 300 m 的区域约占流域总面积的 70%,流域内山峰众多,流域东部和东北部有著名的武夷山和怀玉山,大庾岭和九连山坐落在流域的南面,西部是巍峨的罗霄山脉,而北部有耸立于赣鄂之间的幕阜山。流域内最高的山峰是黄冈,高度达 2 157 m。

5.2.3 水文气候

鄱阳湖流域属亚热带季风气候的江南丘陵地区,气温受季风环流影响明显,多年平均气温为 16.3 ℃~19.5 ℃,自南向北呈现递减变化。流域东北、西北以及鄱阳湖平原区多年平均气温为 16.3 ℃~17.5 ℃,流域南部盆地为 19.0 ℃~19.5 ℃。夏季比较长,每年的 7 月气温较高,平均气温介于 26.9 ℃~29.8 ℃之间,有时候最高可达 40 ℃以上,是长江中下游较热地区之一,冬季较短,1 月平均气温 3.6 ℃~8.5 ℃,全省呈现冬暖夏凉的变化。流域多年平均降水量为 1 341~1 943 mm,降雨量呈现南多北少、东多西少、山地多、盆地少的变化趋势。不同季节的降水量差异非常大,降水主要集中在 4—7 月,这 4 个月的降雨量一般占当年总降雨量的一半。降水量年际之间的变化也比较大,其中枯水年份降雨量仅是丰水年降雨量的一半,两种极端降雨分布是导致流域洪涝、干旱和土壤流失等自然灾害频繁发生的主要原因。

5.2.4 土壤植被

流域内土壤以植被红壤和黄壤为主,其中红壤约占流域总面积的 56%,而黄壤约占 10%,黄壤土肥力比较高,主要分布在流域高海拔区域,因此这些区域一般用来发展林业。水稻土是流域内最重要的耕作土壤,面积大约有 2 万 km²,约占流域耕地面积的 80%。

流域内主要分布着常绿阔叶林,具有亚热带森林植被群落所特有的显著特征,截至 2018 年年底,流域森林覆盖率达到 63% 以上,植被覆盖度很高。流域内种子植物大概有 4 000 种以上,其中蕨类植物大约有 470 种,苔藓类植物大约有 100 种。流域内大约有 110 种珍稀树种,比如天然抗癌植物——红豆杉分布在婺源县篁岭区域;沉水樟、罗汉松和赤皮桐等被列入了省级保护树种之中。

5.3　土地利用分析及模型参数计算

5.3.1　土地利用分析计算

5.3.1.1　土地利用数量变化分析

土地是人类生产生活和发展的环境基础,不同的土地利用类型将会对人类生存的环境有不同程度直接或间接的影响。随着城镇化进程不断加快,原有土地利用类型也有了较大程度的改变,目前有大量的国内外学者基于土地利用变化对气候、植被以及生物多样性等进行研究和分析,得到了一些重要的结论。利用 ArcGIS 软件中的重分类功能对鄱阳湖流域土地利用进行重分类,得到 1980 年、1990 年、2000 年、2010 年和 2018 年五期土地利用数据,通过统计计算得到每一个时期的各种地类面积,结果如图 5.2 所示。

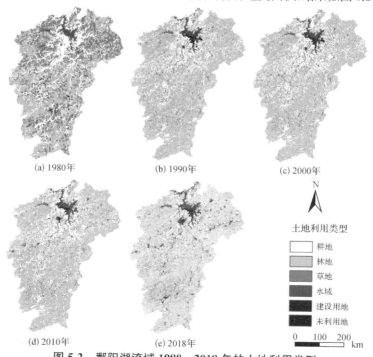

图 5.2　鄱阳湖流域 1980—2018 年的土地利用类型

由表 5.1 可知,鄱阳湖流域土地利用类型主要为林地和耕地,两者大约占总流域的 88%。1980—2018 年 39 年里,流域内各土地利用类型的面积及比例发生了较大的变化,主要变化如下所示:

表 5.1　1980—2018 年土地利用面积及比例变化

	年份	1980 年	1990 年	2000 年	2010 年	2018 年
耕地	面积(km²)	45 478	45 519	45 335	45 013	44 047
	比例(%)	27.25	27.27	27.16	26.97	26.38
林地	面积(km²)	103 959	103 539	103 824	103 958	102 461
	比例(%)	62.29	62.04	62.21	62.29	61.37
草地	面积(km²)	7 174	7 488	7 227	6 873	7 244
	比例(%)	4.30	4.49	4.33	4.12	4.34
水域	面积(km²)	6 883	6 811	6 812	6 936	7 168
	比例(%)	4.12	4.08	4.08	4.16	4.29
建设用地	面积(km²)	2 536	2 620	2 782	3 417	5 502
	比例(%)	1.52	1.57	1.67	2.05	3.30
未利用地	面积(km²)	866	919	916	699	536
	比例(%)	0.52	0.55	0.55	0.42	0.32

(1) 近 40 年来,鄱阳湖流域内耕地和林地面积在不断减少。其中耕地面积由 1980 年的 45 478 km² 减少到 2018 年的 44 047 km²,面积减少了 1 431 km²,面积占比由 27.25% 下降到 26.38%,下降了 0.87%。流域内林地面积由 1980 年的 103 959 km² 减少到 2018 年的 102 461 km²,面积减少了 1 498 km²,面积占比由 62.29% 下降到 61.37%,下降了 0.92%。未利用地在 1980—2018 年整体呈现先上升后下降的趋势,其中在 1990 年达到最高,为 919 km²,但相较于 1980 年,2018 年的未利用地面积下降了 330 km²,下降幅度达到 38.10%。

(2) 近 40 年来,鄱阳湖流域内的建设用地、草地和水域面积是增加的。其中建设用地面积增加得最为显著,面积由 1980 年的 2 536 km² 激增到 2018 年的 5 502 km²,快速增加了 2 966 km²,面积占比由 1.52% 增加到 3.30%,增加了 1.78%。草地面积增加了 70 km²,占比几乎保持不变。水域面积增加了 285 km²,面积占比增加了 0.17%。

5.3.1.2　土地利用转移矩阵

土地利用数量变化分析,只能得知该地类的单一变化情况,而流域总面积几乎是固定不变的,因此,某种地类的增加或减少肯定是由其他地类的减少或增加造成的,即土地利用类型是由一种地类转换为另一种地类,而这些变化可以通过转移矩阵得知,转移矩阵可以计算某种地类在某一时期的转入和转出面积。转移矩阵公式一般为:

$$S_{ij} = \begin{bmatrix} S_{11} & S_{12} & \cdots & S_{1n} \\ S_{21} & S_{22} & \cdots & S_{2n} \\ \vdots & \vdots & \vdots & \vdots \\ S_{n1} & S_{n2} & \cdots & S_{nn} \end{bmatrix} \tag{5.7}$$

式中,S_{ij} 表示第 i 种土地利用类型转化为第 j 种土地利用类型的面积(比例),n 表示土地利用类型的总数。

在 ArcGIS 中,将两期土地利用数据进行叠加运算,得到各地类变化情况,在属性表中计算各个地类的面积,将数据导出到 Excel 表格里进行分析,就可以得到各时段各种土地利用变化的转移矩阵。其中 1980—2018 年的土地利用类型变化情况如表5.2 所示。

表 5.2　1980—2018 年土地利用转移矩阵

单位:km²

	地类	草地	耕地	建设	林地	水域	未利	总计
1980 年转出								
2018 年转入	草地	2 054	1 541	74	3 375	147	8	7 199
	耕地	1 578	23 383	1 356	15 937	1 660	88	44 001
	建设	167	3 108	480	1 438	293	20	5 505
	林地	3 128	15 702	476	81 698	937	21	101 962
	水域	182	1 683	144	1 031	3 586	508	7 134
	未利	6	53	4	11	241	217	533
	总计	7 114	45 470	2 536	103 489	6 864	862	166 334

由表 5.2 可知,1980—2018 年期间,鄱阳湖流域的各种土地类型都发生了不同程度的转移和变化。根据 1980 年土地利用类型转出可知,草地分别转移到耕地和林地,分别为 1 578 km² 和 3 128 km²;耕地向草地、建设用地、林地和水域分别转移了 1 541 km²、3 108 km²、15 702 km² 和 1 683 km²;建设用地主要转化为耕地和林地,分别转移了 1 356 km² 和 476 km²;林地向草地、耕地、建设用地和水域均有大面积的转移,分别转移了 3 375 km²、15 937 km²、1 438 km² 和 1 031 km²;水域主要向耕地和林

地发生了转化,分别转移了 1 660 km² 和 937 km²;未利用地主要转化成水域。

从 2018 年转入的情况来看:草地面积的增加是因为耕地和林地分别向其转入 1 541 km² 和 3 375 km²;耕地面积的增加是因为草地、林地、水域和建设用地分别转入了 1 578 km²、15 937 km²、1 660 km² 和 1 356 km²;建设用地面积大量增加主要是因为耕地和林地分别向其转入 3 108 km² 和 1 438 km²;林地面积的增加主要是草地和耕地分别向其转入 3 128 km² 和 15 702 km²;水域面积的增加主要来自耕地、林地和未利用地,分别向其转入 1 683 km²、1 031 km² 和 508 km²。

综合来看,1980—2018 年主要是耕地、林地、草地、水域和建设用地之间发生了大面积转移,流域内各土地类型变化加剧。其中耕地和林地、耕地和草地、耕地和水域之间相互转化,反映了退耕还林、退耕还草和退田还湖政策与开荒种地、围湖造田之间的矛盾,即经济发展与生态保护之间的矛盾。

5.3.2 土壤侵蚀相关因子计算

InVEST 模型计算土壤保持所需要的数据如表 5.3 所示。

表 5.3 土壤保持模块运行数据表

准备数据	所需数据	数据来源
土地利用数据	全国土地利用数据	中国科学院资源环境科学数据中心
DEM	全国 DEM	地理科学数据云
降水侵蚀力因子 R	降雨数据	中国气象局
土壤可侵蚀性因子 R	土壤数据	世界土壤数据库的中国土壤数据集
植被覆盖因子 C	植被覆盖因子	模型指南和前人研究成果
土壤保持因子 P	土壤保持因子	模型指南和前人研究成果

(1)降水侵蚀力因子 R

降水侵蚀力因子 R 是研究土壤侵蚀必需的参数之一,该值反映了降水对土壤侵蚀的潜在影响力,大小与研究区的降水强度有着密切的联系,对研究区土壤侵蚀有着重要的影响。大量学者用不同的方法对 R 值进行了研究,本章结合区域数据获取情况对比各种方法,最终采用基于 Fournie 基础上后被美国粮食与农业组织加以改正的公式来计算降水侵蚀力因子,该公式计算结果基于月降水量和年降水量,计算公式如下所示:

$$F_{mod} = \sum_{i=1}^{12} P_i^2 / P \qquad\qquad (5.8)$$

$$R = a \cdot F_{mod} + b \qquad\qquad (5.9)$$

其中：P 表示平均年降水量（mm）；P_i 表示月降水量（mm）；F_{mod} 为改进的傅里叶指数；a 和 b 为气候带决定的常数，由参考文献①可知，计算鄱阳湖降水侵蚀力因子时，a 和 b 分别取值 4.17 和－152；R 为降水侵蚀力因子[MJ・mm/(hm² ・ h・a)]。

本章降水数据来自中国气象数据网鄱阳湖流域内的 18 个气象站逐月降水数据，经过整理计算年降水量数据，可以得到 1980 年、1990 年、2000 年、2010 年和 2018 年的年降雨量，根据公式(5.8)和(5.9)计算出这五期降水侵蚀力因子，然后采用 ArcGIS 10.6 软件中空间插值工具中的反距离权重插值法对鄱阳湖流域进行插值，生成降水侵蚀力因子 R 栅格图层(图 5.3)。

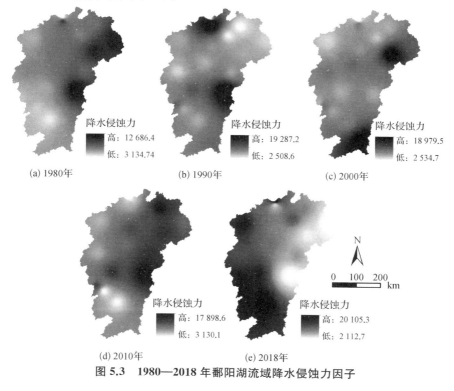

图 5.3　1980—2018 年鄱阳湖流域降水侵蚀力因子

① Fournier F. Climate et Erosion[M]. Ed. Press Universitarires de France，Paris，1960.

（2）土壤可侵蚀性因子 K

土壤可侵蚀性因子 K 可以反映土壤对侵蚀敏感性的强弱，该值是衡量土壤被水力侵蚀的难易程度的一个重要指标。当前，国内外计算 K 值的方法有很多，常用的方法主要分为实验测定法和经验模型法，实验测定法包括标准小区测定法、土壤理化性质测定法和水动力学实验求解法，经验模型法主要包括数学模型公式估算法和诺谟图法。采用实验测定法去测 K 值不仅需要大量的成本，并且耗时较长，还有较多限制条件，因此不适合广泛使用。

本章采用 Williams 等人提出的 EPIC 模型计算流域的土壤可侵蚀性因子（图5.4）。计算公式为：

$$K = 0.131\,7 \times \left\{ 0.2 + 0.3 \times \exp\left[-0.025\,6SAN\left(1 - \frac{SIL}{100}\right) \right] \right\} \times$$

$$\left[\frac{SIL}{CLA + SIL} \right]^{0.3} \times \left\{ 1 - 0.25 \times \frac{C}{C + \exp(3.72 - 2.95C)} \right\} \times$$

$$\left\{ 1 - 0.7 \times \frac{SN_1}{SN_1 + \exp(22.9SN_1 - 5.51)} \right\} \tag{5.10}$$

$$SN_1 = 1 - \frac{SAN}{100} \tag{5.11}$$

式中：K 为土壤可侵蚀性因子 $[\text{t} \cdot \text{hm}^2 \cdot \text{h}/(\text{hm}^2 \cdot \text{MJ} \cdot \text{mm})]$；$SAN$、$SIL$ 和 CLA 分别为沙粒、粉粒以及黏粒的含量值大小（%）；C 表示有机碳含量值大小（%）；SN_1 表示除沙粒之外的其他颗粒含量（%）。

（3）计算坡长坡度因子 LS

土壤侵蚀的重要因素之一是地形地貌，其与土壤侵蚀的强度有很大关系。其中，坡长、坡度和地形起伏度等因子都被称为地形因子。通常情况下，随着坡长、坡度和地形起伏度的增大，土壤侵蚀量也会增大。LS 因子的提取来源于 DEM。InVEST 模型可以根据填洼后的 DEM 数据自行计算出坡长坡度因子，公式为：

$$LS = S \times \frac{(A + D^2)^{m+1} - A^{m+1}}{D^{m+2} \times x_i^m \times 22.13^m} \tag{5.12}$$

$$S = \begin{cases} 10.8 \times \sin\theta + 0.03 & (\theta < 5°) \\ 16.8 \times \sin\theta - 0.5 & (\theta \geqslant 5°) \end{cases} \tag{5.13}$$

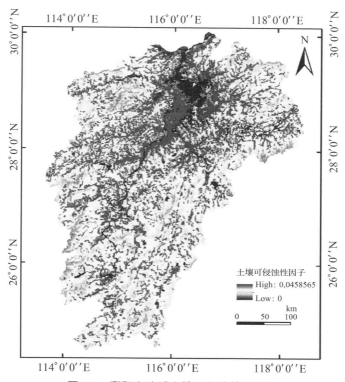

图 5.4   鄱阳湖流域土壤可侵蚀性因子图

$$m = \begin{cases} 0.2 & \theta \leqslant 1\% \\ 0.3 & 1\% < \theta \leqslant 3.5\% \\ 0.4 & 3.5\% < \theta \leqslant 5\% \\ 0.5 & 5\% < \theta \leqslant 9\% \\ \beta/(1+\beta) & \theta > 9\% \end{cases} \tag{5.14}$$

$$\beta = \sin \theta / [0.098\ 6 \times (3\sin \theta^{0.8} + 0.56)] \tag{5.15}$$

式中，S 为坡度因子；A 为栅格单元入口的贡献面积（m^2）；D 为像元大小（m）；$x_i = |\sin \alpha_i| + |\cos \alpha_i|$，$\alpha_i$ 为栅格流向；m 为坡长指数；θ 为坡度百分比；β 表示过程代数，无量纲。

（4）植被覆盖因子 C

植被覆盖因子是一定条件下有植被覆盖的土壤侵蚀总量与无植被覆盖的土壤

223

侵蚀量的比值,通常用 C 来表示,C 因子取值为$[0,1]$。植被覆盖因子对土壤侵蚀控制方面有着重要作用,即可以反映土地利用类型和植被覆盖度等其他因素对土壤侵蚀的影响。一般而言,研究区植被覆盖度越高,土壤受到侵蚀的情况就越微弱,而植被覆盖度越低,土壤就越容易受到侵蚀。目前国内外计算植被覆盖因子的方法主要有两种:一种是基于前人研究成果并结合研究区土地利用情况对植被覆盖因子进行赋值;另外一种是根据遥感数据计算植被覆盖度。本章基于前人的研究成果以及鄱阳湖流域土地利用的实际情况,得到不同植被覆盖度下的植被及其他土地覆被的 C 值(表 5.4)。计算公式为:

$$\begin{cases} C=1 & c=0 \\ C=0.650\,8-0.343\,6\lg c & 0<c<78.3\% \\ C=0 & c>78.3\% \end{cases} \tag{5.16}$$

$$c=\frac{NDVI-NDVI_{\min}}{NDVI_{\max}-NDVI_{\min}} \tag{5.17}$$

式中:c 表示植被覆盖度。

表 5.4　不同土地利用类型 C 值

土地利用类型	植被覆盖因子 C				
	1980 年	1990 年	2000 年	2010 年	2018 年
耕地	0.15	0.15	0.16	0.16	0.16
草地	0.04	0.04	0.05	0.05	0.05
林地	0.02	0.03	0.03	0.03	0.04
水域	0	0	0	0	0
建设用地	0	0	0	0	0
未利用地	1	1	1	1	1

(5) 水土保持措施因子 P

水土保持措施因子是指实施水土保持措施后和实施水土保持措施前两种情况下土壤侵蚀量的比值,一般用字母 P 来表示,该值介于 0~1 之间,P 值的大小与水土保持措施的效果呈负相关关系,即水土保持措施效果越好,P 值就越小,水土保持措施效果越差,则 P 值就越大。本章在前人的研究基础上,结合鄱阳湖流域土地利用类型

对 P 值进行赋值。林地和草地水土保持措施效果比较差,因此林地和草地的 P 值取 1;流域内的水田占耕地面积较大,因此将耕地 P 值取 0.30;未利用地表层缺乏植被覆盖,土壤侵蚀情况比较严重,将 P 值取 1。给流域各种土地利用类型的 P 值进行赋值,得到表 5.5。

表 5.5　鄱阳湖流域不同土地利用类型的 P 值

土地利用类型	耕地	林地	草地	水域	建设用地	未利用地
P	0.3	1	1	0	0	1

5.3.3　生境质量模块相关数据计算

InVEST 模型中生境质量模块所需要的数据如表 5.6 所示。

表 5.6　生境质量模块运行所需数据表

准备数据	所需数据	数据来源
土地利用数据	全国土地利用数据	中国科学院资源环境科学数据中心
威胁源因子	土地利用数据	中国科学院资源环境科学数据中心
生境敏感性		模型手册和前人研究成果
威胁因子数据	最大影响距离、权重、衰减线性相关性	模型手册和前人研究成果

（1）威胁因子数据(表 5.7)。模型中的有关参数需要根据前人的研究并结合鄱阳湖流域具体情况进行调整和更改。通常来讲,自然环境受外来胁迫因子的影响敏感度最大,其次是半人工环境,而人工环境对外界生态胁迫因子影响的敏感度较小或者根本不受影响。在 InVEST 模型中,将各种土地利用分成天然环境和人工环境。建设用地是最能反映人类对栖息地、生物多样性和其他生态系统活动威胁的人工环境,因此将建设用地(城镇、乡村居民点和交通用地)设置为威胁因子。除此之外,耕地(农田和旱地)作为半人工环境,也会对生境等生态系统构成威胁,所以将耕地也设置为威胁因子。同时参考《InVEST 模型用户手册》,并结合前人的研究成果,对各威胁源因子的最大影响距离、权重以及不同生境类型的适宜度和胁迫因子敏感度进行赋值。

表 5.7 鄱阳湖流域威胁源属性

威胁源	最大影响距离	权重	衰减线性相关性
耕地	6	0.5	线性衰减
城镇用地	10	1	指数衰减
农村居民点	5	0.7	指数衰减
工业用地	12	0.8	指数衰减
道路	3	0.5	线性衰减

（2）生境类型及生境类型对威胁的敏感性（表5.8）。不同土地利用类型具有不同的生境适宜性，一般来说，自然环境的生境适宜性高于人工环境，人类活动集中的建设用地（城镇用地、工业用地等）几乎不具备生境适应性。本章参考模型指导手册和相关的研究成果，对鄱阳湖流域不同土地利用类型对每种威胁源的敏感性设置如表5.8 所示。

表 5.8 生境适宜度及其对威胁源的敏感性

土地利用类型	生境适宜度	耕地	城市用地	农村居民点	工业用地	道路
耕地	0.5	0.3	0.5	0.7	0.6	0.3
林地	1	0.3	0.7	0.6	0.7	0.5
草地	0.7	0.55	0.7	0.65	0.6	0.6
水域	0.8	0.5	0.8	0.6	0.8	0.55
建设用地	0	0	0	0	0	0
未利用地	0.1	0.1	0.2	0.2	0.2	0.1

（3）威胁源因子数据：在 ArcGIS 中利用重分类的方式将所选择的威胁因子图层赋值为1，其余非威胁因子图层设置为0，得到各威胁源因子图层，如图 5.5 所示。

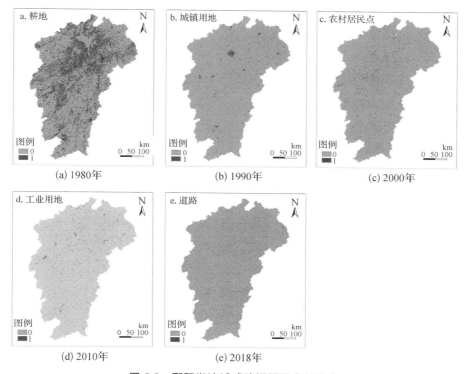

图 5.5　鄱阳湖流域威胁源因子空间分布

5.4　土壤侵蚀条件下鄱阳湖流域生境质量时空变化分析

5.4.1　鄱阳湖流域土壤侵蚀时空格局及其变化分析

运行 InVEST 模型 SDR 模块,导入数字高层 DEM(tif)、降水侵蚀力因子 R(tif)、土壤可侵蚀性因子 K(tif)、土地利用数据(tif)、子流域(shp)和生物物理系数表(C 和 P),运行模型即可得到鄱阳湖流域土壤侵蚀模数的栅格图层。以水利部颁布的《(SL190—2007)土壤侵蚀分类分级标准》以及周夏飞等人对江西省土壤侵蚀变化研究为基础,将鄱阳湖流域土壤侵蚀强度划分为 6 类(表 5.9)。

表 5.9 我国土壤侵蚀强度分类分级标准

土壤侵蚀强度等级	平均土壤侵蚀模数[t/(km² · a)]
微度侵蚀	≤500
轻度侵蚀	500~2 500
中度侵蚀	2 500~5 000
强度侵蚀	5 000~8 000
极强度侵蚀	8 000~15 000
剧烈侵蚀	>15 000

5.4.1.1 土壤侵蚀面积及侵蚀量时间变化的总体特征

将得到的鄱阳湖流域土壤侵蚀结果导入 ArcGIS 中,将流域土壤侵蚀按照土壤侵蚀分级标准进行重分类,得到鄱阳湖流域 1980 年、1990 年、2000 年、2010 年和2018 年五期土壤侵蚀强度分级图层(图 5.6)。通过统计分析得到 1980—2018 年鄱阳湖流域五期土壤侵蚀总量及平均土壤侵蚀模数变化情况(表 5.10)和土壤侵蚀面积以及比例变化情况(表 5.11)。由结果可知:1980—2018 年鄱阳湖流域土壤侵蚀总量和平均土壤侵蚀模数都呈现先下降后上升再下降的趋势,各等级土壤侵蚀面积及比例变化比较剧烈。1980—2018 年的土壤侵蚀总量分别为 1.53×10^8 t、1.10×10^8 t、1.35×10^8 t、1.93×10^8 t 和 1.21×10^8 t。而土壤侵蚀模数分别为917.95 t/(km² · a)、663.52 t/(km² · a)、808.15 t/(km² · a)、1 156.39 t/(km² · a)和729.32 t/(km² · a)。

表 5.10 1980—2018 年鄱阳湖流域土壤侵蚀量及平均土壤侵蚀模数

年份	土壤侵蚀量(×10⁸ t)	平均土壤侵蚀模数[t/(km² · a)]
1980 年	1.53	917.95
1990 年	1.10	663.52
2000 年	1.35	808.15
2010 年	1.93	1 156.39
2018 年	1.21	729.32

结合表 5.11 分析可知,1980 年鄱阳湖流域发生微度和轻度侵蚀面积分别为63 329 km² 和 40 495 km²,两者大约占流域总面积的 62.35%;中度侵蚀面积为

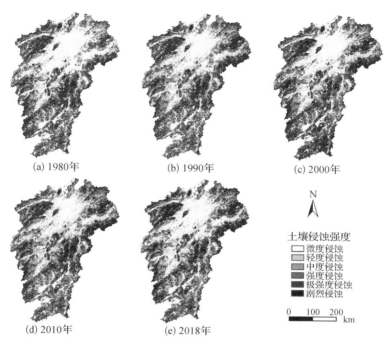

(a) 1980年　　　　　(b) 1990年　　　　　(c) 2000年

土壤侵蚀强度
微度侵蚀
轻度侵蚀
中度侵蚀
强度侵蚀
极强度侵蚀
剧烈侵蚀

0　100　200
km

(d) 2010年　　　　　(e) 2018年

图 5.6　1980—2018 年鄱阳湖流域土壤侵蚀分布图

19 976 km²,占流域总面积的 12.00%;强度侵蚀、极强度侵蚀和剧烈侵蚀面积分别为 13 473 km²、13 925 km² 和 15 309 km²,分别占流域总面积的 8.09%、8.36%和 9.19%。通过分析可知,1980 年鄱阳湖流域虽然大部分地区处于轻度以下的侵蚀状态,但流域有四分之一的地区处于强度及强度以上的侵蚀状态,流域土壤侵蚀十分严重,迫切需要采取措施来阻止土壤侵蚀情况的进一步加剧。1990 年鄱阳湖流域土壤侵蚀情况有所改善,其微度和轻度侵蚀面积占比有较大的增加,两者大约占流域总面积的 71.64%。与 1980 年相比,微度侵蚀面积和轻度侵蚀面积分别增加了 8.96% 和 0.32%,而中度侵蚀、强度侵蚀、极强度侵蚀和剧烈侵蚀面积分别减少了 410 km²、3 171 km²、4 287 km² 和 7 586 km²。2000 年鄱阳湖流域大部分地区仍处于微度和轻度侵蚀状态,两者占流域总面积的66.01%,与 1990 年相比,微度和轻度侵蚀面积所占比例在减少,中度侵蚀、强度侵蚀、极强度侵蚀和剧烈侵蚀面积分别占流域总面积的 11.98%、7.18%、7.51%和 7.31%,可以发现,这十年期间流域土壤侵蚀情况有加剧的趋势。2010 年流域土壤侵蚀情况快速加剧,流域内微度和轻度侵蚀面积大幅度减少,两者面积仅占总面积的 58.28%,与 2000 年相比,中度侵蚀、强度侵蚀、极强度侵蚀和剧烈侵蚀面积继续增加,分别占流域总面积的 11.13%、8.35%、9.62% 和 12.62%。因此,2010 年鄱阳湖流域土壤侵蚀情况有较大程度的恶化,因此迫切需要改善此状态。与 2010 年相比,2018 年鄱阳湖流域土壤侵蚀情况有较大程度的改善,微度侵蚀和轻度侵蚀两者面积占比都有较大幅度的增加,其中微度侵蚀面积增加了 18 887 km²。而强度侵蚀、极强度侵蚀和剧烈强度侵蚀面积分别减少了 2 617 km²、5 108 km² 和 12 177 km²,三者所占比例在五个时期中处于较低水平,表明近二十年来鄱阳湖流域土壤侵蚀情况得到较好控制。

表 5.11 1980—2018 年鄱阳湖流域土壤侵蚀面积以及比例变化情况

年份	侵蚀等级	微度侵蚀	轻度侵蚀	中度侵蚀	强度侵蚀	极强度侵蚀	剧烈侵蚀
1980	侵蚀面积(km²)	63 329	40 495	19 976	13 473	13 925	15 309
	比例(%)	38.03	24.32	12.01	8.09	8.36	9.19
1990	侵蚀面积(km²)	78 244	41 036	19 566	10 302	9 638	7 723
	比例(%)	46.99	24.64	11.75	6.19	5.79	4.64
2000	侵蚀面积(km²)	70 549	39 367	19 955	11 951	12 511	12 174
	比例(%)	42.37	23.64	11.98	7.18	7.51	7.32
2010	侵蚀面积(km²)	56 962	40 079	18 526	13 901	16 019	21 020
	比例(%)	34.21	24.07	11.13	8.35	9.62	12.62
2018	侵蚀面积(km²)	75 849	39 644	20 027	11 284	10 911	8 843
	比例(%)	45.54	23.80	12.02	6.78	6.55	5.31

5.4.1.2 土壤侵蚀空间格局及其总体变化特征

结合图 5.6 可知,鄱阳湖流域 1980—2018 年土壤侵蚀空间分布基本一致,流域内微度侵蚀主要分布在广阔的鄱阳湖流域平原地区,中度侵蚀、强度侵蚀、极强度侵蚀和剧烈侵蚀主要分布在鄱阳湖流域的各个子流域的上游,结合流域地形条件可知,这些上游地区主要是山区,山区的海拔较高、坡度较陡,除此之外,这些区域分布着可侵蚀性因子较高的红壤土,使得土壤发生侵蚀的可能性更大。

在 ArcGIS 中利用空间分析模块中的分区统计工具对鄱阳湖流域 1980 年、1990 年、2000 年、2010 年和 2018 年五期的平均土壤侵蚀模数数据进行统计,然后计算研究区内 11 个地市的平均土壤侵蚀模数。由表 5.12 可知,1980—2018 年间鄱阳湖流域各地市平均土壤侵蚀模数均有不同程度的变化,整体上呈现先降低后升高再降低的趋势。1980—1990 年间,鄱阳湖流域各地市平均土壤侵蚀模数显著下降,说明该时段土壤侵蚀得到较好的控制,鄱阳湖流域开展"山江湖工程"取得了积极的效果;1990—2010 年间,鄱阳湖流域各地市平均土壤侵蚀模数呈现上升的趋势,即该时期土壤侵蚀情况逐渐加重,结合流域内土地利用变化和降雨情况分析可知,由于城镇化建设快速发展,大量的林地和耕地被建设用地所占用以及降雨明显增多,使得流域内土壤侵蚀情况比较严重,比如赣州市、吉安市和抚州市等市土壤侵蚀情况快速恶化;2010—2018 年间,鄱阳湖流域各地市平均土壤侵蚀模数均有较大程度下降,土壤侵蚀情况明显好转,这是由于近些年江西省投入了大量的人力、物力和财力,将水土保持工程与生态文明建设、山水林田湖草生态保护工程相结合,使得流域内土壤侵蚀情况得以好转。

表 5.12　1980—2018 年鄱阳湖流域各地市平均土壤侵蚀模数变化

区域名称	平均土壤侵蚀模数[t/(km² · a)]				
	1980 年	1990 年	2000 年	2010 年	2018 年
南昌市	183.96	110.23	124.11	212.51	107.91
景德镇市	929.40	528.09	510.88	1 016.68	655.33
萍乡市	1 567.01	1 163.16	1 375.41	1 921.80	1 246.35
九江市	1 442.45	1 162.15	1 001.43	1 545.70	1 008.04
新余市	398.39	273.54	337.83	457.05	251.06
鹰潭市	1 104.34	833.94	1 209.85	1 564.03	800.59
赣州市	1 106.56	820.29	1 086.23	1 295.40	920.94
吉安市	1 102.75	876.78	985.49	1 484.47	1 057.12
宜春市	1 134.62	807.10	881.29	1 310.32	753.04
抚州市	1 237.78	807.62	892.85	1 594.88	747.69
上饶市	1 352.81	965.86	1 190.63	1 714.90	996.52

5.4.1.3　不同海拔梯度的土壤侵蚀变化特征

将土壤侵蚀强度空间分布图与重分类之后的流域海拔梯度图进行叠加分析,可以得到 1980—2018 年不同海拔梯度的土壤侵蚀模数变化特征(图 5.7)、土壤侵蚀量分布(图 5.8)和土壤侵蚀强度分布差异情况(表 5.13)。

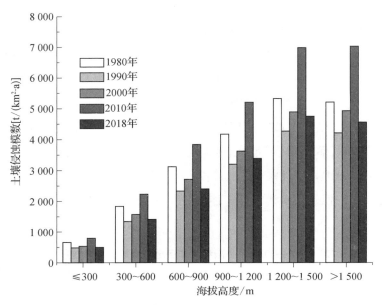

图 5.7　1980—2018 年不同海拔梯度下的土壤侵蚀模数变化情况

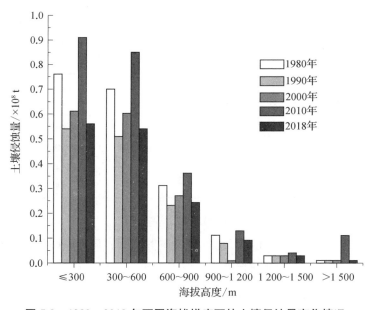

图 5.8　1980—2018 年不同海拔梯度下的土壤侵蚀量变化情况

表 5.13 不同海拔高度下各土壤侵蚀强度的分布情况

海拔	年份	微度侵蚀	轻度侵蚀	中度侵蚀	强度侵蚀	极强度侵蚀	剧烈侵蚀
≤300 m	1980 年	21.73	33.55	12.27	7.25	8.20	16.99
	1990 年	30.57	31.59	10.85	6.40	8.05	12.54
	2000 年	27.69	32.09	11.24	6.66	8.20	14.11
	2010 年	18.52	32.81	13.31	7.41	8.62	19.33
	2018 年	29.85	31.46	11.01	6.39	8.05	13.24
300～600 m	1980 年	1.86	9.74	9.03	7.83	17.10	54.44
	1990 年	2.82	12.53	10.70	9.60	20.06	44.29
	2000 年	2.15	10.84	9.79	8.48	18.80	49.95
	2010 年	1.39	7.95	8.48	7.81	14.05	60.34
	2018 年	2.69	12.14	10.34	8.83	19.79	46.22
600～900 m	1980 年	0.31	3.92	3.76	4.56	14.67	72.78
	1990 年	0.54	4.91	4.98	7.90	17.61	64.06
	2000 年	0.34	4.27	4.28	5.90	16.06	69.15
	2010 年	0.21	3.05	3.45	3.69	11.59	78.01
	2018 年	0.52	4.75	5.05	6.80	17.78	65.09
900～1 200 m	1980 年	0.16	2.20	2.87	2.99	10.23	81.54
	1990 年	0.24	3.38	3.31	3.66	15.15	74.26
	2000 年	0.16	2.79	2.95	3.46	12.55	78.08
	2010 年	0.08	1.26	2.91	2.56	6.53	86.66
	2018 年	0.20	3.25	3.10	3.53	14.39	75.54
1 200～1 500 m	1980 年	0.34	0.67	1.68	1.85	6.39	89.08
	1990 年	0.34	1.68	2.35	1.01	12.10	82.52
	2000 年	0.34	1.01	2.86	1.01	9.24	85.55
	2010 年	0.00	0.67	1.51	1.68	3.19	92.94
	2018 年	0.50	1.34	2.84	1.00	10.70	83.61
>1 500 m	1980 年	0.00	1.25	0.63	0.63	6.88	90.63
	1990 年	0.00	1.88	0.00	1.88	12.50	83.75
	2000 年	0.00	1.25	0.63	0.63	10.63	86.88
	2010 年	0.00	0.63	1.25	0.00	3.13	95.00
	2018 年	0.63	1.25	0.63	1.88	10.63	85.00

由图 5.7 和图 5.8 可知,1980—2018 年流域土壤侵蚀模数随着海拔升高呈现先增大后减小的趋势,土壤侵蚀总量呈现下降的趋势,其中海拔为 1 200～1 500 m 的区域土壤侵蚀模数最大,而海拔低于 300 m 的区域土壤侵蚀量最高。通过对比不同年份各海拔梯度的土壤侵蚀模数可知,1980—2018 年各海拔梯度的土壤侵蚀模数均呈现先降低后升高再降低的趋势,其中海拔低于 600 m 的区域土壤侵蚀模数最低,介于 0～2 500 t/(km² · a)之间,属于微度或轻度侵蚀;海拔介于 600～1 200 m 之间的区域土壤侵蚀模数位于 2 500～5 000 t/(km² · a),属于中度侵蚀;而海拔高度大于 1 200 m 的区域,土壤侵蚀模数介于 5 000～8 000 t/(km² · a),属于强度侵蚀。从土壤侵蚀量来看,1980—2018 年各海拔梯度的土壤侵蚀量均呈现先降低后升高再降低的趋势,其中海拔低于 300 m 区域土壤侵蚀量最大,虽然该区域土壤侵蚀模数较低,但该区域面积占流域总面积的 69%,因此土壤侵蚀量最大;其次是海拔介于 300～600 m 之间的区域,该区域土壤侵蚀模数较大,而面积占流域总面积的 23%,因此此处的土壤侵蚀总量较高;虽然海拔大于 900 m 的区域土壤侵蚀模数较大,但是这些区域面积占比较小,因此这些区域土壤侵蚀总量处于较低的水平。海拔低于 900 m 区域的土壤侵蚀量大约占流域总侵蚀量的 92%,属于流域内土壤侵蚀比较严重的区域,即需要加强治理的区域。

由表 5.13 可知,1980—2018 年流域海拔低于 300 m 的区域主要以轻度侵蚀为主,其次是微度侵蚀,两者面积共占该区域面积的 50% 以上,其中 1990 年和 2018 年两者面积占该区域面积的 60% 以上;海拔为 300～600 m 的区域以剧烈侵蚀为主,其次为极强度侵蚀,两者面积占该区域面积的 65% 以上,而轻度侵蚀、中度侵蚀和强度侵蚀也占有较大的比例,三者占该区域总面积的 25% 以上;海拔为 600～900 m 的区域土壤侵蚀以剧烈侵蚀为主,占该区域总面积的 65% 以上,其次为极强度侵蚀,约占该区域总面积的 15%,这两者面积占该区域面积的 81% 以上;当海拔大于 900 米以上,各区域土壤侵蚀强度均以剧烈侵蚀为主,随着海拔上升,尤其是当海拔高度大于 1 200 m 时,剧烈侵蚀面积占比越来越大,土壤侵蚀情况不断加剧,因此可以得知土壤侵蚀强度受海拔高度影响较大。

5.4.1.4 不同坡度土壤侵蚀变化特征

在 ArcGIS 中将流域坡度划分成 5 个等级,然后再将土壤侵蚀强度数据和重分类后的坡度数据进行叠加运算,得到 1980—2018 年鄱阳湖流域不同坡度的平均侵蚀模数(图 5.9)、土壤侵蚀总量(图 5.10)和土壤侵蚀强度分布面积占比(表 5.14)。由图 5.9 和图 5.10 可知,随着坡度增大,1980—2018 年流域土壤侵蚀模数和土壤侵蚀总量呈现先减少再增加再减小的趋势。当坡度大于 18°时,土壤侵蚀模数快速增加;当坡度在 0～4.5°范围内,土壤侵蚀模数介于 500～2 500 之间,属于轻度侵蚀等级;当坡度在 4.5°～9°之间,土壤侵蚀模数介于 2 500～5 000 之间,属于中度侵蚀;当坡度在 9°～13.5°之间,土壤侵蚀模数介于 5 000～8 000 之间,属于强度侵蚀;当坡度大于 18°,土壤侵蚀模数大于 8 000,属于强度侵蚀和剧烈强度侵蚀。其中 0～4.5°和 4.5°～9°坡度的区域土壤侵蚀量比较大,两者占流域总侵蚀量的 70％左右。流域内各等级侵蚀强度所占面积随着坡度变化而变化,坡度越大,微度侵蚀和轻度侵蚀面积占比会越来越少,其中在 0～4.5°坡度主要分布的是微度侵蚀和轻度侵蚀;在4.5°～9°坡度范围内,主要分布着中度侵蚀,其次是强度侵蚀和极强度侵蚀;当坡度大于 13.5°时,坡度带上主要为极强度侵蚀和剧烈侵蚀,尤其当坡度大于 18°时,区域只有剧烈侵蚀。从以上结果可知,流域土壤侵蚀情况与流域内坡度大小有着密切联系,也可以发现不同坡度等级土壤侵蚀情况有着较大的差异。

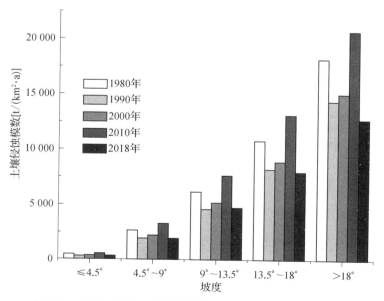

图 5.9　1980—2018 年鄱阳湖流域不同坡度的平均侵蚀模数

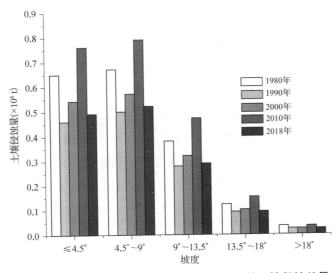

图 5.10　1980—2018 年鄱阳湖流域不同坡度的土壤侵蚀总量

表 5.14　1980—2018 年鄱阳湖流域不同坡度土壤侵蚀强度分布面积占比

坡度	年份	不同坡度段土壤侵蚀强度占比（%）					
		微度侵蚀	轻度侵蚀	中度侵蚀	强度侵蚀	极强度侵蚀	剧烈侵蚀
≤4.5°	1980 年	19.43	32.32	13.60	8.94	11.99	13.73
	1990 年	27.42	31.50	12.94	8.83	10.54	8.77
	2000 年	24.69	31.39	12.96	8.64	11.30	11.01
	2010 年	16.49	31.08	14.31	9.00	11.99	17.13
	2018 年	26.75	31.26	12.97	8.55	10.93	9.53
4.5°~9°	1980 年	0.25	0.00	0.04	0.02	6.66	93.04
	1990 年	0.25	0.03	0.01	0.60	19.63	79.48
	2000 年	0.25	0.01	0.03	0.38	13.65	85.69
	2010 年	0.25	0.00	0.03	0.01	2.47	97.24
	2018 年	0.25	0.01	0.03	0.45	17.20	82.05
9°~13.5°	1980 年	0.02	0.00	0.00	0.00	0.00	99.98
	1990 年	0.02	0.00	0.00	0.00	0.00	99.98
	2000 年	0.02	0.00	0.00	0.00	0.00	99.98
	2010 年	0.02	0.00	0.00	0.00	0.00	99.98
	2018 年	0.02	0.00	0.00	0.00	0.00	99.98

坡度	年份	不同坡度段土壤侵蚀强度占比(%)					
		微度侵蚀	轻度侵蚀	中度侵蚀	强度侵蚀	极强度侵蚀	剧烈侵蚀
13.5°~18°	1980 年	0.00	0.00	0.00	0.00	0.00	100.00
	1990 年	0.00	0.00	0.00	0.00	0.00	100.00
	2000 年	0.00	0.00	0.00	0.00	0.00	100.00
	2010 年	0.00	0.00	0.00	0.00	0.00	100.00
	2018 年	0.00	0.00	0.00	0.00	0.00	100.00
>18°	1980 年	0.00	0.00	0.00	0.00	0.00	100.00
	1990 年	0.00	0.00	0.00	0.00	0.00	100.00
	2000 年	0.00	0.00	0.00	0.00	0.00	100.00
	2010 年	0.00	0.00	0.00	0.00	0.00	100.00
	2018 年	0.00	0.00	0.00	0.00	0.00	100.00

从不同坡度土壤侵蚀强度面积占比来看(表 5.14),坡度小于 4.5°的区域主要以轻度侵蚀为主,其次是微度侵蚀,两者面积占该区域总面积的 50% 以上,39 年内该区域微度侵蚀和轻度侵蚀的面积占比在增加,而极强度侵蚀和剧烈侵蚀的面积占比在减少,该区域土壤侵蚀情况有所改善;坡度介于 4.5°~9°之间的区域主要以剧烈侵蚀为主,占该区域总面积的 82% 以上,极强度侵蚀也占有较大的比例,平均约占该区域总面积的 10%,1980—2018 年该区域剧烈侵蚀的面积占比整体上呈现减少的变化,该区域土壤侵蚀状态好转;随着海拔的升高,剧烈侵蚀面积占比越来越大,当坡度大于 9°,剧烈侵蚀面积占比达到 99% 以上,尤其是当坡度大于 13.5°时,区域剧烈侵蚀面积占比为 100%。从以上结果可知,坡度的大小对土壤侵蚀强度有较大的影响。

5.4.1.5　不同土地利用类型土壤侵蚀的变化特征

在 ArcGIS 中将土壤侵蚀栅格数据图层与土地利用栅格数据图层进行叠加计算,可以得到不同土地利用类型的土壤侵蚀数据,以及不同土地利用类型的平均土壤侵蚀模数(图 5.11)和土壤侵蚀量(图 5.12)。在各种土地利用类型中,耕地主要以微度侵蚀和轻度侵蚀为主;林地主要以微度侵蚀和轻度侵蚀为主,中度侵蚀也占有较大比例;草地主要受到微度侵蚀和轻度侵蚀。从土壤侵蚀强度来看,各年份不同土地利用类型对应的平均土壤侵蚀模数按照由小到大依次为:水域＜未利用地＜建设用地＜耕地＜林地＜草地,其中草地的平均土壤侵蚀模数最高,而水域的平均土壤侵蚀模数远低于其他用地。从土壤侵蚀总量来看,鄱阳湖流域土壤侵蚀量最高的用地类型是林地,约占全区域总量的 75%,这是因为林地面积约占区域总面积的 63%;其次是耕地,耕地土壤侵蚀量占全区域总量的 16% 以上;其他用地类型的土壤侵蚀量较小。从以上结果可知,流域土壤侵蚀情况与流域内土壤利用类型有着密切联系,也可以发现不同土地利用类型的土壤侵蚀情况有着较大的差异。

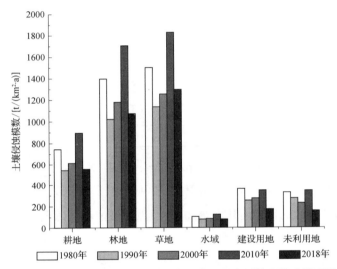

图 5.11 1980—2018 年鄱阳湖流域不同土地利用类型的平均土壤侵蚀模数

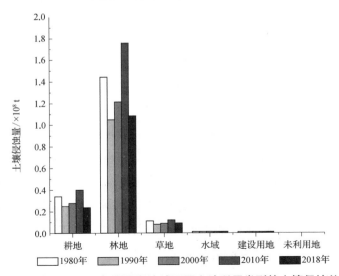

图 5.12 1980—2018 年鄱阳湖流域不同土地利用类型的土壤侵蚀总量

由表 5.15 可知,鄱阳湖流域耕地土壤侵蚀情况以微度侵蚀为主,大约占耕地总面积的 79.73%,其次是轻度侵蚀,占耕地总面积的 14.99%,两者共占耕地总面积的 94.72% 以上;林地土壤侵蚀情况以微度侵蚀为主,其次是轻度侵蚀,两者分别占林地总面积的 54.88% 和 33.76%;草地以微度侵蚀为主,占草地总面积的 59.80%,其次为轻度侵蚀,占草地总面积的 25.23%。

表 5.15　鄱阳湖流域主要土地利用类型土壤侵蚀强度等级面积比例(%)

	微度侵蚀	轻度侵蚀	中度侵蚀	强度侵蚀	极强度侵蚀	剧烈侵蚀
耕地	79.73	14.99	3.23	1.13	0.68	0.24
林地	54.88	33.76	7.32	2.55	1.22	0.27
草地	59.80	25.23	8.52	3.37	2.36	0.72

通过上述结果可知:不同的土地利用类型会对土壤侵蚀强度分布特征有不同程度的影响,但可以确定的是土地利用类型与土壤侵蚀强度变化有着不可分割的联系。合理的土地利用方式会弱化甚至消除对土壤生态系统造成的破坏,我们应该通过植树造林、种草等方式加大地表植被覆盖度来减轻土壤侵蚀情况。因此,相关部门应该加强林地、耕地和草地的管理,优化土地利用,从而控制流域土壤侵蚀情况。

5.4.2　鄱阳湖流域生境退化时空格局及其变化分析

将准备数据导入 InVEST 模型生境质量模块中,得到 1980 年、1990 年、2000 年、2010 年和 2018 年五期鄱阳湖流域生境退化度数据,模型输出结果为栅格图层,生境退化度取值范围为 0~1。生境退化度越大表示生境退化越高,威胁源因子对区域生态系统潜在的威胁越大。

5.4.2.1　生境退化时空变化的总体特征

将 InVEST 模型结果加载到 ArcGIS 中,然后采用自然断点法对鄱阳湖流域 1980 年、1990 年、2000 年、2010 年和 2018 年的生境退化度图层进行重分类,将生境退化度分为 5 级:低(0~0.01)、较低(0.01~0.02)、中等(0.02~0.03)、较高(0.03~0.04)和高(0.04~0.09),并统计了各等级生境退化度所占面积及百分比(表 5.16)。

表 5.16　鄱阳湖流域 1980—2018 年各等级生境退化面积占比及生境退化度平均值

年份	等级	低	较低	中等	较高	高
	分值区间	0~0.01	0.01~0.02	0.02~0.03	0.03~0.04	0.04~0.09
1980 年	面积占比(%)	36.31	28.00	19.21	11.90	4.58
	指数平均值	0.016 2				
1990 年	面积占比(%)	37.80	28.03	18.91	11.41	3.85
	指数平均值	0.016 3				
2000 年	面积占比(%)	38.79	27.81	19.55	10.90	2.95
	指数平均值	0.014 8				
2010 年	面积占比(%)	39.09	27.08	19.80	10.87	3.16
	指数平均值	0.014 6				
2018 年	面积占比(%)	36.46	27.97	20.28	11.74	3.55
	指数平均值	0.016 1				

　　根据鄱阳湖流域 1980—2018 年各等级生境退化度面积占比及指数平均值可知，流域生境退化度以低为主，均在 36%～40% 之间，其次是较低和中等退化度，分别占总流域的 27% 和 19% 以上，三者面积约占流域总面积的 85%。根据图 5.13 可知，1980—2018 年间，生境退化度分别为 0.016 2、0.016 3、0.014 8、0.014 6 和 0.016 1，生境退化度呈现先下降后上升的趋势，即鄱阳湖流域的生境退化度呈现先下降后上升的趋势。

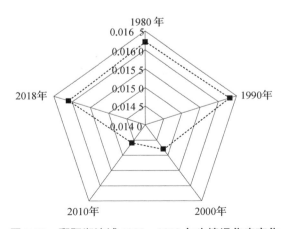

图 5.13　鄱阳湖流域 1980—2018 年生境退化度变化

通过对比 1980、1990、2000、2010 和 2018 年各等级生境退化度所占比例,可以得知,随着时间的变化,鄱阳湖流域生境退化先下降后升高的变化。其中低退化度面积占比从 1980 年的 36.31% 先增加到 2010 年的 39.09%,增加了 2.78%;但 2010 年到 2018 年低退化度等级面积占比快速减少,减少了 2.63%。较低退化度面积占比从 1980 年 28.00% 下降到 27.08%,下降了 0.92%;但 2010 年到 2018 年较低退化度等级面积占比得到快速增加,增加了 0.89%。中等退化度面积占比从 1980 年的 19.21% 增加到 2018 年的 20.28%,增加了 1.07%;较高生境退化度面积占比呈现先下降后上升的趋势,由 1980 年的 11.90% 下降到 2010 年的 10.87%,下降了 1.03%,接着又增加了 0.87%;高生境退化度等级面积占比发生了较大幅度的变化,面积占比先呈现下降趋势,由 1980 年的 4.58% 下降到 2000 年的 2.95%,下降了 1.63%,2000 年到 2018 年面积占比呈现上升趋势,面积占比由 2000 年的 2.95% 上升到 2018 年的 3.55%,上升了 0.60%。

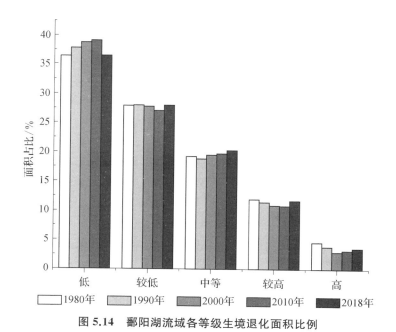

图 5.14　鄱阳湖流域各等级生境退化面积比例

由图 5.14 可知,1980—2018 年鄱阳湖流域生境退化度主要是低退化度,随着时间的推移,鄱阳湖流域内低退化度和较低退化度的面积占比呈现先增加后减少的趋势,较高和高生境退化度面积比例呈现先减少后增加的趋势,表明鄱阳湖流域的生境退化度先逐渐好转后逐渐恶化。结合土地利用变化分析可知,1980—2000 年,威胁能力较大的耕地在不断减少,生境适宜性较高的草地面积在不断增加,同时城市化进程缓慢,使得流域生境退化度有所改善。但 2000—2018 年,流域内城镇化快速发展,使得对生态系统威胁程度较大的建设用地面积激增,同时生境适宜性较高的林地面积快速减少,流域生境退化程度加剧。

　　使用 ArcGIS 中的栅格计算器工具,对两个时期的生境退化度做差运算就可以得到生境退化度变化情况。用后一时期的生境退化度减去前一时期的生境退化度,如果小于 0,表示流域后一时期生境退化度低于前一时期的生境退化度;如果大于 0,表示流域后一时期生境退化度高于前一时期的生境退化度;相减之后结果等于 0,表示在这一时段内,流域生境退化度几乎保持不变。由表 5.17 可知,1980—2018 年鄱阳湖流域生境退化度有不同程度的变化,其中生境退化度提高的面积高达 10 269 km²,占流域总面积的 5.17%;生境退化度基本不变的面积有149 307 km²,占流域总面积的 89.69%;而生境退化度降低的面积有 6 896 km²,占比为 4.14%。

表 5.17　1980—2018 年鄱阳湖流域生境退化度变化

生境退化变化		生境退化度降低	生境退化度不变	生境退化度提高
1980—1990 年	面积(km²)	275	166 052	541
	比例(%)	0.16	99.52	0.32
1990—2000 年	面积(km²)	305	156 155	10 408
	比例(%)	0.18	93.58	6.24
2000—2010 年	面积(km²)	988	157 463	8 417
	比例(%)	0.59	94.37	5.04
2010—2018 年	面积(km²)	5 988	152 105	8 369
	比例(%)	3.60	91.37	5.03
1980—2018 年	面积(km²)	6 896	149 307	10 269
	比例(%)	4.14	89.69	5.17

　　在 ArcGIS 中利用空间分析模块的分区统计工具对鄱阳湖流域 1980 年、1990年、2000 年、2010 年和 2018 年五期生境退化度栅格数据进行统计,然后计算研究区内 11 个地市的生境退化度。从表 5.18 和图 5.15 可知,1980—2018 年间鄱阳湖流域各地市生境退化度均有不同程度的变化,其中生境退化度最高的是南昌市。

1980—2010 年,各地市生境退化度整体上呈现先上升再下降再上升的趋势,结合土地利用分析可知,这一时期流域内生境退化度的高低主要由林地、草地和耕地所影响,其中林地和草地的生境适宜性较高,使得流域生境退化度呈现下降趋势。2010—2018 年生境退化度呈现快速增加的趋势,结合该时期土地利用变化分析可知,流域内生境适宜性较高的林地面积有较大幅度的减少,相反,由于该时期流域内城镇化建设加快,作为最大威胁源的建设用地面积激增,使得流域生境退化度快速增加。截至 2018 年,流域内地市中生境退化度最高的是南昌市,生境退化度为0.035,处于较高水平。新余市和宜春市生境退化度分别为 0.025 3 和 0.020 1,处于一般水平。其余地市的生境退化度均处于 0.01～0.02 之间,为较低水平。流域内各地市的生境退化度在 2010 年以后呈较快增加的趋势,我们应制定有效的措施,改善生态系统类型。

表 5.18　鄱阳湖流域 1980—2018 年各地区生境退化度变化统计

区域名称	生境退化度平均值				
	1980 年	1990 年	2000 年	2010 年	2018 年
南昌市	0.034 7	0.035 0	0.034 0	0.032 6	0.035 0
景德镇市	0.015 6	0.015 9	0.014 6	0.014 4	0.016 0
萍乡市	0.015 2	0.015 2	0.015 0	0.014 5	0.015 5
九江市	0.016 8	0.016 8	0.014 9	0.014 9	0.016 3
新余市	0.024 6	0.024 8	0.023 1	0.022 8	0.025 3
鹰潭市	0.020 3	0.020 5	0.018 7	0.018 5	0.019 9
赣州市	0.010 1	0.010 1	0.009 2	0.009 1	0.010 9
吉安市	0.016 2	0.016 3	0.014 2	0.014 2	0.015 3
宜春市	0.020 9	0.021 0	0.019 0	0.018 8	0.020 1
抚州市	0.014 9	0.015 0	0.013 5	0.013 4	0.014 5
上饶市	0.016 3	0.016 5	0.011 8	0.015 2	0.016 7

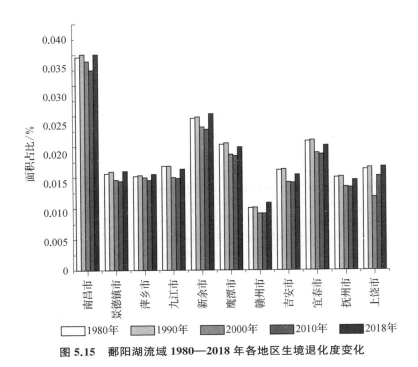

图 5.15　鄱阳湖流域 1980—2018 年各地区生境退化度变化

5.4.2.2　不同土地利用类型生境退化的变化特征

在 ArcGIS 中将生境退化度栅格图与土地利用图进行叠加计算,得到不同土地利用类型生境退化度的差异分布情况(图 5.16)。在各种土地利用类型中,1980—2018 年生境退化度依次为林地<水域<草地<未利用地<耕地<建设用地。其中,耕地面积占流域总面积的 26.39%,生境退化度为 0.025 1,处于中等退化度水平;林地面积占流域总面积的 61.37%,是流域内面积最大的用地类型,生境退化度为 0.011 9,处于较低退化水平;草地面积占总流域的 4.34%,生境退化度为 0.014 8,处于较低水平;水域面积占流域总面积的 4.29%,生境退化度为 0.012 4,处于较低退化度水平;建设用地是流域内生境退化度最高的用地类型,生境退化度为0.03,处于较高水平;未利用地侵蚀面积最小,仅占流域的 0.32%,生境退化度处于较低水平。从以上结果可知,流域内生境退化情况与流域的土地利用类型有着密切联系,也可以发现不同土地利用类型的生境退化情况有着较大的差异。

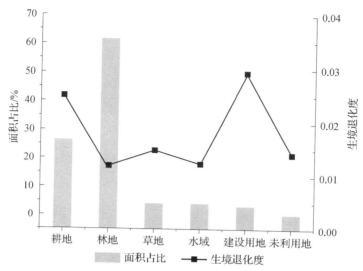

图 5.16　鄱阳湖流域不同土地利用类型对生境退化的影响

5.4.2.3　不同海拔梯度生境退化的变化特征

在 ArcGIS 中将鄱阳湖流域 DEM 重分类,然后与生境退化度栅格图层进行叠加,得到鄱阳湖流域 1980—2018 年各个海拔梯度的退化度指数统计数据(表 5.19)与不同海拔梯度的平均生境退化度(图 5.17)。由图 5.18 可知,1980—2018 年平均生境退化度随着海拔高度增加呈现减小的趋势,海拔大于 1 500 m 区域的生境退化度最小,处于低水平;在低于 300 m 的区域平均生境退化度最大。从时间上来看,1980—2018 年期间平均生境退化度在海拔大于 300 m 的区域没有明显变化,但在低于 300 m 区域,生境退化度呈现先下降后上升的趋势。从各海拔等级具体分析可知,小于 300 m 的海拔区域生境退化度最高,该区域面积占全区域总面积的 69.09%;其次是海拔介于 300~600 m 的区域,此处生境退化度较小,退化度处于低等级,该区域面积占全区域总面积的 23.06%;600~900 m 海拔区域面积也占较大比例,此处生境退化度也处于低水平,该区域面积占全区域总面积的 5.88%;而海拔高于 900 m 的区域生境退化度较小,且这些区域面积占比较小。由以上结果可知,区域生境退化度与海拔高低有着密切的联系,海拔越高,生境退化度越小。

表 5.19　1980—2018 年鄱阳湖流域不同海拔梯度生境退化度的变化特征

海拔	年份	面积（km²）	面积占比（%）	生境退化度
≤300 m	1980 年	114 944	69.09	0.020 7
	1990 年			0.020 8
	2000 年			0.018 9
	2010 年			0.018 7
	2018 年			0.020 4
300～600 m	1980 年	38 368	23.06	0.007 4
	1990 年			0.007 5
	2000 年			0.006 8
	2010 年			0.006 8
	2018 年			0.008 1
600～900 m	1980 年	9 782	5.88	0.004 9
	1990 年			0.004 9
	2000 年			0.004 5
	2010 年			0.004 4
	2018 年			0.005 3
900～1 200 m	1980 年	2 536	1.52	0.004 1
	1990 年			0.004 1
	2000 年			0.003 8
	2010 年			0.003 7
	2018 年			0.004 3
1 200～1 500 m	1980 年	593	0.36	0.003 3
	1990 年			0.003 3
	2000 年			0.003 0
	2010 年			0.003 0
	2018 年			0.003 3
>1 500 m	1980 年	157	0.09	0.002 9
	1990 年			0.002 9
	2000 年			0.002 7
	2010 年			0.002 7
	2018 年			0.002 5

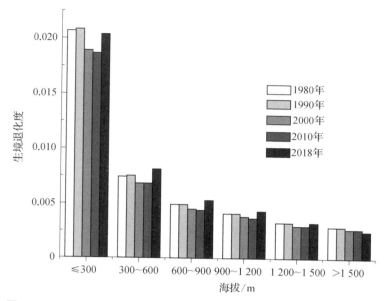

图 5.17　1980—2018 年鄱阳湖流域不同海拔梯度生境退化度的变化特征

5.4.2.4　不同坡度生境退化的变化特征

在 ArcGIS 中将流域坡度划分成 5 个等级,然后再将生境退化度栅格数据和重分类后的坡度数据进行叠加运算,得到鄱阳湖流域 1980—2018 年各个海拔梯度的退化度指数统计数据(表 5.20)与不同坡度的平均生境退化度图(图 5.18)。由图 5.18可知,1980—2018 年鄱阳湖流域平均生境退化度随着坡度增加呈现先减小后增大的趋势。坡度在小于 4.5°处的区域生境退化度最大,坡度介于 13.5°~18°的区域生境退化度最小,处于低水平。从时间上来看,1980—2018 年期间,流域平均生境退化度在各坡度上几乎均呈现先下降后上升的趋势。从各坡度具体分析可知,坡度小于 4.5°的区域生境退化度最高,该区域面积占全区域总面积的 80.19%,生境退化度处于较低水平;其次是坡度介于 4.5°~9°的区域,此处生境退化度较小,处于低等级,该区域面积占全区域总面积的 15.32%;坡度为 13.5°~18°的区域生境退化度最小,但该区域面积占比很小,仅占流域总面积的 0.69%。由以上结果可知,区域生境退化度与坡度有着较大的联系,生境退化度随着坡度的增大呈现先降低后升高的变化。

表 5.20 1980—2018 年鄱阳湖流域不同坡度生境退化的变化特征

坡度(°)	年份	面积(km²)	面积占比(%)	生境退化度
≤4.5	1980 年	131 785	80.19	0.018 7
	1990 年			0.018 9
	2000 年			0.017 1
	2010 年			0.016 9
	2018 年			0.018 5
4.5～9	1980 年	25 183	15.33	0.007 9
	1990 年			0.008 0
	2000 年			0.007 3
	2010 年			0.007 3
	2018 年			0.008 6
9～13.5	1980 年	6 079	3.70	0.006 4
	1990 年			0.006 5
	2000 年			0.005 9
	2010 年			0.005 9
	2018 年			0.006 9
13.5～18	1980 年	1 137	0.69	0.005 6
	1990 年			0.005 6
	2000 年			0.005 2
	2010 年			0.005 2
	2018 年			0.006 1
>18	1980 年	156	0.09	0.006 5
	1990 年			0.006 5
	2000 年			0.006 3
	2010 年			0.006 3
	2018 年			0.007 5

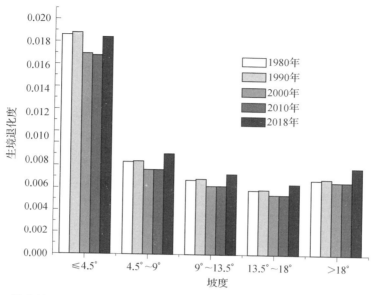

图 5.18 1980—2018 年鄱阳湖流域不同坡度生境退化度的变化特征

5.4.3 鄱阳湖流域生境质量时空格局及其变化分析

将准备数据导入 InVEST 模型生境质量模块中,得到 1980 年、1990 年、2000 年、2010 年和 2018 年五期鄱阳湖流域生境质量数据。模型输出结果为栅格图层,生境质量指数取值范围为 0～1。区域生境质量指数越大,表示该区域生境质量就越高,生态系统多样性就越好。

5.4.3.1 生境质量时空变化的总体特征

将 InVEST 模型生境质量结果加载到 ArcGIS 中,采用 Reclassify 工具对鄱阳湖流域 1980 年、1990 年、2000 年、2010 年和 2018 年的生境质量图层进行重分类,采用自然断点法对数据进行重分类,将流域生境质量划分为 5 个等级:优(0.8～1.0)、良(0.7～0.8)、一般(0.5～0.7)、较差(0.1～0.5)和差(0～0.1)。同时,统计了各等级生境质量所占的面积百分比(表 5.21)。

表 5.21　鄱阳湖流域 1980—2018 年各等级生境质量面积占比及生境质量指数平均值

年份	等级	优	良	一般	较差	差
	分值区间	0.8~1.0	0.7~0.8	0.5~0.7	0.1~0.5	0~0.1
1980 年	面积占比(%)	62.27	7.83	27.73	0.60	1.57
	指数平均值	0.819 7				
1990 年	面积占比(%)	62.02	7.94	27.82	0.65	1.57
	指数平均值	0.818 3				
2000 年	面积占比(%)	62.19	8.01	27.54	0.59	1.67
	指数平均值	0.818 5				
2010 年	面积占比(%)	62.26	7.89	27.34	0.46	2.05
	指数平均值	0.817 3				
2018 年	面积占比(%)	61.37	8.19	26.56	0.58	3.30
	指数平均值	0.807 7				

　　生境质量指数的高低可以反映研究区域生态环境的好坏,可以对区域生境适宜性和生境退化程度进行综合评价。生境质量指数越高,说明该研究区域生境适宜性越好,相反,生境适宜性越差。根据表 5.21 鄱阳湖流域 1980—2018 年各等级生境质量面积占比及指数平均值可知,流域生境质量以优为主,均在 60% 以上,其次是一般生境质量,占总流域的 27% 左右,两者面积约占流域总面积的 87%。根据图 5.19 可知,1980—2018 年间,生境质量指数分别为 0.819 7、0.818 3、0.818 5、0.817 3 和 0.807 7,生境质量指数整体上呈现下降的趋势,即鄱阳湖流域的生境整体上呈现变差的趋势。

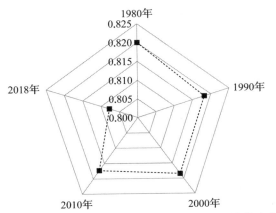

图 5.19　鄱阳湖流域 1980—2018 年生境质量指数变化

通过对比 1980 年、1990 年、2000 年、2010 年和 2018 年各等级生境质量所占比例,可以得知,随着时间的变化,鄱阳湖流域生境质量整体上呈现变差的趋势。1980—2018 年期间,生境质量等级为优的面积比例整体上呈现下降的趋势,从 1980 年的 62.27% 下降到 2018 年的 61.37%,下降了 0.9%,其中 1990—2010 年期间,流域生境质量等级为优的面积所占比例呈现增加的趋势;生境质量为良的面积占比从 1980 年的 7.83% 增加到 2018 年的 8.19%,增加了 0.36%;生境质量为一般的面积所占比例呈现降低的趋势,由 1980 年的 27.73% 降低到 2018 年的 26.56%,降低了 1.17%;较差生境质量面积占比呈现先增后降再增加的波动趋势,整体变化较小,38 年间仅下降了 0.02%;1980—2018 年期间等级为差的生境质量面积占比呈现快速增加的趋势,由 1980 年的 1.57% 增加到 2018 年的 3.30%,增加了 1.73%。通过分析 1980—2018 年期间鄱阳湖流域各等级生境质量面积占比可知,鄱阳湖流域内生境质量发生了较大程度的变化。

综上所述,由图 5.20 可知,1980—2018 年将近 40 年间鄱阳湖流域生境质量主要以优和一般等级为主,两者占流域总面积的 87% 以上。随着时间的推移,鄱阳湖流域内优等级生境质量面积占比呈现先增加后减少的趋势,良等级面积比例呈现增加趋势,一般等级面积比例呈现快速下降的趋势,而差等级面积占比呈现快速增加的趋势。以上结果表明,鄱阳湖流域的生境质量逐渐恶化。结合该时期土地利用变化分析可知,1980—2000 年,威胁能力较大的耕地在不断减少,生境适宜性较高的草地面积在不断增加,同时城市化进程缓慢,使得流域生境质量基本上稳定。但 2000—2018 年,流域内城镇化快速发展,使得对生态系统威胁程度较大的建设用地得到激增,同时生境适宜性较高的林地面积快速减少,使得流域生境质量逐渐变差。

利用 ArcGIS 软件中的栅格计算器工具,将两个时期的生境质量进行相减得到生境质量变化情况。用后一时期的生境质量减去前一时期的生境质量,相减之后的结果如果小于 0,则表示流域该时期生境质量在降低;相减之后的结果大于 0,表示流域该时段内生境质量提高;相减之后结果约等于 0,表示在该时段内,流域生境质量几乎保持不变。由表 5.22 可知,1980—2018 年鄱阳湖流域生境质量均有不同程度的变化,其中生境质量提高的面积高达 23 127 km²,占流域总面积的 13.89%,生境质量基本不变的面积有 117 113 km²,占流域总面积的 70.35%,而生境退化度降低的面积有 26 232 km²,占比 15.76%。

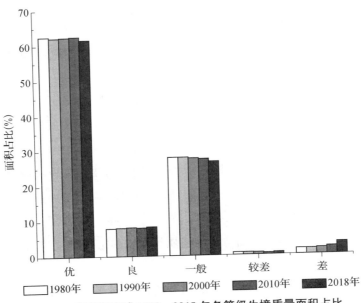

图 5.20 鄱阳湖流域 1980—2018 年各等级生境质量面积占比

表 5.22　1980—2018 年鄱阳湖流域生境质量变化

生境质量变化		生境质量降低	生境质量不变	生境质量提高
1980—1990 年	面积（km²）	1 057	165 284	527
	比例（%）	0.63	99.05	0.32
1990—2000 年	面积（km²）	494	165 657	717
	比例（%）	0.30	99.27	0.43
2000—2010 年	面积（km²）	1 162	164 779	927
	比例（%）	0.70	98.74	0.56
2010—2018 年	面积（km²）	25 338	118 354	22 780
	比例（%）	15.22	71.10	13.68
1980—2018 年	面积（km²）	26 232	117 113	23 127
	比例（%）	15.76	70.35	13.89

在 ArcGIS 中利用分区统计工具对鄱阳湖流域 1980 年、1990 年、2000 年、2010 年和 2018 年五期生境质量栅格数据进行统计，然后计算研究区内 11 个地市的生境质量指数。从表 5.23 和图 5.21 可知，1980—2018 年间鄱阳湖流域各地市生境质量均有不同程度的变化，其中南昌市生境质量最低，生境质量指数处于一般水平。各

地市生境质量指数整体上呈现降低的趋势,即 1980—2010 年各地市生境质量指数在逐渐降低,结合土地利用分析可知,这一时期流域内生境质量的高低主要由林地、草地和耕地所影响,而城镇化建设速度较慢,其中林地和草地的生境适宜性较高,使得流域生境质量下降速率较小。2010—2018 年生境质量指数呈现快速减小的趋势,结合该时期土地利用变化分析可知,流域内生境适宜性较高的林地面积有较大幅度的减少,而且,由于该时期流域内城镇化建设加快,作为最大威胁源的建设用地激增,流域生境质量快速降低,生境适宜性恶化。截至 2018 年,流域内地市中生境质量最低的是南昌市,生境质量指数为 0.555 6,生境质量处于一般水平,生境质量最高的是赣州市,生境质量指数为 0.868 8,生境质量处于优水平。其中景德镇市、萍乡市、吉安市、抚州市和上饶市生境质量指数分别为 0.823 8、0.820 5、0.817 9、0.833 6 和 0.807 7,生境质量处于优水平。其余地市生境退化度均处于 0.7～0.8 之间,生境质量处于良水平。流域各地市 2010 年以后的生境质量指数有较快下降的趋势,我们应制定有效的措施,改善生态系统类型中的生境适宜性。

表 5.23　鄱阳湖流域各地区 1980—2018 年生境质量变化统计

区域名称	生境质量指数平均值				
	1980 年	1990 年	2000 年	2010 年	2018 年
南昌市	0.596 2	0.597 5	0.596 8	0.575 9	0.555 6
景德镇市	0.840 1	0.836 4	0.834 8	0.836 5	0.823 8
萍乡市	0.834 6	0.833 3	0.835 8	0.824 8	0.820 5
九江市	0.790 0	0.788 3	0.788 0	0.787 2	0.779 6
新余市	0.753 8	0.751 4	0.751 3	0.745 0	0.727 2
鹰潭市	0.791 2	0.789 1	0.787 9	0.785 6	0.768 9
赣州市	0.883 5	0.882 7	0.882 7	0.881 6	0.868 8
吉安市	0.825 8	0.824 3	0.825 5	0.825 1	0.817 9
宜春市	0.788 5	0.787 1	0.787 3	0.783 3	0.775 6
抚州市	0.840 3	0.839 4	0.839 9	0.840 2	0.833 6
上饶市	0.811 1	0.808 5	0.808 2	0.814 7	0.807 7

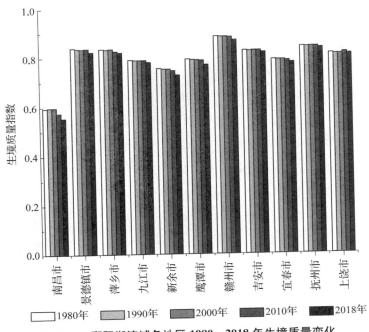

图 5.21　鄱阳湖流域各地区 1980—2018 年生境质量变化

5.4.3.2　不同土地利用类型生境质量的变化特征

在 ArcGIS 中将生境质量栅格图与土地利用图进行叠加计算,得到不同土地利用类型生境质量的差异分布情况(图 5.22)。在各种土地利用类型中,生境质量指数依次为未利用地＜建设用地＜耕地＜草地＜水域＜林地。林地生境质量指数为0.90,是流域内生境质量最好的用地类型,生境质量处于优等级水平;水域生境指数为 0.80,生境质量处于良等级水平;草地生境质量指数为 0.69,生境质量处于良等级水平;耕地生境质量指数为 0.49,处于较差水平;建设用地生境质量指数较低,生境质量处于差等级水平;未利用地生境质量是流域内生境质量最差的用地类型,生境质量指数为 0.11,低于建设用地。从以上结果可知,流域生境质量与流域内的土地利用类型有着密切联系,同时也可以发现,不同土地利用类型的生境质量有着较大的差异。

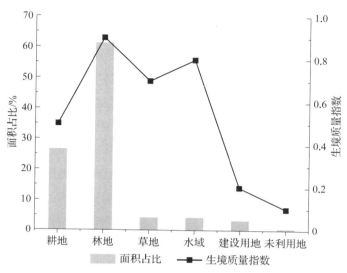

图 5.22　鄱阳湖流域不同土地利用类型生境质量的变化

5.4.3.3　不同海拔梯度生境质量的变化特征

在 ArcGIS 中将鄱阳湖流域 DEM 重分类,然后与生境质量栅格图层进行叠加,得到鄱阳湖流域 1980—2018 年各个海拔梯度的生境质量指数统计数据(表 5.24)与不同海拔梯度的平均生境质量指数(图 5.23)。由结果可知,1980—2018 年平均生境质量指数随着海拔高度增加呈现先增大后减小的趋势,海拔在低于 300 m 区域的生境质量数最小,生境质量处于良水平;海拔介于 600～900 m 的区域平均生境质量指数最大,生境质量处于优水平。从时间上来看,1980—2018 年期间平均生境质量指数在海拔低于 300 m 的区域呈现下降的趋势,海拔介于 300～1 500 m 的区域,生境质量指数呈现先下降后上升的趋势,海拔高于 1 500 m 的区域生境质量指数呈现上升的趋势。

从各海拔等级具体分析可知,海拔小于 300 m 的区域生境质量最低,该区域面积占全区域总面积的 69.09%;其次是海拔介于 300～600 m 的区域,此处生境质量指数较高,生境质量处于优等级,该区域面积占全区域总面积的 23.06%;600～900 m 海拔区域面积也占有较大比例,此处生境质量指数最大,该区域面积占全区域总面积的 5.88%;虽然海拔高于 900 m 的区域生境质量指数较大,但这些区域面积比较小。由以上结果可知,区域生境质量与海拔高低有着密切的联系。

表 5.24　1980—2018 年鄱阳湖流域不同海拔梯度生境质量的变化特征

海拔	年份	面积（km²）	面积占比（%）	生境质量指数
≤300 m	1980 年	114 944	69.09	0.766 8
	1990 年			0.765 2
	2000 年			0.765 0
	2010 年			0.763 2
	2018 年			0.751 4
300～600 m	1980 年	38 368	23.06	0.941 8
	1990 年			0.940 9
	2000 年			0.941 8
	2010 年			0.941 4
	2018 年			0.935 3
600～900 m	1980 年	9 782	5.88	0.961 9
	1990 年			0.960 9
	2000 年			0.961 2
	2010 年			0.962 1
	2018 年			0.958 1
900～1 200 m	1980 年	2 536	1.52	0.942 6
	1990 年			0.941 7
	2000 年			0.941 7
	2010 年			0.945 0
	2018 年			0.947 4
1 200～1 500 m	1980 年	593	0.36	0.930 2
	1990 年			0.928 2
	2000 年			0.927 8
	2010 年			0.928 3
	2018 年			0.930 8
>1 500 m	1980 年	157	0.09	0.898 1
	1990 年			0.900 0
	2000 年			0.900 0
	2010 年			0.900 0
	2018 年			0.919 3

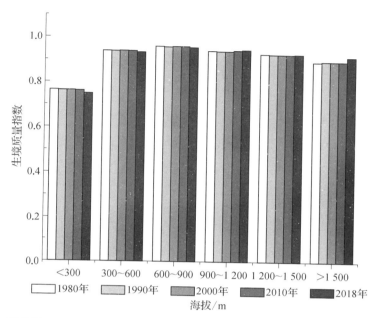

图 5.23　1980—2018 年鄱阳湖流域不同海拔梯度生境质量的变化特征

5.4.3.4　不同坡度生境质量的变化特征

在 ArcGIS 中将流域坡度划分成 5 个等级,然后再将生境质量栅格数据和重分类后的坡度数据进行叠加运算,得到鄱阳湖流域 1980—2018 年各个坡度的生境质量指数统计数据(表 5.25)和不同坡度的平均生境质量指数(图 5.24)。由图 5.24 可知,1980—2018 年鄱阳湖流域平均生境质量随着坡度增大呈现上升的趋势。坡度小于 4.5°的区域生境质量指数最小,生境质量处于良等级,而坡度大于 18°的区域生境质量指数最大,生境质量处于优水平。从时间上来看,1980—2018 年期间坡度介于4.5°~18°之间的区域生境质量呈现先升高后降低的趋势,而坡度小于 4.5°和坡度大于 18°的区域生境质量呈现下降的变化。从各坡度具体分析可知,坡度小于 4.5°的区域生境质量最低,该区域面积占全区域总面积的 80.19%,生境质量处于良水平;其次是坡度介于 4.5°~9°的区域,此处生境质量指数较大,生境质量处于优等级,该区域面积占全区域总面积的 15.32%;坡度大于 18°的区域生境质量指数最大,但该区域面积占比很小,仅占流域总面积的 0.09%。由以上结果可知,区域生境质量与坡度有着密切的联系,生境质量随着坡度的增大呈现上升的变化。

表 5.25 1980—2018 年鄱阳湖流域不同坡度对生境退化度的变化特征

坡度(°)	年份	面积(km²)	面积占比(%)	生境质量指数
≤4.5	1980 年	131 785	80.19	0.790 9
	1990 年			0.789 4
	2000 年			0.789 4
	2010 年			0.787 7
	2018 年			0.776 9
4.5~9	1980 年	25 183	15.33	0.938 9
	1990 年			0.937 7
	2000 年			0.938 8
	2010 年			0.939 1
	2018 年			0.932 9
9~13.5	1980 年	6 079	3.70	0.949 7
	1990 年			0.948 4
	2000 年			0.948 4
	2010 年			0.949 6
	2018 年			0.944 2
13.5~18	1980 年	1 137	0.69	0.961 0
	1990 年			0.959 5
	2000 年			0.960 3
	2010 年			0.962 4
	2018 年			0.948 3
>18	1980 年	156	0.09	0.972 4
	1990 年			0.970 5
	2000 年			0.970 5
	2010 年			0.970 5
	2018 年			0.960 2

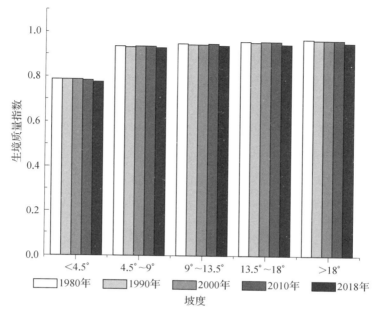

生境质量指数

<4.5° 4.5°~9° 9°~13.5° 13.5°~18° >18°

□ 1980年　■ 1990年　■ 2000年　■ 2010年　■ 2018年

坡度

图 5.24　1980—2018 年鄱阳湖流域不同坡度对生境质量的变化特征

5.4.4　鄱阳湖流域不同土壤侵蚀强度对生境质量的变化特征

5.4.4.1　不同土壤侵蚀强度对生境退化的变化特征

在 ArcGIS 中将鄱阳湖流域土壤侵蚀栅格图层与生境退化度栅格图层进行叠加,得到鄱阳湖流域 1980—2018 年不同侵蚀强度的生境退化度统计数据(表 5.26)和不同土壤侵蚀强度的平均生境退化度分布图(图 5.25)。由图 5.25 可知,1980—2018 年平均生境退化度随着土壤侵蚀强度的增加呈现减小的变化。其中微度侵蚀生境退化度最高,平均生境退化度约为 0.020 0,生境退化处于中等水平,强度侵蚀生境退化度最低,平均生境退化度为 0.007 1,生境退化度处于低水平。同时结合土地利用数据可知,流域受到强度侵蚀面积占比最大的是林地,其次是草地,两者约占剧烈侵蚀总面积的 87.28%,而林地生境适宜度最高,草地生境适宜度也较高,生境退化度较低,因此强度侵蚀生境退化度最低;流域受到微度侵蚀强度面积最大的是耕地,其占微度侵蚀总面积的 41%,除此之外,该区域也有较大面积的建设用地,而建设用地生境适宜性较低,生境退化度最高,因此微度侵蚀区域生境退化度最高。从时间上来看,1980—2018 年期间平均生境退化度在微度侵蚀、轻度侵蚀、中度侵蚀、强度侵蚀区域生境退化度呈现先降低后增加的趋势,生境退化度均在 2000 年处于最低水平,而对于极强度侵蚀区域和剧烈侵蚀区域生境退化度呈现先增加后降低再增加的趋势。从各侵蚀强度区域具体分析可知,微度侵蚀区域生境退化度最高,退化度处于中等等级,该区域面积占全区域总面积的 41% 左右;其次是轻度侵蚀区域,此处生境退化度较大,退化度处于较低等级,该区域面积占全区域总面积的 24% 左右;剧烈侵蚀区域生境退化度最低,生境退化处于低水平,但该区域面积占比较小,仅占流域的 7% 左右。由以上结果可知,流域土壤侵蚀强度与生境退化度有着一定的关系,土壤侵蚀强度越剧烈,生境退化度越低。

表 5.26 1980—2018 年鄱阳湖流域不同土壤侵蚀强度对生境退化度的变化特征

侵蚀强度	年份	面积(km²)	面积占比(%)	生境退化度
微度侵蚀	1980 年	63 278	38.07	0.021 1
	1990 年	78 182	47.04	0.020 4
	2000 年	70 493	42.41	0.018 9
	2010 年	56 920	34.25	0.019 5
	2018 年	75 751	45.58	0.020 0
轻度侵蚀	1980 年	40 445	24.33	0.010 0
	1990 年	40 969	24.65	0.009 6
	2000 年	39 309	23.65	0.008 8
	2010 年	40 029	24.08	0.009 5
	2018 年	39 557	23.80	0.010 1
中度侵蚀	1980 年	19 931	11.99	0.008 2
	1990 年	19 520	11.74	0.008 0
	2000 年	19 918	11.98	0.007 2
	2010 年	18 489	11.12	0.007 7
	2018 年	19 958	12.01	0.008 3
强度侵蚀	1980 年	13 439	8.09	0.007 5
	1990 年	10 265	6.18	0.007 1
	2000 年	11 917	7.17	0.006 4
	2010 年	13 864	8.34	0.007 0
	2018 年	11 240	6.76	0.007 5

侵蚀强度	年份	面积(km²)	面积占比(%)	生境退化度
极强度侵蚀	1980 年	13 881	8.35	0.007 2
	1990 年	9 594	5.77	0.007 4
	2000 年	12 464	7.50	0.006 4
	2010 年	15 983	9.62	0.006 4
	2018 年	10 840	6.52	0.007 7
剧烈侵蚀	1980 年	15 236	9.17	0.008 4
	1990 年	7 680	4.62	0.009 9
	2000 年	12 109	7.29	0.007 6
	2010 年	20 925	12.59	0.006 7
	2018 年	8 770	5.28	0.008 9

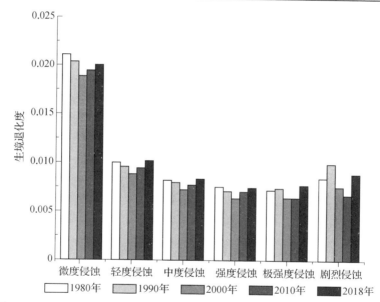

图 5.25　1980—2018 年鄱阳湖流域不同土壤侵蚀强度对生境退化的变化特征

5.4.4.2　不同土壤侵蚀对生境质量的变化特征

在 ArcGIS 中将鄱阳湖流域土壤侵蚀栅格图层与生境质量栅格图层进行叠加,得到鄱阳湖流域 1980—2018 年不同侵蚀强度的生境质量统计数据(表 5.27)与不同土壤侵蚀强度的平均生境质量指数分布图(图 5.26)。由图 5.26 可知,1980—2018 年平均生境质量随着土壤侵蚀强度的增加整体呈现增大的变化趋势。其中度侵蚀生境质量最高,平均生境质量指数为 0.903 4,生境质量处于优等级;微度侵蚀生境质量最低,平均生境质量指数约为 0.768 4,生境质量处于良等级。结合土地利用数据可知,流域受到中度侵蚀面积占比最大的是林地,其次是草地,两者约占中度侵蚀总面积的 86.53%,而林地和草地生境适宜度较高,因此中度侵蚀生境质量最高;流域受到微度侵蚀面积最大的是耕地,占微度侵蚀总面积的 41%,除此之外,该区域也有较大面积的建设用地,而建设用地生境适宜性较低,生境质量最低,因此微度侵蚀区域生境质量最低。从时间上来看,1980—2018 年期间平均生境质量在微度侵蚀、轻度侵蚀区域呈现先增加后降低的变化趋势,而对于中度侵蚀、强度侵蚀、极强度侵蚀和剧烈侵蚀区域,生境质量呈现先减小后增加再减小的趋势。从各侵蚀强度区域具体分析可知,微度侵蚀区域生境质量最低,生境质量处于良或者一般等级,该区域面积占全区域总面积的 42%;其次是轻度侵蚀区域,此处生境质量指数较大,生境质量处于优水平,该区域面积占全区域总面积的 24% 左右;剧烈侵蚀区域生境质量最高,生境质量处于优等级,但该区域面积占比较小,仅占流域的 7% 左右。由以上结果可知,流域土壤侵蚀强度对生境质量有着一定的影响,土壤侵蚀强度越剧烈,生境质量越高。

表 5.27　1980—2018 年鄱阳湖流域不同土壤侵蚀强度对生境质量的变化特征

侵蚀强度	年份	面积(km²)	面积占比(%)	生境质量指数
微度侵蚀	1980 年	63 278	38.07	0.770 4
	1990 年	78 182	47.04	0.778 2
	2000 年	70 493	42.41	0.772 4
	2010 年	56 920	34.25	0.760 6
	2018 年	75 751	45.58	0.760 3
轻度侵蚀	1980 年	40 445	24.33	0.898 2
	1990 年	40 969	24.65	0.903 9
	2000 年	39 309	23.65	0.904 0
	2010 年	40 029	24.08	0.895 3
	2018 年	39 557	23.80	0.902 7
中度侵蚀	1980 年	19 931	11.99	0.904 4
	1990 年	19 520	11.74	0.901 6
	2000 年	19 918	11.98	0.906 4
	2010 年	18 489	11.12	0.904 9
	2018 年	19 958	12.01	0.900 0

续　表

侵蚀强度	年份	面积(km²)	面积占比(%)	生境质量指数
强度侵蚀	1980 年	13 439	8.09	0.903 0
	1990 年	10 265	6.18	0.897 6
	2000 年	11 917	7.17	0.901 3
	2010 年	13 864	8.34	0.904 3
	2018 年	11 240	6.76	0.900 2
极强度侵蚀	1980 年	13 881	8.35	0.894 5
	1990 年	9 594	5.77	0.882 0
	2000 年	12 464	7.50	0.892 4
	2010 年	15 983	9.62	0.902 5
	2018 年	10 840	6.52	0.879 9
剧烈侵蚀	1980 年	15 236	9.17	0.842 5
	1990 年	7 680	4.62	0.820 0
	2000 年	12 109	7.29	0.835 6
	2010 年	20 925	12.59	0.863 2
	2018 年	8 770	5.28	0.834 5

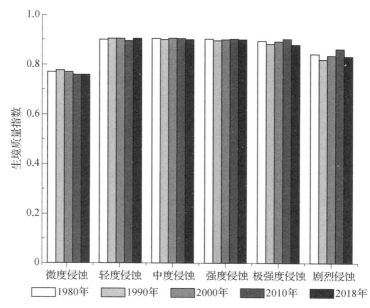

图 5.26　1980—2018 年鄱阳湖流域不同土壤侵蚀强度对生境质量的变化特征

5.5　小　　结

本章基于 InVEST 模型土壤侵蚀（SDR）模块和生境质量模块结果，分别对 1980—2018 年鄱阳湖流域土壤侵蚀和生境退化度、生境质量进行了分析，具体包括：（1）流域土壤侵蚀面积和侵蚀量总体变化特征，土壤侵蚀空间格局变化特征，不同海拔梯度、不同坡度和不同土地利用类型对土壤侵蚀的变化特征；（2）流域生境退化度时空变化特征，不同土地利用类型、不同海拔梯度、不同坡度和不同土壤侵蚀强度对生境退化度的变化特征；（3）流域生境质量时空变化特征，不同土地利用类型、不同海拔梯度、不同坡度和不同土壤侵蚀强度对生境质量的变化特征；（4）不同土壤侵蚀强度、不同土壤保持强度对流域生境退化度和生境质量变化特征分析。由结果可知：

（1）1980—2018 年鄱阳湖流域以微度和轻度侵蚀为主，各等级土壤侵蚀面积及比例变化比较大。土壤侵蚀总量和平均土壤侵蚀模数都呈现先下降后上升再下降的趋势；各年份流域内微度和轻度侵蚀主要分布在广阔的鄱阳湖流域的平原地区，中度、强度、极强度和剧烈侵蚀强度的区域主要分布在鄱阳湖流域的各个子流域的上游。与 1980 年相比，2018 年流域微度侵蚀的面积增加很多，轻度侵蚀和中度侵蚀面积几乎保持不变，强度侵蚀、极强度侵蚀和剧烈侵蚀面积显著减少；各年份流域土壤侵蚀模数随着海拔升高呈现先增大后减小的趋势，土壤侵蚀总量呈现下降的趋势，其中海拔为 1 200～1 500 m 的区域土壤侵蚀模数最大，而海拔低于 300 m 的区域土壤侵蚀量最高；各年份流域土壤侵蚀模数随着坡度升高呈现增大的变化，而土壤侵蚀总量随着坡度增大呈现下降的变化；各年份不同土地利用类型对应的平均土壤侵蚀模数依次为水域＜未利用地＜建设用地＜耕地＜林地＜草地。其中耕地土壤侵蚀情况以微度侵蚀为主，轻度侵蚀占有较大比例；林地土壤侵蚀情况主要是轻度侵蚀和微度侵蚀；草地主要以微度侵蚀为主，轻度侵蚀约占草地总面积的 1/4。

（2）1980—2018 年间，鄱阳湖流域生境退化度呈现先下降后上升的趋势，流域生境退化度以低退化度为主，约占流域总面积的 37%。流域各地市生境退化度均有不同程度的变化，各地市生境退化度整体上呈现先降低后增加的趋势，其中生境退化度最高的是南昌市，退化度处于较高的水平；各年份不同土地利用类型中生境退化度依次为林地＜水域＜草地＜未利用地＜耕地＜建设用地；各年份平均生境退化度随着海拔高度增加呈现减小的趋势，海拔在大于 1 500 m 区域的生境退化度最小，生境退化度处于低水平，在低于 300 m 的区域平均生境退化度最大；各年份鄱阳湖流域平均生境退化度随着坡度增大呈现先下降后上升的趋势，坡度小于 4.5°的区域生境退化度最大，坡度介于 13.5°～18°的区域生境退化度最小，生境退化度处于低水平。

（3）1980—2018 年间鄱阳湖流域生境质量指数整体上呈现降低的趋势，流域的生境质量整体上呈现变差的趋势。生境质量以优为主，占流域总面积的 60％以上。流域各地市生境质量均有不同程度的变化，各地市生境质量指数整体上呈现降低的趋势，其中南昌市生境质量最低，生境质量指数处于一般水平；各年份不同土地利用类型中，生境质量指数依次为未利用地＜建设用地＜耕地＜草地＜水域＜林地；各年份平均生境质量指数随着海拔高度增加呈现先增大后减小的趋势，海拔在低于 300 m 区域的生境质量指数最小，生境质量处于良水平，海拔介于 600～900 m 的区域平均生境质量指数最大，生境质量处于优水平；各年份鄱阳湖流域平均生境质量随着坡度增大呈现上升的趋势，坡度小于 4.5°的区域生境质量指数最小，生境质量处于良等级，而坡度大于 18°的区域生境质量指数最大，生境质量处于优水平。

（4）各年份平均生境退化度随着土壤侵蚀强度的增加呈现先减小后增大的变化，微度侵蚀生境退化度最高，生境退化处于中等等级，强度侵蚀生境退化度最低，生境退化度处于低等级；各年份平均生境质量随着土壤侵蚀强度的增加整体呈现先增大后减小的变化，微度侵蚀生境质量最低，生境质量处于良水平，中度侵蚀生境质量最高，生境质量处于优等级。

第6章　土壤保持条件下鄱阳湖流域 生境质量时空变化分析①

　　土壤是人类以及自然界生存发展的根本。在自然界生态系统中,土壤保持服务是区域土壤形成、区域产水保水、植被稳固覆盖等功能的重要基础,对于区域固土防沙、减少水土流失和生态安全稳定具有举足轻重的意义与作用。近年来,区域土地利用方式不断变化使得区域内的土壤侵蚀问题愈加严重,一方面,土壤侵蚀加剧会导致侵蚀地土地资源退化、农业生产力下降、粮食产量降低,威胁区域粮食安全;另一方面,河流输沙量的增加会造成下游水环境污染、泥沙淤积、洪涝灾害增加,威胁下游城市安全。因此,开展区域性土壤保持功能研究与评价对江河流域水污染、区域水资源产量、自然生态环境质量都至关重要。

6.1　土壤侵蚀与土壤保持

　　土壤侵蚀最早是由国外地理学家提出的概念,用以描述土壤外营力产生的移平作用。随着研究的不断深入,土壤侵蚀的含义也在发生改变。目前通常指在内外营力的作用下,土壤及其母质被破坏、剥蚀、搬运和沉积的过程。土壤侵蚀极易造成水体污染、土壤流失、肥力减弱等退化现象,因此,对土壤侵蚀与土壤保持功能的研究至关重要。若不以土壤侵蚀防治为核心,将很难达到土壤保持的根本目的。

---

　　① 改编自王乐志.基于 InVEST 模型的鄱阳湖流域土壤保持和生境质量变化研究[D].南昌:南昌大学,2020:11 - 66。

　　土壤保持是指保护和改善水土资源环境的综合效用，主要包括区域的水源涵养功能、固碳释氧功能、土壤改良与保护功能、防风固沙功能等，对减少土壤侵蚀和维持土地生产力起着重要的作用。

　　运用 InVEST 模型土壤侵蚀模块时，通常为了使计算结果更加符合实际情况，会在计算过程中运算潜在土壤侵蚀量和实际土壤侵蚀量。潜在土壤侵蚀量指假设地表在没有植被覆盖和水土保持措施情况下的土壤侵蚀量，而实际土壤侵蚀量在计算过程中则引入不同土地利用类型和考虑植被覆盖与水土保持措施产生的影响。研究区域土壤保持时，通常将潜在土壤侵蚀量减去实际土壤侵蚀量的结果视为土壤保持量。计算公式如下：

$$RKLS_i = R_i \times K_i \times LS_i \tag{6.1}$$

$$ULSE_i = R_i \times K_i \times LS_i \times C_i \times P_i \tag{6.2}$$

$$SR = RKLS - USLE \tag{6.3}$$

式中，$RKLS_i$ 表示第 i 个栅格单元的潜在土壤侵蚀量；$ULSE_i$ 表示第 i 个栅格单元的实际土壤侵蚀量；SR 为土壤保持量；R_i、K_i、LS_i、C_i 和 P_i 分别为第 i 个栅格单元的降水侵蚀力因子、土壤侵蚀力因子、坡度坡长因子、植被覆盖因子和土壤保持措施因子。

6.2　鄱阳湖流域土壤保持时空变化特征

　　在 ArcGIS 中，对流域土壤保持图层进行重分类，将土壤保持按照保持模数分为六个等级：低度保持（≤500）、较低度保持（500～2 500）、中度保持（2 500～5 000）、较高度保持（5 000～8 000）、高度保持（8 000～15 000）和极高度保持（＞15 000），最终得到鄱阳湖流域 1980 年、1990 年、2000 年、2010 年和 2018 年五期土壤保持强度分级图层（图 6.1）。通过统计分析得到 1980—2018 年鄱阳湖流域五期土壤保持总量及平均土壤保持模数变化情况（表 6.1）和土壤保持面积以及比例变化情况（表 6.2）。由结果可知：1980—2018 年鄱阳湖流域的土壤保持总量和土壤保持模数都呈现先下降后上升再下降的趋势，各等级土壤保持面积及比例变化比较大。1980—2018 年的土壤保持总量分别为 28.64×10^8 t、20.52×10^8 t、23.97×10^8 t、34.5×10^8 t 和 20.83×10^8 t；土壤保持模数分别为 17 202.97 t/(km² · a)、12 322.92 t/(km² · a)、14 396.89 t/(km² · a)、20 717.88 t/(km² · a)和 12 507.38 t/(km² · a)。

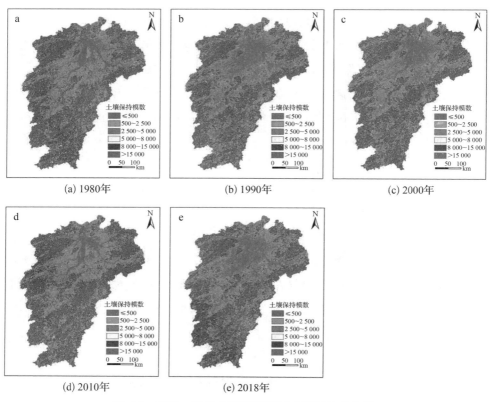

图 6.1　1980—2018 年鄱阳湖流域土壤保持分布图

表 6.1　1980—2018 年鄱阳湖流域土壤保持量及平均土壤保持模数

年份	平均土壤保持模数[t/(km² · a)]	土壤保持量(×10⁸ t)
1980 年	17 202.97	28.64
1990 年	12 322.92	20.52
2000 年	14 396.89	23.97
2010 年	20 717.88	34.50
2018 年	12 507.38	20.83

表 6.2　1980—2018 年鄱阳湖流域土壤保持面积以及比例变化情况

年份		低度保持	较低度保持	中度保持	较高度保持	高度保持	极高度保持
1980 年	面积/km²	25 743	42 769	18 034	11 879	17 747	50 335
	比例/%	15.46	25.69	10.83	7.13	10.66	30.23
1990 年	面积/km²	36 302	41 724	17 169	11 920	19 162	40 230
	比例/%	21.80	25.06	10.31	7.16	11.51	24.16
2000 年	面积/km²	32 709	41 562	17 202	11 591	18 621	44 822
	比例/%	19.64	24.96	10.33	6.96	11.18	26.92
2010 年	面积/km²	21 855	41 118	18 988	11 955	16 631	55 960
	比例/%	13.13	24.69	11.40	7.18	9.99	33.61
2018 年	面积/km²	35 424	41 400	17 231	11 502	19 057	41 944
	比例/%	21.27	24.86	10.35	6.91	11.44	25.18

　　结合表 6.2 分析可知,1980 年鄱阳湖流域高度保持和极高度保持面积分别为 17 747 km² 和 50 335 km²,两者面积约占流域总面积的 41%;较高度、中度、较低度和低度保持面积分别为 11 879 km²、18 034 km²、42 769 km² 和 25 743 km²,分别占流域总面积的 7.13%、10.83%、25.69% 和 15.46%。1990 年鄱阳湖流域各等级土壤保持情况有所变化,其中极高度保持面积有小幅度下降,占比下降了 6.07%,高度保持增加了 1 415 km²,较低度、中度和较高度保持面积基本上保持不变,低度保持面积有大幅度增加,增加了 10 559 km²。2000 年,流域各等级土壤保持情况有不同程度的变化,与 1990 年相比,较低度保持、中度保持、较高度保持没有发生明显的变化,而低度保持和高度保持面积在下降,面积占比分别减少了 2.16% 和 0.33%,而极高度保持面积增加明显,增加了 4 592 km²,占流域总面积的 26.92%。与 2000 年相比,2010 年较低度、较高度保持相对稳定,基本上保持不变,低度保持和高度保持有较大幅度的降低,面积分别减少了 10 854 km² 和 1 990 km²,极高度保持和中度保持有较大幅度的提高,增加了 11 138 km² 和 1 786 km²。2018 年,流域各等级土壤保持有不同程度的变化,其中较低度保持、中度保持、较高度保持和高度保持几乎不变,低度保持有了较大幅度的增加,增加了 13 569 km²,而极高度保持有了较大幅度的降低,占比由 33.61% 下降到 25.18%。

　　由图 6.1 可知,1980—2018 年鄱阳湖流域土壤保持情况几乎一致,江西省境内土壤保持量的高值区域主要分布在九江市西北部分、上饶市中部和南部、抚州市的西南部、吉安市南部、景德镇市北部、鹰潭市南部、赣州市西部和南部;土壤保持量低值区域主要集中于上饶市西部、宜春市东部、吉安市中部及东北部、抚州市的北部。

结合土地利用、海拔、坡度有关数据,可以发现在土壤保持高值区域,例如上饶市南部,海拔高、主要利用地形为林地;九江市、赣州市、吉安市、萍乡市土壤保持量高区域基本也符合这类特征。而在土壤保持低值区域,主要分布在鄱阳湖平原区域,土地利用类型基本上以建设用地和耕地为主。总体来说,土壤保持量的多少,与区域海拔、坡度、土地利用类型都有着一定的关联,值得进一步探讨。

6.3 鄱阳湖流域不同地形因子土壤保持变化特征分析

6.3.1 不同海拔梯度

在 ArcGIS 中将鄱阳湖流域 DEM 重分类,将其分为 6 个海拔梯度,然后与土壤保持栅格图层进行叠加,得到鄱阳湖流域 1980—2018 年各个海拔梯度的土壤保持统计数据,具体土壤保持模数和总保持量如图 6.2 和图 6.3 所示。由结果可知,1980—2018 年土壤保持模数随着海拔高度增加呈现先增加后减小的趋势,海拔 1 200~1 500 m 区域的土壤保持模数最大,在海拔低于 300 m 的区域土壤保持模数最低。从时间上来看,土壤保持模数在 2010 年显著增加,但在 2018 年又快速下降。从保持总量来看,300~600 m 海拔区域土壤保持量最大,约占全区域总量的 38%,其次是海拔低于 300 m 的区域,约占全区域总量的 36%,虽然 1 200~1 500 m 海拔区域的土壤保持模数较大,但是该区域面积仅占全区域面积的 0.36%,总保持量仅占全区域的 1.7% 左右。由以上分析可知,海拔低于 900 m 的区域土壤保持量约占全区域总保持量的 92%,因此这些区域属于鄱阳湖流域土壤保持量的主要区域。同时可知,区域土壤保持强度与海拔高低有着密切的联系。

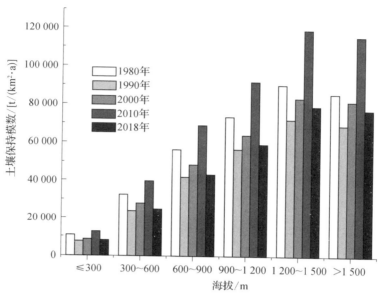

图 6.2　1980—2018 年不同海拔梯度的土壤保持模数

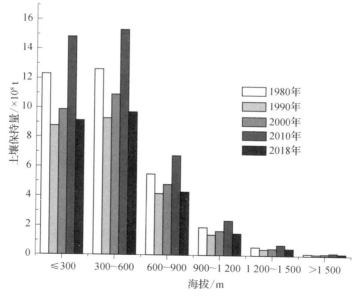

图 6.3　1980—2018 年不同海拔梯度的土壤保持量

6.3.2 不同坡度

在 ArcGIS 中将鄱阳湖流域坡度重分类,将其分为 5 个坡度段,然后与土壤保持栅格图层进行叠加,得到鄱阳湖流域 1980—2018 年各个坡度段的土壤保持统计数据,具体不同坡度段的土壤保持模数和总保持量如图 6.4 和图 6.5 所示。从土壤保持模数来看,随着坡度的增大,土壤保持模数呈现显著上升的趋势,当坡度大于 18° 时,平均土壤保持量达到峰值,当坡度小于 4.5°时,平均土壤保持量最低。从时间上来看,平均土壤保持量在 2010 年显著增加,但在 2018 年又快速下降。从保持总量来看,坡度介于 4.5°~9°的区域土壤保持量最大,约占全区域总量的 37%,其次是坡度小于4.5°的区域,约占全区域总量的 33%,介于 9°~13.5°的区域土壤保持量也占有较大比例,约占全区域总量的 1/5,虽然坡度大于 18°的区域土壤保持模数较大,但是该区域面积仅占全区域面积的 0.09%,总保持量仅占全区域的 1.5%左右。其中坡度小于 13.5°的区域土壤保持量约占全区域总保持量的 91.5%,因此这些坡度区域属于鄱阳湖流域土壤保持量的主要区域。由以上结果可知,区域土壤保持强度与坡度大小有着密切的联系。

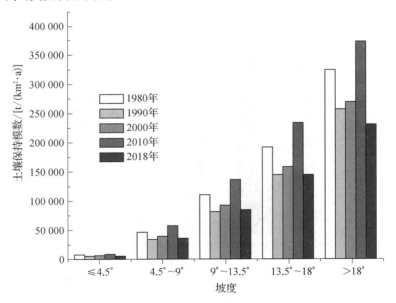

图 6.4 1980—2018 不同坡度的土壤保持模数

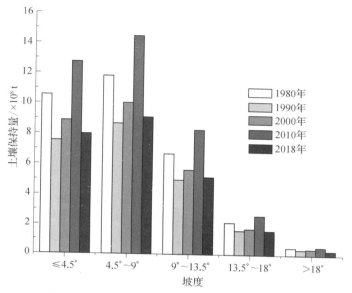

图 6.5　1980—2018 不同坡度的平均土壤保持量

6.4　不同土地利用类型土壤保持的变化特征

在 ArcGIS 中将鄱阳湖流域土地利用栅格图与土壤保持栅格图层进行叠加,得到鄱阳湖流域 1980—2018 年各类土地利用类型的土壤保持统计数据,具体不同土地利用类型的土壤保持模数和总保持量如图 6.6 和图 6.7 所示。由图 6.6 和图 6.7 可知,鄱阳湖流域的主要土地利用类型是耕地和林地,两者约占流域总面积的 90%。从土壤保持强度来看,各年份不同土地利用类型对应的土壤保持模数依次为未利用地<水域<建设用地<耕地<草地<林地。与其他用地类型相比,林地的土壤保持模数最大,土壤保持能力最好;由于未利用地大部分都是裸土,更易受到侵蚀,所以未利用地的土壤保持能力与其他用地类型要差。从土壤保持总量来看,鄱阳湖流域林地土壤保持量最高,土壤保持总量占全区域总量的 80% 以上;其次是耕地,耕地土壤保持量占全区域总量的 13.5% 以上;虽然草地的土壤保持模数较高,但由于其面积占比小,仅占流域总面积的 4%,因此其土壤保持总量处于较低水平。以上结果表明,不同土地利用类型的土壤保持能力有着较大的差异,林地和草地的土壤保持模数远高于

耕地。但耕地是鄱阳湖流域的主要用地类型之一,占有较大的面积,因此需要采取有效的措施提高土壤保持能力,从而降低流域土壤流失的风险。

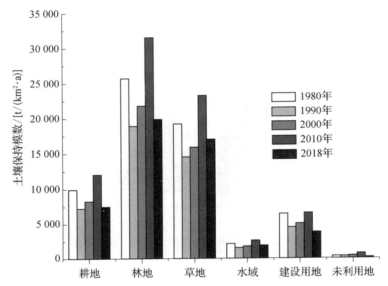

图 6.6　1980—2018 年鄱阳湖流域不同土地利用类型下的土壤保持模数

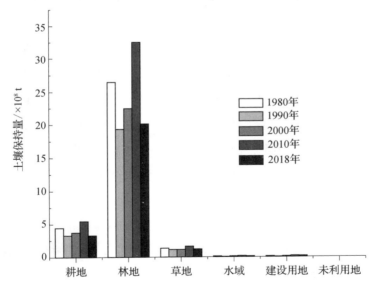

图 6.7　1980—2018 年鄱阳湖流域不同土地利用类型下的土壤保持总量

第 6 章 土壤保持条件下鄱阳湖流域生境质量时空变化分析

6.5 鄱阳湖流域不同土壤保持对生境质量的变化特征

6.5.1 不同土壤保持对生境退化的变化特征

在 ArcGIS 中将鄱阳湖流域土壤保持栅格图层与生境退化度栅格图层进行叠加,得到鄱阳湖流域 1980—2018 年不同土壤保持强度的生境退化度统计数据,具体不同土壤保持强度的平均生境退化度分布见图 6.8。由图 6.8 可知,1980—2018 年平均生境退化度随着土壤保持强度的增加呈现减小的变化。其中低度保持的生境退化度最高,平均生境退化度约为 0.026 1,生境退化处于中等水平,极高度保持的生境退化度最低,平均生境退化度为 0.008 1,生境退化处于低水平。从时间上来看,1980—2018 年期间平均生境退化度在低度保持呈现先增加后降低然后再增加的变化;较低度保持和中度保持呈现先降低后增加再降低的趋势;而对于较高度保持、高度保持和极高度保持的区域,生境退化度呈现先降低后增加的变化,均在 2000 年生境退化度处于最低水平。从各保持强度区域具体分析可知,极高度保持区域生境退化度最低,该区

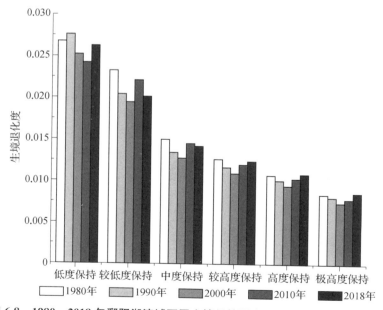

图 6.8 **1980—2018 年鄱阳湖流域不同土壤保持强度对生境退化度的变化特征**

域面积占全区域总面积的 28%;其次是高度保持区域,此处生境退化度较小,退化度处于较低等级,该区域面积占全区域总面积的 10% 左右;低度保持区域生境退化度最高,生境退化处于中度水平,该区域面积占流域总面积的 18% 左右。由以上结果可知,流域土壤保持强度对生境退化度有着较大影响,土壤保持强度越剧烈,生境退化度越低。

6.5.2 不同土壤保持对生境质量的变化特征

在 ArcGIS 中将鄱阳湖流域土壤保持栅格图层与生境质量栅格图层进行叠加,得到鄱阳湖流域 1980—2018 年不同土壤保持强度的生境质量统计数据,具体不同土壤保持强度的平均生境质量指数分布见图 6.9。由图 6.9 可知,1980—2018 年平均生境质量随着土壤保持强度的增加整体呈现上升的趋势。其中极高度保持强度的生境质量最高,平均生境质量指数约为 0.917 6,生境质量处于优水平。低保持强度区域生境质量最低,平均生境质量指数为 0.664 3,生境质量处于一般水平。从时间上来看,1980—2018 年期间平均生境质量在较低度保持、中度保持、较高度保持和高度保持区域呈现先增加后降低再增加的趋势,对于低度保持区域,生境质量呈现减小的趋势,

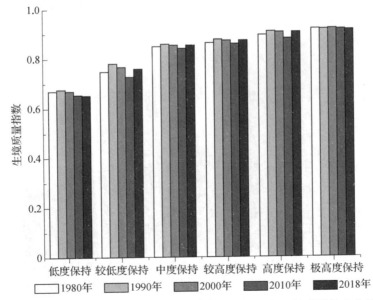

图 6.9　1980—2018 年鄱阳湖流域不同土壤保持强度对生境质量的变化特征

而极高度保持区域生境质量基本上保持不变。从各土壤保持强度区域具体分析可知,极高度保持区域生境质量最高,该区域面积占全区域总面积的 28%;其次是高度保持区域,此处生境质量指数较大,生境质量处于良或者优水平,该区域面积占全区域总面积的 11% 左右;低度保持区域生境质量最低,生境质量处于一般水平,该区域面积约占流域总面积的 18%。由以上结果可知,流域土壤保持强度对生境质量有着较大影响,土壤保持强度越高,该区域生境质量越好。

6.6　小　　结

本章基于 InVEST 模型 SDR 模块对 1980—2018 年鄱阳湖流域土壤保持情况进行了分析,包括(1)流域土壤保持面积和保持量的时空变化特征;(2)不同海拔和不同坡度等地形因子对土壤保持的变化特征分析;(3)不同土地利用类型对土壤保持的变化特征;(4)流域不同土壤保持强度对生境退化度和生境质量的变化特征分析。由结果可知:

(1)1980—2018 年鄱阳湖流域土壤保持总量和平均土壤保持模数都呈现先下降后上升再下降的趋势。各年份土壤保持面积比例主要为极高度保持,约占总流域的 30%。土壤保持较弱的区域为各子流域的下游与鄱阳湖区交汇的平原区域,而土壤保持较强的区域为各子流域的上游区域。

(2)从保持强度来看,各年份土壤保持模数随着海拔高度增加呈现先增大后减小的变化,海拔介于 1 200～1 500 m 之间区域的土壤保持模数最大,在低于 300 m 的区域土壤保持模数最小。从保持总量来看,海拔 300～600 m 的区域土壤保持量最大,约占全区总量的 38.5%,其次是海拔低于 300 m 的区域,约占全区域总量的 36.5%。从土壤保持模数来看,随着坡度的增大,土壤保持模数呈现显著上升的趋势,当坡度大于 18°时,土壤保持模数达到峰值,当坡度小于 4.5°时,土壤保持模数最低。从保持总量来看,坡度介于 4.5°～9°的区域土壤保持量最大,约占全区域总量的 37%,其次是坡度小于 4.5°的区域,约占全区域总量的 33%。

(3)各年份不同土地利用类型对应的土壤保持模数依次为林地>耕地>草地>建设用地>水域>未利用地,其中林地的土壤保持模数最大,对土壤保持能力最好,由于未利用地大部分都是裸土,更易受到侵蚀,所以未利用地的土壤保持能力最差。

鄱阳湖流域土壤保持量最高的用地类型是林地,土壤保持总量占全区域总量的80%以上。

(4) 各年份平均生境退化度整体随着土壤保持强度的增加呈现下降的趋势。其中低度保持生境退化度最高,平均生境退化度约为 0.026 1,生境退化处于中等水平,极高度保持生境退化度最低,平均生境退化度为 0.008 1,生境退化度处于低水平。而各年份平均生境质量整体随着土壤保持强度的增加呈现上升的变化。其中极高度保持生境质量最高,该区域平均生境质量指数为 0.917 6,生境质量处于优等级。生境质量最差的是低度保持区域,平均生境质量指数为 0.664 3,生境质量处于一般等级。

参考文献

［1］童国平.淮河流域农业灰水足迹的效率研究和驱动因素分析[D].南京:南京林业大学,2019.

［2］张智雄,孙才志.中国人均灰水生态足迹变化驱动效应测度及时空分异[J].生态学报,2018,38(13):4596-4608.

［3］白天骄,孙才志.中国人均灰水足迹区域差异及因素分解[J].生态学报,2018,38(17):6314-6325.

［4］黄美玲,夏颖,范先鹏,等.湖北省畜禽养殖污染现状及总量控制[J].长江流域资源与环境,2017,26(02):209-219.

［5］杨洋,效存德,王晓明.基于投入产出理论的水资源研究进展及水资源管理展望[J].冰川冻土,2021,43(01):214-224.

［6］陈岩,冯亚中.基于 RS-SVR 模型的流域水资源脆弱性评价与预测研究:以黄河流域为例[J].长江流域资源与环境,2020,29(01):137-149.

［7］侯林秀,温璐,赵吉,等.基于水足迹法的阿拉善地区水资源利用评价与分析[J].干旱区资源与环境,2020,34(12):35-41.

［8］孙才志,阎晓东.基于 MRIO 的中国省区和产业灰水足迹测算及转移分析[J].地理科学进展,2020,39(02):207-218.

［9］黄本胜,李深林,邱静,等.脏盆理论:一种基于河湖水质影响的地表水资源评价新方法[J].水利学报,2021,52(02):150-157.

［10］王圣云,林玉娟.中国区域农业生态效率空间演化及其驱动因素:水足迹与灰水足迹视角[J].地理科学,2021,41(02):290-301.

［11］操信春,崔思梦,吴梦洋,等.水足迹框架下稻田水资源利用效率综合评价[J].水利学报,2020,51(10):1189-1198.

［12］练继建,徐梓曜,宾零陵,等.基于 Agent 的水资源管理模型研究进展[J].水科学进展,2019,30(02):282-293.

［13］冼超凡,潘雪莲,甄泉,等.城市生态系统污染氮足迹与灰水足迹综合评价[J].环境科学学报,2019,39(03):985-995.

［14］马涛,刘九夫,彭安帮,等.中国非常规水资源开发利用进展[J].水科学进展,2020,31(06):960-969.

［15］朱惇,徐芸,贾海燕,等.三峡库区江段潜在水环境污染风险评价研究[J].长江流域资源与环境,2021,30(01):180-190.

[16] 陈午,许新宜,王红瑞,等.梯度发展模式下我国水资源利用效率评价[J].水力发电学报,2015,34(09): 29-38.

[17] 张建云,宋晓猛,王国庆,等.变化环境下城市水文学的发展与挑战:I.城市水文效应[J].水科学进展, 2014,25(04):594-605.

[18] 王煜,彭少明,武见,等.黄河流域水资源均衡调控理论与模型研究[J].水利学报,2020,51(01): 44-55.

[19] 史涵,王向东.2000—2018年山东省土地利用时空变化特征分析[J].国土与自然资源研究,2019(05): 63-64.

[20] 戴尔阜,王亚慧.横断山区产水服务空间异质性及归因分析[J].地理学报,2020,75(03):607-619.

[21] 王亚慧,戴尔阜,马良,等.横断山区产水量时空分布格局及影响因素研究[J].自然资源学报,2020,35 (02):371-386.

[22] 张钰婕.基于Landset影像的北京市土地利用变化分析[J].中国资源综合利用,2019,37(12):59-61.

[23] 李彩霞,邓帆,龚杰,等.1990年—2015年南宁土地利用动态变化时空特征分析[J].内蒙古科技与经 济,2019(05):43-47.

[24] 袁若兰,刘兰兰,廖文梅.林业社会化服务、林地规模与林农经营模式——以浙江、福建、江西678户林 农为例[J].新疆农垦经济,2020(05):8-14+45.

[25] 肖妮娜,张萌,冯兵,等.丰水期赣江流域着生藻类群落结构及其与水环境因子的关系[J].长江流域资 源与环境,2020,29(04):900-910.

[26] 韩继冲,喻舒琳,杨青林,等.1999—2015年长江流域上游植被覆盖特征及其对气候和地形的响应[J]. 长江科学院院报,2019,36(09):51-57.

[27] 欧维新,刘翠,陶宇.太湖流域水供给服务供需时空演变分析[J].长江流域资源与环境,2020,29(03): 623-633.

[28] 高常军,高晓翠,贾朋.水文连通性研究进展[J].应用与环境生物学报,2017,23(03):586-594.

[29] 夏军,高扬,左其亭,等.河湖水系连通特征及其利弊[J].地理科学进展,2012,31(01):26-31.

[30] 傅春,邓俊鹏,吴远卓.基于BP神经网络和协调度的河流健康评价[J].长江流域资源与环境, 2020,29(06):1422-1431.

[31] 李景保,于丹丹,杨波,等.长江荆南三口水系调蓄能力演变及其与水系结构的关联性[J].水资源保护, 2019,35(05):19-26.

[32] 庞爱萍,易雨君,李春晖.基于生态需水保障的农业用水安全评价——以山东省引黄灌区为例[J].生态 学报,2021(05):1-14.

[33] 王磊之,胡庆芳,戴晶晶,等.面向金泽水库取水安全的太浦河多目标联合调度研究[J].水资源保护, 2017,33(05):61-68.

[34] 马栋,张晶,赵进勇,等.扬州市主城区水系连通性定量评价及改善措施[J].水资源保护,2018,34(05): 34-40.

[35] 赵筱青,和春兰.外来树种桉树引种的景观生态安全格局[J].生态学报,2013,33(06):1860-1871.

[36] 黄草,陈叶华,李志威,等.洞庭湖区水系格局及连通性优化[J].水科学进展,2019,30(05):661-672.

[37] 夏敏,周震,赵海霞.基于多指标综合的巢湖环湖区水系连通性评价[J].地理与地理信息科学, 2017,33(01):73-77.

[38] 曾庆慧,胡鹏,赵翠平,等.多水源补给对白洋淀湿地水动力的影响[J].生态学报,2020,40(20):7153-

7164.

[39] 胡春明,娜仁格日乐,马金锋,等.博斯腾湖有机物污染改善方案研究[J].干旱区研究,2020,37(02): 428 - 434.

[40] 宋泽峰,张君伍,陆智平,等.大气干湿沉降对河北平原农田面源污染的贡献[J].干旱区资源与环境, 2020,34(01):93 - 98.

[41] 孙铖,周华真,陈磊,等.农田化肥氮磷地表径流污染风险评估[J].农业环境科学学报, 2017,36(07):1266 - 1273.

[42] 史瑞祥,薛科社,周振亚.基于耕地消纳的畜禽粪便环境承载力分析——以安康市为例[J].中国农业资源与区划,2017,38(06):55 - 62.

[43] 国务院第一次全国污染源普查领导小组办公室.第一次全国污染源普查:城镇生活源产排污系数手册[M].2008.

[44] 第一次全国污染源普查领导小组办公室.第一次全国污染源普查畜禽养殖业源产排污系数手册[M].2009.

[45] 张春华,李修楠,吴孟泉,等.基于 Landsat 8 OLI 数据与面向对象分类的昆嵛山地区土地覆盖信息提取[J].地理科学,2018,38(11):1904 - 1913.

[46] 张馨元,陈菁,许静波,等.基于 ENVI 的大纵湖流域土地利用变化及其对水质影响研究[J].节水灌溉, 2019(02):96 - 101+106.

[47] 信志红,王宁,李峰,等.基于 Landsat 的黄河口地区土地利用类型研究[J].中国农业资源与区划, 2018,39(01):99 - 105.

[48] 郑思远,王飞儿,俞洁,等.水文响应单元划分对 SWAT 模型总氮模拟效果的影响[J].农业环境科学学报,2019,38(06):1305 - 1311.

[49] 姜婧婧,杜鹏飞.SWAT 模型流域划分方法在平原灌区的改进及应用[J].清华大学学报(自然科学版):1 - 7.

[50] 窦小东,黄玮,易琦,等.LUCC 及气候变化对李仙江流域径流的影响[J].长江流域资源与环境, 2019,28(06):1481 - 1490.

[51] 王磊,刘亭亭,谢建治.基于 SWAT 模型的张家口清水河流域土地利用情景变化对径流影响研究[J].水土保持研究,2019,26(04):245 - 251.

[52] 徐苏,张永勇,窦明,等.长江流域土地利用时空变化特征及其径流效应[J].地理科学进展, 2017,36(04):426 - 436.

[53] 王森.延安市土地利用变化及其土壤保持功能效应研究——基于 InVEST 模型的应用[D].北京:中国科学院大学,2018.

[54] 周夏飞,马国霞,曹国志,等.基于 USLE 模型的 2001—2015 年江西省土壤侵蚀变化研究[J].水土保持通报,2018,38(01):8 - 11+17+2.

[55] 饶恩明.中国生态系统土壤保持功能变化及其影响因素[D].北京:中国科学院大学,2015.

[56] 张学儒,周杰,李梦梅.基于土地利用格局重建的区域生境质量时空变化分析[J].地理学报, 2020,75(01):160 - 178.

[57] 邓楚雄,郭方圆,黄栋良,等.基于 INVEST 模型的洞庭湖区土地利用景观格局对生境质量的影响研究[J].生态科学,2021,40(2):99 - 109.

[58] 刘智方,唐立娜,邱全毅,等.基于土地利用变化的福建省生境质量时空变化研究[J].生态学报,2017,

37(13):4538 - 4548.

[59] 钟亮,林媚珍,周汝波.基于 InVEST 模型的佛山市生态系统服务空间格局分析[J].生态科学,2020,39(5):16 - 25.

[60] 欧阳威,刘迎春,冷思文,等.近三十年非点源污染研究发展趋势分析[J].农业环境科学学报,2018,37(10):2234 - 2241.

[61] 侯红乾,刘秀梅,刘光荣,等.水稻氮磷肥料减施途径研究[J].土壤通报,2011,42(01):123 - 127.

后　记

　　习近平总书记在多种场合强调"要把修复长江生态环境摆在压倒性位置,共抓大保护,不搞大开发""江西生态秀美、名胜甚多,绿色生态是最大财富、最大优势、最大品牌,一定要保护好,做好治山理水、显山露水的文章,走出一条经济发展和生态文明水平提高相辅相成、相得益彰的路子""打造美丽中国'江西样板'"。

　　鄱阳湖是我国最大的淡水湖,世界重要的湿地,鄱阳湖水系流域面积 16.22 万 km²,约占江西省流域面积的 97%,占长江流域面积的 9%,其水系年均径流量为 1 525 亿 m³,约占长江流域年均径流量的 16.3%,是长江中下游生态安全的重要保障。鄱阳湖流域是我国重要的流域之一,也是我国重要的粮食生产基地。随着社会经济的快速发展,工业化、城镇化和农业产业化进程大力推进,鄱阳湖的水生态是否能维持良好的状态? 湖区农业污染对鄱阳湖水生态乃至长江水生态的威胁到底有多大? 农业面源污染有什么治理和管理的良方? 这些都值得人们思考。

　　本书收集汇编了著者 2018 年以来指导的研究生在土地利用变化对水系和流域产水的影响、鄱阳湖流域灰水足迹的变化、城镇化条件下土地利用变化造成的水土侵蚀和生境质量的退化、土地利用变化造成的面源污染风险及流域内面源污染形成的原因和调控方案等方面完成的学位论文,一方面将研究生们的研究成果以这种形式和同行进行交流,另一方面也是弟子们三年学习的最好纪念,纪念他们在科学研究的过程中取得的点滴收获。

　　本书收集的学位论文主要有水利水电工程专业的研究生毛安琪完成的《基于SWAT 模型的土地利用演变对抚河流域非点源污染研究》(2020)、罗勇完成的《赣江流域灰水足迹时空演变特征研究》(2021)、裴伍涵完成的《赣江流域土地变化对产水的影响》(2021)、王乐志完成的《基于 InVEST 模型的鄱阳湖流域土壤保持和生境质量变化研究》(2021),以及李雨完成的《基于 SWAT 模型的土地利用变化对信江流域水沙的影响分析》(2022)。

同时,研究生陈毓迪参与完成了第一章,李帆参与完成了第二章,刘业忠参与完成了第三章和第六章的部分内容,并完成了本书的编辑汇总工作。

本书的研究成果获得了国家社科基金年度项目"鄱阳湖流域农业面源污染治理的路径与支持政策研究"(18BGL187)、教育部基地重大招标课题"基于协调视阈的中部绿色发展竞争力研究"(18JJD790006)、江西省自然科学基金"城镇化演变格局对鄱阳湖流域水资源利用的影响研究"(20181BAB206046)等项目的支持。